O gato educado

John Bradshaw & Sarah Ellis

O gato educado

Guia prático para uma vida mais feliz com seu felino

Tradução
Carolina Leocadio

1ª edição

BestSeller

Rio de Janeiro | 2022

EDITORA-EXECUTIVA Raïssa Castro	**DESIGN DE CAPA** Fernanda Mello
SUBGERENTE EDITORIAL Rayana Faria	**REVISÃO** Julia Marinho
EQUIPE EDITORIAL Beatriz Ramalho Mariana Gonçalves Ana Gabriela Mano	**DIAGRAMAÇÃO** Ricardo Pinto
	TÍTULO ORIGINAL *The Trainable Cat: A Pratical Guide to Making Life Happier for You and Your Cat*

CIP-BRASIL. CATALOGAÇÃO NA PUBLICAÇÃO
SINDICATO NACIONAL DOS EDITORES DE LIVROS, RJ

B79g Bradshaw, John
   O gato educado: guia prático para uma vida mais feliz com o seu felino / Jhon Bradshaw, Sara ; tradução Carolina Leocadio. – 1ª ed. – Rio de Janeiro: BestSeller, 2022.

   Tradução de: The Trainable Cat : A Pratical Guide to Making Life Happier for You and Your Cat
   ISBN 978-65-5712-164-1

   1. Gatos. 2. Gatos - Adestramento. I. Ellis, Sarah. II. Leocadio, Carolina. III. Título.

21-74767   CDD: 636.80835
                 CDU: 636.8

Meri Gleice Rodrigues de Souza - Bibliotecária – CRB-7/6439

Texto revisado segundo o novo Acordo Ortográfico da Língua Portuguesa.

Copyright © 2016 by John Bradshaw and Dr. Sarah Ellis Consultancy Ltd.

Copyright da tradução © 2022 by Editora Best Seller Ltda.

Todos os direitos reservados. Proibida a reprodução,
no todo ou em parte, sem autorização prévia por escrito da editora,
sejam quais forem os meios empregados.

Direitos exclusivos de publicação em língua portuguesa para o Brasil
adquiridos pela
Editora Best Seller Ltda.
Rua Argentina, 171, parte, São Cristóvão
Rio de Janeiro, RJ – 20921-380
que se reserva a propriedade literária desta tradução

Impresso no Brasil
ISBN 978-65-5712-164-1

Seja um leitor preferencial Record.
Cadastre-se no site www.record.com.br e receba informações
sobre nossos lançamentos e nossas promoções.

Atendimento e venda direta ao leitor:
sac@record.com.br

Dedicatória: a Herbie, o amado gato de Sarah

Quando eu estava finalizando este livro, meu amado Herbie morreu inesperadamente. Gostaria de dedicar este livro a ele — sem sua inspiração, eu não teria tido os conhecimentos, a competência e a capacidade para terminá-lo. Meu desejo é que ele deixe um legado — mostrar a mais donos como ajudar seus gatos a lidar com (e até a curtir) as provações e os dissabores da vida ao nosso lado.

Herbie... *Suas pegadas estarão para sempre no meu coração.*

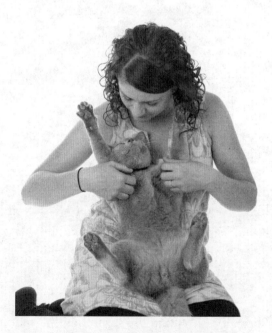

Herbie era um gato especial em vários aspectos. Nesta foto, adorando as cócegas que Sarah fazia em seus sovacos.

Sumário

Prefácio de Sarah   9
Prefácio de John   13
Convenções utilizadas neste livro   15

	Introdução: Por que adestrar um gato?	17
CAPÍTULO 1	Como os gatos aprendem — E o que você pode fazer para tornar o processo mais fácil para eles	41
CAPÍTULO 2	Compreenda as necessidades de adestramento do seu gato	59
CAPÍTULO 3	Nossa filosofia de adestramento — Domine as principais competências	79
CAPÍTULO 4	Como os gatos se adaptam à vida com uma espécie alienígena (nós!)	113
CAPÍTULO 5	Gatos e outros gatos	133
CAPÍTULO 6	Gatos e outros animais de estimação	159
CAPÍTULO 7	Gatos confinados	177
CAPÍTULO 8	Toque: insulto ou indulgência?	197
CAPÍTULO 9	Fugir, lutar ou paralisar? Gatos não levam o estresse numa boa (especialmente visitas ao veterinário)	221
CAPÍTULO 10	Gatos soltos: o imenso ar livre	243
CAPÍTULO 11	Cortinas rasgadas e corpos ensanguentados: O lado menos atraente do comportamento felino	271

Conclusão 303
Agradecimentos 311
Leituras adicionais 313
Notas 315

Prefácio de Sarah

O ADESTRAMENTO DE GATOS É ALGO QUE CONHECI POR ACASO. Hoje, quando penso em como tudo começou, me dou conta de que eu tinha uns 7 anos de idade — embora, é óbvio, eu não soubesse na época o impacto que isso teria na minha vida, e na vida dos gatos que eu viria a ter. Minha mãe comprou para nós um filhote de birmanês. Esse filhotinho de gato se tornou o objeto de todo o meu afeto — virou o tema de projetos elaborados que me fizeram ganhar insígnias das escoteiras pela causa animal, de pinturas e ilustrações em concursos de arte e das minhas conversas com os amigos na escola, só para listar alguns exemplos. Claude, como ele era conhecido, era muito carinhoso, motivado por comida e ativo — a combinação de traços perfeita para o adestramento. Logo, Claude passou a subir em móveis, ultrapassar obstáculos elaborados tendo como iscas alguns petiscos saborosos roubados da geladeira e perseguir, empolgado, um brinquedo de varinha que eu arrastava em alta velocidade por cima de barreiras feitas com o varal de roupas da minha mãe. Acho que meu truque preferido era dar dois tapinhas no ombro: na hora Claude pulava do encosto do sofá para meu ombro e se equilibrava ali enquanto eu andava com cuidado pela sala até o parapeito da janela. Com dois tapinhas no parapeito, ele descia e vinha esfregar o focinho no meu rosto. Não há dúvida de que o amor que eu sentia por Claude era recíproco — ele dormia na minha cama e no berço da minha boneca e frequentemente me acompanhava quando eu passeava com os cachorros. Perdi Claude no meu aniversário de 26 anos; ele já estava com seus avançados 19, ele deixou uma profunda marca em mim. Nessa época, eu já estava no meio do meu doutorado em comportamento felino.

Minha pesquisa, juntamente com meu trabalho profissional com problemas de comportamento felino, me deu uma visão ampla das atuais preocupações com o bem-estar relacionadas a ter um gato hoje em dia — descobri como são poucos os gatos que gostam de ir ao veterinário, deitam e relaxam ao andar no carro, abrem a boca com entusiasmo para tomar seus vermífugos ou aceitam um novo membro da família, seja ele felino, humano ou canino. Como uma dona de gato dedicada, me parecia correto tentar garantir que meus gatos, desde cedo, tivessem as habilidades necessárias para não se sentirem intimidados por esses acontecimentos. Não sou uma adestradora de animais, mas tive a sorte de trabalhar ao lado de alguns profissionais maravilhosos que compartilharam seus conhecimentos e suas habilidades práticas comigo e, ocasionalmente, me deixaram ajudá-los com o treinamento (de filhotes de cachorro).

Aliando isso a meu conhecimento sobre gatos e teoria da aprendizagem, comecei a incorporar o adestramento ao cotidiano de todos os meus gatos. O adestramento os ajudou a lidar bem com os muitos desafios que a vida lhes apresentou. O feedback positivo veio logo no início: os donos de felinos, sentados a meu lado na sala de espera do veterinário, comentavam, surpresos, como os meus gatos ficavam calmos e relaxados em suas caixas de transporte, e o veterinário dizia: "Eu queria que todos os gatos fossem tão bons quanto os seus." Daquele momento em diante, decidi que encararia adestrar todos os meus gatos como um hábito.

Woody, o primeiro gato que tive na vida adulta, se mudou comigo diversas vezes, chegando a atravessar o mar da Irlanda sem reclamar, graças ao adestramento preparatório que fiz com ele. Mais tarde, Cosmos, outro dos meus gatos (e que aparece ao longo deste livro), dividiu tranquilamente sua casa com vários gatos para os quais dei lar temporário e mais tarde aceitou Herbie, que veio como morador permanente e era um gatinho travesso e brincalhão. Alguns anos depois, Herbie e Cosmos aprenderam a dividir a casa com um novo integrante canino: Squidge, uma jack russell. Sabendo que eu poderia ter um cachorro em algum momento, comecei a adestrá-los para aceitar visitas de cães desde cedo, bem antes de trazermos Squidge para casa.

O acréscimo mais recente foi o meu bebê, Reuben, talvez a novidade que me deixou mais apreensiva — afinal, não havia como ele ir para outra casa se não desse certo! No entanto, fico muito feliz que Reuben, que agora já está maiorzinho, esteja se revelando um promissor amante de gatos da próxima geração na nossa família e que todo o adestramento preparatório e constante tenha feito com que os gatos gostem da presença dele; Cosmos costuma ronronar para Reuben quando vem do quintal e o cumprimenta esfregando o focinho nele.

Vendo as boas consequências que o adestramento trouxe para meus gatos, me senti obrigada a dividir minhas dicas com outras pessoas — parte disso foi feito através de uma série de artigos com dicas sobre adestramento que publiquei por um ano numa revista britânica sobre gatos. Os artigos foram muito bem recebidos e percebi que aquilo era a ponta do iceberg. Eu estava ansiosíssima para fazer algo mais, amadurecendo a ideia de escrever um livro sobre o assunto. Foi nessa época que comecei a trabalhar para a BBC, no episódio *The Secret Life of the Cat* [A vida secreta do gato, em tradução livre], do programa de TV *Horizon*. Uma das minhas primeiras funções foi ensinar aos donos como treinar seus gatos a usar rastreadores GPS. John, que trabalhou comigo no programa, testemunhou isso e, quando começamos a conversar sobre adestramento de gatos e trocar ideias, nasceu a ideia de escrevermos um livro juntos. Embora o adestramento de gatos possa ter começado involuntariamente para mim, pude notar um impacto tão positivo no bem-estar dos felinos que isso me inspirou a divulgar este aprendizado prático para todo mundo.

Prefácio de John

Como disse Sarah, a ideia deste livro surgiu em 2013, quando nos conhecemos no "QG dos Gatos", no pitoresco vilarejo de Shamley Green, local onde foram gravados os documentários sobre gatos do programa *Horizon*, da BBC. Devo confessar que, até Sarah sugerir essa ideia, jamais pensara em adestrar gatos. Eu conhecia algumas pessoas que haviam ensinado seus gatos a fazer truques, entre eles um em que o gato subia na privada e a usava no lugar da caixa de areia (não, neste livro não vamos ensinar como isso pode ser feito!). Já tinha me deparado com "gatos amestrados" em estúdios de TV, e nenhum deles parecia muito à vontade, talvez porque estivessem inevitavelmente longe demais dos territórios costumeiros. Eu sabia que os gatos aprendem rapidamente, apesar da reputação de autossuficientes e independentes. A pesquisa que mostrou como cada gato aprende a usar seu miado (Capítulo 4) me fez entender, assim como outras coisas, de que modo eles adaptam seu comportamento para sobreviver no mundo em que esperamos que vivam. Mas, ao contrário de Sarah, nunca liguei os pontos e concluí que gatos de estimação poderiam — na verdade deveriam — ser ensinados como levar uma vida mais feliz.

Todo mundo sabe que um cachorro não treinado é tanto um risco para o dono quanto um perigo para si mesmo (embora existam escolas que divergem sobre a melhor forma de adestrar cães). Nunca ouvi ninguém reclamar de um gato "não ser treinado" — felizmente para eles, gatos representam uma obrigação social muito menor do que cães. No entanto, em algumas partes do mundo, sobretudo na Austrália e na Nova Zelândia, está começando a surgir uma legislação sobre "gatos perigosos". Claro que não pelos mesmos motivos por trás das leis que tratam de "cães perigosos" — o perigo é percebido como sendo contra a vida selvagem, e não contra as pessoas. A ciência que sustenta essa legislação é insuficiente — por exemplo, os "toques de recolher para gatos" não conseguiram conter a redução do número de alguns marsupiais australianos —, mas a própria existência de tais leis demonstra que, para certas pessoas, os gatos são um acréscimo indesejável à fauna local, ainda que façam parte da paisagem de alguns lugares há centenas, até milhares, de anos e que a vida selvagem local pareça já ter se adaptado à sua presença, de certo modo.

Em muitos lugares (não apenas na Australásia), há pressão para se manter os gatos dentro de casa 24 horas por dia, sete dias por semana. Alguns defendem isso como uma forma de impedi-los de caçar; outros, entre eles algumas organizações que promovem adoção de gatos, como uma forma de manter os gatos longe de automóveis, predadores (por exemplo, coiotes no caso da América do Norte) e gatos agressivos da vizinhança que querem brigar pelo direito de vagar por qualquer lugar, até mesmo de passar pela portinha dele. Apesar dessas pressões, não somos a favor de transformar gatos em animais de estimação que vivem exclusivamente dentro de casa. No entanto, reconhecemos que a situação de alguns gatos e de outros donos justifica um estilo de vida sem sair de casa, ou ao menos exige que se pese seriamente os aspectos negativos do acesso ao ar livre e os do confinamento constante. Portanto, neste livro sugerimos uma série de soluções possíveis para esses dilemas através do adestramento — é possível chamar um gato de volta do mesmo modo que se faz com um cão bem-comportado quando o dono percebe um perigo que o animal não nota; também dá para adicionar certa diversidade ao ambiente interno para atender a necessidade do gato de explorar e investigar; gatos sem acesso ao ar livre (ou mesmo com acesso parcial) podem participar juntamente com os donos de brincadeiras que imitam a caça e, assim (com sorte), reduzir o desejo instintivo do gato de caçar; também podem ser ensinados a participar de brincadeiras que melhoram o relacionamento com os donos, além de serem divertidas para os dois.

Em última análise, nossa ambição é acabar com não apenas um, mas com dois preconceitos: primeiro, que os gatos não podem ser adestrados; segundo, que os gatos não podem se beneficiar do adestramento. Sempre soubemos que a primeira afirmação é comprovadamente falsa. Quanto à segunda, acreditamos que o bem-estar dos gatos no futuro depende de uma mudança fundamental de atitude, uma que traduz as necessidades atuais de que todos os animais domésticos sejam "cidadãos modelos". A época em que os cães podiam vagar por onde tivessem vontade já passou há muito tempo, ao menos no Ocidente; para os gatos, uma situação semelhante parece estar se aproximando. Não que estejamos defendendo que os gatos deveriam ser iguais aos cães — os dois animais são tão diferentes quanto giz e queijo no que diz respeito a suas naturezas básicas e suas necessidades fundamentais para uma vida feliz, que podem ser (talvez excessivamente) simplificadas como "cachorros precisam de suas pessoas, gatos precisam de seu espaço". O tipo de adestramento que defendemos para os gatos não é nada parecido com o de "obediência" que encontramos na maioria dos livros sobre adestramento de cães. Trata-se muito mais de ajudar os gatos a se adaptarem às demandas que colocamos cada vez mais sobre eles, demandas que antes esperávamos que eles atendessem sozinhos.

Nossa esperança é que, se pudessem ler, os gatos recompensassem nossos esforços com qualquer que seja o equivalente felino para a gratidão.

Convenções utilizadas neste livro

Os 11 capítulos numerados seguem o mesmo formato. Cada um começa com uma apresentação geral do modo como os gatos veem o mundo, relevante para o tema daquele capítulo, a maior parte escrita por John. Em seguida, vem a parte principal do capítulo, que descreve como o adestramento pode ser usado para lidar com esse assunto e é escrito da perspectiva de Sarah (porque é ela quem tem experiência em adestramento). Então, onde quer que você leia "eu" ou "mim" ou "meu", é Sarah falando. Como nos referimos aos donos de gatos como mulheres, optamos por usar "dona" — desculpe, isso pode ser visto como um péssimo clichê, mas não estamos tentando ser sexistas: em vez disso, nossa intenção é simplificar e evitar que haja confusão entre as referências aos gatos e aos donos. Queremos oferecer nossas sinceras desculpas aos homens que são donos de gatas, em especial, e pedimos que você (hipoteticamente) troque de gênero enquanto lê este livro.

(continua)

> **Convenções utilizadas neste livro** *(continuando)*
>
> No entanto, para alguns leitores, pode ser que a personificação dos gatos não seja suficiente. Por sermos britânicos (Sarah é escocesa e John é inglês), mantemos nossa tradição de nos referirmos aos gatos como "animais de estimação" e aos humanos como seus "donos". Não seguimos a prática cada vez mais comum nos Estados Unidos e em outras partes do mundo de se referir a animais de estimação como "companheiros" e seus donos como "tutores". Para nós, ser dono de um gato significa ter responsabilidade e, certamente, não o direito de tratar o gato como se fosse uma posse inanimada. Temores que o termo "tutor" sugira um status legal que parte de alguma deficiência mental do animal — dificilmente uma forma apropriada de retratar a relação entre um gato e a pessoa importante para ele.[1] "Cuidador" — outra sugestão que temos visto — parece muito impessoal, muito transitório, sendo muito mais adequado para aquelas almas devotadas que cuidam dos gatos que estão para adoção. "Pai de pet" é antropomórfico demais para nós, especialmente porque somos biólogos que consideram que essa expressão representa (embora não restrito a) uma relação genética entre mãe ou pai e sua prole. Então, para alguns leitores, seremos politicamente incorretos assumidos — podemos dizer com segurança que somos donos de nossos gatos, porque no fundo conseguimos admitir que, embora num sentido um pouco diferente, na verdade são eles que nos possuem!

Introdução
Por que adestrar um gato?
(E por que gatos não são cães e muito menos pessoas pequenas)

Quem é maluco de adestrar gatos? Leões e tigres treinados já foram as grandes atrações, até que a opinião pública se voltou contra os circos. Gatos domésticos amestrados parecem ser mais aceitáveis: Moscou tem seu Teatro dos Gatos, e os Amazing Acro-Cats [Os Incríveis Acro-Gatos, em tradução livre] fazem turnês pelos Estados Unidos quando não estão sendo requisitados para algum trabalho na TV ou no cinema. Mas por que alguém ia querer adestrar seu gato de estimação, a não ser talvez para tentar exibir para os amigos os talentos do cúmplice felino?

Este livro tem um propósito mais sério: nosso objetivo é mostrar como o adestramento pode melhorar não apenas o relacionamento entre seu gato e você, como também a sensação de bem-estar do animal. Isso não significa que adestrar não será divertido — será, para vocês dois —, mas a diferença é que você estará criando um animal de estimação feliz e bem disposto, não uma estrela de circo.

Há muitas situações cotidianas que nossos gatos precisam enfrentar como parte da vida conosco. Eles não assimilam facilmente o fato de que os humanos têm várias formas e tamanhos, e que homens, mulheres e crianças têm comportamentos diferentes. Muitos têm dificuldade para se adaptar à convivência com cães ou mesmo com outros gatos. Eles odeiam se sentir presos e não entendem que, às vezes, precisamos restringir seus movimentos para seu próprio bem, como quando temos que medicá-los. Também não gostam de ser levados para lugares que não conhecem ou onde sentem que pode haver perigo. Embora alguns gatos pareçam aceitar com calma algumas dessas situações, a maioria não consegue. Ao seguir os exercícios simples descritos neste livro, você poderá dar uma vida melhor a seu gato — e quem não gostaria de fazer isso pelo seu amado companheiro? Hoje em dia, esperamos muito mais dos nossos gatos do que antigamente, e o adestramento é a melhor forma de ajudar com essas demandas.

Os donos de cachorros sabem que seus animais podem ser ensinados, mas a ideia de adestrar seu bichinho raramente passa pela cabeça dos donos de gatos. Sem dúvida, é verdade que um cachorro não treinado pode ser uma ameaça tanto para si mesmo quanto para os humanos que convivem com ele, ao passo que os gatos vêm vivendo há milênios sem que ninguém tente treiná-los intencionalmente. Contudo, necessidade não é sinônimo de facilidade: não é só porque poucas pessoas se preocupam em adestrar seus gatos que isso significa que moldar o comportamento desse animal é algum tipo de bruxaria, que serve apenas para uma seleta minoria de profissionais. Pelo contrário: todos os gatos do mundo podem se beneficiar ao aprender a lidar melhor com situações complicadas, como aceitar tomar um comprimido ou entrar na caixa de transporte. E, depois que se entende que gatos não pensam como cachorros, adestrar um gato se torna extremamente simples.

Em essência, o modo como os gatos *aprendem* é muito semelhante ao modo como o cachorro — ou qualquer mamífero, na verdade — aprende, porém os gatos têm uma forma única de analisar e avaliar o mundo ao redor. Em certa medida, isso se deve à forma como seus sentidos permitem que eles percebam o ambiente — que, acredite ou não, parece um tanto diferente da versão que nós, humanos, habitamos. No entanto, isso se resume principalmente ao modo incomum como os gatos priorizam as informações que recebem e, em seguida, reagem a elas, um tanto diferente do modo como os cães fazem e ainda mais diferente do nosso. Muito daquilo que os tornam gatos — a independência, a aversão a qualquer tipo de agitação ou mudança no ambiente social, o fascínio pela caça — faz todo o sentido, uma vez que se compreende a jornada deles de predador selvagem até animal de estimação doméstico.

Gatos domésticos podem ser encontrados em cada canto do planeta. Em todo o mundo, existem cerca de três gatos para cada cachorro doméstico, e, embora muitos não tenham donos, na maioria dos países os gatos de estimação são no mínimo tão populares quanto os cães. No entanto, o fato de muitos não terem um dono sugere a possibilidade de que, como espécie, os gatos ainda não tenham sido completamente domesticados. De fato, os gatos carregam a fama de serem animais bastante independentes, bem diferentes dos cães, que têm muito mais carência emocional. Isso não quer dizer que os gatos sejam frios e insensíveis, como algumas pessoas tentam nos fazer acreditar, e sim que são menos propensos a mostrar os sentimentos sempre que têm oportunidade. E em geral eles são muito mais fáceis de cuidar do que os cães, pois não precisam sair para passear e aguentam ficar sozinhos por horas, uma situação que muitos cachorros acham estressante (embora poucos donos pareçam se dar conta).

Há dez mil anos não havia gatos domésticos, somente cerca de trinta espécies de pequenos gatos selvagens, além de algumas espécies de grandes felinos, vivendo em diferentes partes do mundo. A ancestralidade de todos eles se encontra no primeiro de todos os gatos, que viveu há dez milhões de anos, conhecido como *Pseudalurus* — dele descendem todos os felídeos atuais, desde o leão até o minúsculo gato-bravo-de-patas-negras. Se recuarmos cerca de dois milhões de anos, vemos o surgimento de vários tipos de gatos selvagens que ainda hoje habitam a Terra. Na América do Sul, evoluiu um grupo que inclui a jaguatirica, o gato-do-mato-grande e o jaguarundi (que se parece mais com uma lontra do que com um gato). Outro grupo colonizou a Ásia Central e Meridional: entre eles estavam o felpudo manul ou gato-de-pallas — que costumava ser considerado um possível ancestral das raças de pelo longo do gato doméstico até que testes de DNA descartassem essa possibilidade — e o gato-leopardo asiático, do qual a "raça" moderna bengal, ou gato-de-bengala, é parcialmente derivada.[1]

Mais a oeste, outro grupo de gatos evoluiu e começou a se espalhar pela Europa. Entre eles estava o ancestral de todos os gatos domésticos de hoje, o selvagem *Felis silvestris*. Essa espécie ocorre em toda a África, Sudoeste Asiático e Europa, incluindo as Terras Altas da Escócia, onde a única população britânica de gatos selvagens está atualmente à beira da extinção. Os primeiros registros confiáveis de gatos domesticados vêm do Egito, cerca de seis mil anos atrás, mas é provável que o processo de domesticação tivesse começado vários milhares de anos antes disso, motivado por um importante acontecimento em nossa jornada rumo à civilização: o surgimento dos ratos domésticos.[2]

O rato doméstico provavelmente evoluiu quando uma nova fonte de alimento apareceu pela primeira vez: os estoques de grãos e nozes colhidos que nossos ancestrais começaram a acumular à medida que foram deixando os hábitos nômades de caça e coleta e passaram a se estabelecer num lugar e estocar comida para se manter nos períodos de escassez. A cerâmica ainda não havia sido inventada, e esses estoques, guardados em cestos de fibras trançadas, peles ou barro cru, seriam vulneráveis à pragas. Os cães já haviam sido domesticados há milhares de anos, mas parecem ter sido pouco úteis na guerra contra os ratos e outros roedores que se banqueteavam com o inédito volume de comida fornecido pela mudança no estilo de vida da humanidade. Nesse cenário, surgiram os gatos selvagens, atraídos pelas novas concentrações de roedores tão inevitavelmente quanto os roedores eram pelos estoques de grãos e nozes.

A primeira civilização a ser infestada por roedores foram, acreditamos, os natufianos, que viviam ao leste do mar Mediterrâneo, numa área que cobria o que hoje são Líbano, Israel, Palestina, Jordânia e Síria, há cerca de dez mil anos. É muito provável que os gatos selvagens tenham começado a se transformar em gatos domésticos nessa região, uma teoria corroborada pelo DNA dos gatos de estimação de hoje, mais semelhante ao dos felinos selvagens do Oriente Médio que dos que agora vivem na Europa, na Índia ou na África do Sul.

Por centenas, possivelmente milhares de anos, esses gatos teriam visitado os assentamentos dos humanos apenas para caçar, retirando-se para a selva a fim de descansar e criar seus filhotes — vida bastante semelhante à das raposas urbanas hoje em dia, a não ser pelo fato quase certo de que os esforços dos gatos em manter os roedores distantes passaram a ser muito apreciados. É provável que a separação entre o gato selvagem e o doméstico surgiu quando alguns gatos ousados, mais tolerantes com os humanos do que o restante do grupo, começaram a permanecer o tempo todo nas aldeias, entre as incursões de caça. Possivelmente, pessoas incentivaram esse comportamento proporcionando locais seguros para esses animais dormirem e terem filhotes. Conforme as gerações se sucediam, os gatos mais tolerantes com humanos conseguiram passar a maior parte do tempo caçando e cuidando de sua vida sem serem incomodados pelas nossas atividades cotidianas, como acontece com a maioria dos predadores selvagens. O apelo indiscutível dos gatinhos recém-saídos do ninho fez com que esses animais passassem a ser manipulados, sobretudo por mulheres e crianças, gerando gatos ainda mais tolerantes com as pessoas do que seus pais haviam sido. Foi então que começou a parceria entre humanos e felinos.

No entanto, mesmo quando se tornaram tolerantes com a humanidade, esses gatos ainda tiveram dificuldade de conviver com outros membros da própria espécie. Os gatos selvagens são instintivamente muito territoriais e agressivos uns com os outros. Os machos são intolerantes com todos os outros machos e se juntam às fêmeas apenas uma vez por ano, para acasalar. As fêmeas adultas são igualmente agressivas umas com as outras e, embora sejam mães zelosas nos primeiros meses de vida, expulsam seus filhotes assim que eles amadurecem o suficiente para se defenderem sozinhos. À medida que os assentamentos humanos cresciam, fornecendo pragas suficientes para alimentar vários gatos pelo ano todo, esse comportamento territorial se tornou um problema, pois os gatos se distraíam da caça por terem que ficar constantemente atentos aos ataques dos rivais em potencial. Indícios significativos desse comportamento permanecem até hoje, como vemos na dificuldade que muitos gatos têm em compartilhar o espaço com outros gatos com os quais não cresceram.

Apesar das limitações de seus instintos antissociais, os gatos conseguiram desenvolver um modo meio limitado de cooperação — limitado porque se restringe às fêmeas, enquanto os machos não castrados permanecem aguerridamente independentes. Quando há comida suficiente disponível, as mães gatas permitem que as crias fêmeas permaneçam com elas mesmo depois de terem idade suficiente para procriar — e quando elas dão cria a mãe e as filhas adultas costumam colocar seus filhotes num único ninho e alimentá-los indiscriminadamente. Hoje esse comportamento é comum entre gatas de vida livre, como as de fazendas, mas nunca foi registrado em gatas selvagens, sugerindo que foi uma evolução ocorrida durante e em decorrência da domesticação.[3]

Portanto, há duas diferenças principais no comportamento entre os gatos selvagens e os domésticos. Primeiro, os gatos domésticos podem aprender facilmente a ser sociáveis com pessoas, desde que isso comece enquanto são filhotes. Os gatos selvagens, mesmo aqueles criados longe das mães, tornam-se animais selvagens que não confiam em ninguém, exceto talvez na pessoa que os criou. Em segundo lugar, as gatas domésticas (e os machos castrados) podem estabelecer amizade com outros gatos, sobretudo, embora nem sempre, aqueles com quem foram criados. No entanto, muitos gatos de estimação continuam intolerantes com outros gatos por toda a vida, uma herança que persiste desde suas origens selvagens, e causa de grande estresse quando encontram com vizinhos felinos hostis.

Por que o gato selvagem foi o único gato a ser domesticado? Havia (e ainda há) outras espécies de gatos vivendo perto dos primeiros assentamentos fixos dos humanos. Entre eles, o gato-da-selva, que tem mais ou menos o tamanho de um cocker spaniel e que os antigos egípcios podem ter tentado domesticar. Certamente os mantiveram em cativeiro aos milhares, mas deviam ser grandes demais para ajudar no controle de ratos e perigosos demais para vagar livremente onde havia crianças (os gatos-da-selva têm força suficiente para matar uma gazela jovem). Nas proximidades também viviam os gatos-do-deserto, animais noturnos de menor porte e com coxins peludos que lhes permitiam caçar na areia quente e, desse modo, habitar áreas desérticas que os felinos selvagens não conseguiriam tolerar; no entanto, os primeiros povos a armazenar grãos costumavam viver em áreas arborizadas, habitat típico do gato selvagem e provavelmente distante demais do gato-do-deserto mais próximo.

A transformação de controlador de pragas em animal de estimação deve ter ocorrido de forma gradual. O primeiro indício que temos de que os gatos eram considerados mais do que apenas exterminadores vem do Egito há cerca de seis mil anos.[4] Não podemos ter certeza se esses animais haviam sido importados do norte ou se os egípcios domesticaram os gatos selvagens da própria região, mas sabemos que nos três mil anos seguintes os felinos se tornaram cada vez mais importantes para os egípcios. Não apenas para controlar pragas — embora tenham ficado conhecidos por sua capacidade de matar cobras e outros perigos —, mas também como objetos de adoração

Muitos tipos diferentes de animais figuravam nas religiões e nos cultos do Egito Antigo, sobretudo grandes felinos (leões e leopardos) e pássaros, como os íbis. Os gatos domésticos passaram a ser especialmente associados à deusa Bastet, cuja forma original, cerca de cinco mil anos atrás, era o de uma mulher com cabeça de leão. De início, os gatos domésticos foram retratados como suas servas, mas cerca de quinhentos anos antes do nascimento de Cristo Bastet havia se transformado em algo muito mais parecido com um gato, tanto em aparência quanto em personalidade. O sacrifício de animais tinha um importante papel na religião egípcia naquela época, e literalmente milhões de gatos domesticados foram mumificados e sepultados como oferendas a Bastet e outras deusas. Muitos deles foram criados com esse propósito, em gatis erguidos ao lado dos templos, mas alguns dos gatos mumificados que foram recuperados estavam enterrados em caixões muito bem decorados e eram evidentemente animais domésticos estimados que haviam morrido de velhice.

As atitudes dos antigos egípcios em relação aos gatos podem parecer um tanto estranhas às nossas percepções modernas — alguns foram sacrificados, outros foram reverenciados, muitos deviam apenas ganhar seu sustento como humildes controladores de pragas. Além disso, toda a história do gato doméstico até hoje deixa evidentes mudanças no equilíbrio entre essas três ideias. Embora os gatos não sejam mais adorados (no sentido religioso), dois mil anos atrás os cultos felinos se espalharam do Egito por todo o Mediterrâneo e persistiram nas áreas rurais até a Idade Média. As tentativas da Igreja Romana de erradicar essas e muitas outras "heresias" tiveram o infeliz efeito de sancionar muitas crueldades contra gatos completamente inocentes. Indícios dessas superstições permanecem até hoje, como a suposta associação entre gatos pretos e bruxaria à época do Halloween, e em eventos como o Festival dos Gatos, realizado anualmente na cidade belga de Ypres, que culmina com uma cesta cheia de gatos sendo arremessada do topo da torre mais alta da praça da cidade — hoje em dia a cesta está cheia de gatos de pelúcia, mas o uso de animais vivos persistia há menos de duzentos anos.

Muitas pessoas acham os gatos cativantes, mas uma minoria os considera repulsivos, e ao longo dos séculos a atitude predominante parece ter oscilado entre esses dois extremos. No entanto, a utilidade do gato como exterminador de roedores parece nunca ter sido posta em dúvida. Por exemplo, pela legislação galesa do século X, um gato valia o mesmo que uma ovelha, uma cabra ou um cão não treinado. Mesmo naquela época, os gatos pareciam ser vistos como membros da família: a mesma legislação prescrevia que no divórcio o marido era autorizado a ficar com seu gato favorito, mas todos os outros gatos da casa pertenciam à esposa.

O surgimento da ideia de que os gatos podem ser acima de tudo animais de estimação pode remontar ao século XVIII, quando eles começaram a ser retratados sob pontos de vista puramente afetuosos. Por exemplo, o escritor Samuel Johnson teria adorado seus gatos Hodge e Lily, alimentando-os com ostras e permitindo que subissem em seu ombro. No entanto, pode ter sido a rainha Vitória quem mais contribuiu para aumentar a popularidade dos felinos: seu gato angorá White Heather ["Urze-Branca"] tinha a fama de ser uma das alegrias de sua velhice e sobreviveu a ela, tornando-se o animal de estimação de seu filho Albert (o futuro rei Edward VII).

À medida que a popularidade dos gatos como animais de estimação se tornou mais universal, surgiu a distinção entre raças. Ao contrário dos cães, em que muitas raças foram originalmente pensadas para fins específicos como caça, busca, pastoreio e guarda, todos os gatos de raça são, antes de tudo, animais de companhia. Nenhuma delas é especialmente antiga: o DNA dos gatos siameses mostra que eles só se separaram de seus primos vira-latas há cerca de 150 anos, e os persas de hoje não exibem vestígios de suas supostas origens no Oriente Médio. Os gatos de raça, até agora, não mostram o mesmo grau de problemas genéticos que os cães de raça e, quando existe algum problema, este vem sendo identificado, com medidas tomadas para reduzi-los e, por fim, eliminá-los.[5]

Mais recentemente, houve tentativas bem-sucedidas de se criar novos tipos de gatos cruzando animais domésticos com selvagens de outras espécies: entre eles o bengal, derivado do gato-leopardo asiático; o Savannah, cruzamento com o serval africano; e o safari, derivado de uma espécie da América do Sul, o gato-do-mato-grande. São de fato espécies híbridas, embora sejam frequentemente chamadas de raças, e seu comportamento pode ser tão imprevisível e selvagem quanto sugerem suas origens.

A maioria dos gatos continua sem raça definida, produto de milhares de anos de seleção natural e cruzamento não intencional; portanto, eles são em geral saudáveis e fisicamente bem adaptados ao ambiente em que vivem. No entanto, trata-se de um animal especializado cuja biologia — sem falar da psicologia — precisa ser bem compreendida a fim de proteger seu bem-estar.

COMO OS CÃES E OS SERES HUMANOS, OS GATOS SÃO MAMÍFEROS e todas essas três espécies compartilham o mesmo plano corporal. Como reflexo de seu estilo de vida predominantemente predatório, cães e gatos têm dentes bem diferentes dos nossos: possuem caninos proeminentes, usados na caça, e os molares, que a maioria dos mamíferos usa para triturar, foram modificados para atuarem mais como tesouras quando gatos e cachorros mastigam. Apesar de gatos e cães apresentarem muitas semelhanças — por exemplo, ambos comem basicamente carne —, também há muitas diferenças entre eles. Na maior parte do tempo, os gatos mantêm as garras bem protegidas em bolsas de pele nas patas, estendendo-as somente quando querem usá-las. Os cães têm garras fixas que se desgastam à medida que andam — suas patas são projetadas para correr e cavar. E, lógico, os gatos são muito mais ágeis do que os cachorros. Eles não têm clavículas, o que lhes permite colocar uma pata dianteira precisamente na frente da outra ao caminhar por cima de um muro, e usam as caudas como um equilibrista usa uma vara para manter o equilíbrio ao andar na corda bamba. Assim, para os gatos, a casa é um lugar muito mais tridimensional do que para os cachorros. A capacidade deles de saltar e escalar significa que podem usar todo o espaço a seu redor, não apenas dentro de casa, como também do lado de fora.[6]

As maiores diferenças entre gatos, cães e humanos não estão no exterior, mas embaixo da pele. Quando se trata de escolher o que comer, os cães são muito parecidos conosco — somos onívoros, capazes de nos manter com uma dieta mista de material de origem vegetal e animal ou de nos sustentar com uma dieta vegetariana. Os gatos domésticos, assim como toda a família dos felinos, são carnívoros estritos. Em algum momento durante a evolução, eles ficaram "presos" à alimentação com carne, faltando neles alguns dos principais mecanismos que permitem a nós — e aos cães — transformar frutas, legumes, verduras e grãos em músculos e tendões.[7]

Portanto, até que existissem os alimentos próprios para animais de estimação que temos hoje, os gatos também estavam "presos" à caça como sua única fonte confiável de carne no dia a dia. É em parte por isso que os gatos continuam a sair para caçar, embora hoje nós os alimentemos bem — há apenas poucas gerações a capacidade de caçar era crucial para a sobrevivência deles. O outro fator é que, em geral, os gatos procuram presas bem pequenas. Um camundongo tem apenas cerca de trinta calorias — então quando os gatos ainda viviam por conta própria, precisavam matar cerca de dez vezes por dia apenas para sobreviver. Esses gatos caçam mesmo após serem alimentados, só para o caso de passarem várias horas sem encontrar nenhuma presa: um gato que esperasse ficar com fome para caçar acabaria morrendo de inanição.

Os gatos costumam ser retratados como "assassinos impiedosos", mas um gato bem alimentado que sai para caçar está apenas obedecendo a instintos que lhe serviram no decorrer de sua história evolutiva. Mas pior para a reputação deles é que os gatos de estimação muitas vezes parecem "torturar" ou "brincar com" sua presa, mas trata-se de uma interpretação antropomórfica. Uma explicação para esse comportamento é uma redução súbita no impulso de caçador do gato que acontece imediatamente antes ou logo depois de matar, causada pela excelente condição nutricional do felino moderno. Ou pode ser porque o gato de estimação nunca tenha aprendido a caçar com eficácia. Isso também explica por que muitos gatos não comem as presas que pegam: em palavras ligeiramente mais bonitas, muitos gatos perdem o interesse pela presa no momento em que lembram que o alimento industrializado tem um sabor melhor que o de rato.

No entanto, os gatos não precisam encontrar uma presa de verdade para satisfazer seus instintos de caça. Nem todos sabem que, ao "brincarem" com seus "brinquedos", o comportamento de gatos de estimação é tão semelhante à caça real que é quase certo que eles "pensem" que é isso que estão fazendo. Manipulam os brinquedos do tamanho de camundongos como se fossem camundongos de verdade; e evitam os do tamanho de ratazanas (nem todos os gatos estão preparados para enfrentar um rato da vida real) ou os mantêm afastados à distância das patas como fariam com uma ratazana viva. O mais revelador é que os gatos brincam com mais atenção e maior intensidade quando estão aguardando uma refeição do que quando acabaram de comer, o que mostra o aumento do instinto de caça em gatos com fome. Essa proximidade entre brincadeira e caça traz a possibilidade intrigante de que os donos possam satisfazer os instintos predatórios dos gatos simplesmente brincando com eles.[8]

É injusto os donos esperarem que um animal cujas habilidades de caça eram valorizadas até poucas gerações atrás agora abandone esse hábito. No entanto, a maioria fica revoltada com os pequenos "presentes" ensanguentados que seu gato de vez em quando leva para eles. E, óbvio, há uma pressão cada vez maior dos admiradores da vida selvagem para que os donos de gatos impeçam as tentativas de predação de seus bichinhos — embora os indícios apontem que os verdadeiros culpados são gatos selvagens, e não os de estimação. Para o gato que insiste em perseguir passarinhos e ratos, existem diversos dispositivos feitos para torná-los caçadores menos eficazes, seja deixando-os mais visíveis ou alterando sua capacidade de atacar. A maioria é usada em volta do pescoço e, embora em geral os gatos não gostem deles, isso pode ser superado com treinamento.[9]

Como todos os animais, os gatos obtêm informações sobre o mundo a seu redor — e sobre suas presas — usando os próprios sentidos, em perfeita sintonia com seu estilo de vida ancestral de caçadores especializados. A audição deles tem uma amplitude muito maior que a nossa — eles conseguem ouvir os guinchos agudos que os roedores emitem uns para os outros, bem acima da nossa faixa de audição. É por isso que nos referimos a eles como "ultrassônicos". As partes externas de suas orelhas (as aurículas) não são apenas muito flexíveis, como podem se mexer de forma independente uma da outra, permitindo que os gatos identifiquem de onde vêm os sons com muito mais precisão do que nós. Mesmo as pequenas ondulações dentro de suas orelhas fazem mais do que apenas mantê-las eretas: ao alterarem sutilmente o tom de um som, permitem que o gato deduza a altura de onde está vindo.

Os olhos dos gatos são ainda mais adaptados para a caça. Comparados ao tamanho da cabeça, eles são enormes — quase tão grandes em termos reais quanto os nossos. Isso permite que os gatos enxerguem para onde estão indo, mesmo nas noites mais escuras, e suas retinas são adaptadas para o mesmo propósito, cheias de receptores para a visão noturna, que, como a nossa, é em preto e branco. Mas, ao contrário de nós, os gatos têm pouquíssimos receptores de cores diurnos — eles conseguem distinguir algumas cores, mas prestam muito menos atenção do que nós à cor das coisas. Outra adaptação específica para a visão noturna é a camada reflctora no fundo do olho, o tapetum, que inspirou os "olhos de gato" usados nas estradas. Qualquer luz que não atinja os receptores do olho é refletida de volta para os receptores: a pequena quantidade que não os atinge na segunda vez é refletida para fora dos olhos do gato, dando a eles seu característico "brilho" verde.

Olhos que são tão adaptados para a visão noturna podem ter dificuldades num dia ensolarado. Se a pupila do gato se contraísse como a nossa, a quantidade de luz provavelmente machucaria os olhos deles. Então, em vez disso, suas pupilas se tornam quase uma fenda. Às vezes nem isso é proteção suficiente, e o gato fecha os olhos parcialmente, para que apenas o meio da fenda fique exposto (eles também semicerram os olhos quando se sentem bastante relaxados, qualquer que seja o nível de luz).

Olhos tão grandes também têm dificuldade de focar, e qualquer coisa que esteja literalmente debaixo do nariz do gato ficará borrada. Para compensar, eles conseguem mover suas sensíveis vibrissas (os "bigodes") para a frente, substituindo a visão de perto pelo toque. As vibrissas, e outros tufos de pelos sensoriais menos óbvios na cabeça e nas laterais das patas, também ajudam o gato a se orientar em lugares muito escuros.

Embora os cães sejam conhecidos pelo olfato, é bem menos notório que os gatos também têm narizes sensíveis — talvez um décimo dos cachorros, mas pelo menos mil vezes mais sensíveis que os nossos. Por isso, assim como os cães, os gatos vivem num mundo de odores do qual podemos ter apenas uma vaga ideia. Eles conseguem localizar os ratos farejando o rastro de cheiro deixado ao passarem pela grama, mas talvez mais importante seja o fato de que quase certamente obtenham através dos cheiros muitas informações sobre o paradeiro e as atividades dos outros gatos em sua vizinhança. Embora usem seus focinhos para isso, os gatos também analisam os odores de outros gatos usando um aparelho olfativo secundário, conhecido como órgão vomeronasal, que fica entre as narinas e o céu da boca. Para acioná-lo, eles entreabrem a boca e "provam" o ar. Assim, quando parece ter entrado num pequeno transe, com a boca escancarada, o gato provavelmente acabou de esbarrar num cheiro deixado por outro gato.[10]

Portanto, com exceção de sua visão noturna aguçada, as capacidades sensoriais dos gatos são mais parecidas com as de um cachorro do que com as nossas. Da mesma forma, o cérebro deles também é bastante semelhante, com um padrão que é comum a todos os carnívoros, e crucialmente diferente de nosso cérebro de primata (veja a figura a seguir). O fato de gatos terem um corpo menor inevitavelmente significa que seu cérebro é mais leve que o nosso, mas o cérebro deles, representando 0,9% do peso corporal, também é proporcionalmente menor que o nosso, que responde por 2%. Muito do tecido extra do nosso cérebro é formado pela parte "pensante", o córtex cerebral, que envolve grande parte do exterior e é cheio de dobras. O córtex cerebral do gato é menor e tem muito menos dobras que o nosso (embora um pouco mais que o do cachorro), sugerindo que os gatos não devem ter o pensamento consciente da mesma forma que nós. Por outro lado, a maior dependência dos felinos em seu(s) sentido(s) de olfato se revela na proeminência da parte do cérebro dedicada ao processamento de informações olfativas (veja a figura a seguir). Em vez de estar na parte frontal do cérebro como em cães e gatos, conforme nosso cérebro cresce, a região olfativa é empurrada para a parte inferior graças ao aumento drástico do córtex cerebral.

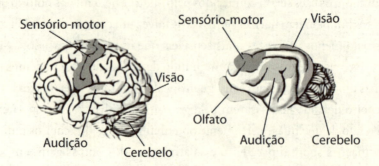

Vistas laterais de um cérebro humano e de um cérebro de gato (não na mesma escala) mostrando algumas das regiões dedicadas aos sentidos, à locomoção e à coordenação precisa do movimento (o cerebelo).

Essas diferenças na forma como nosso cérebro e os dos gatos se estrutura devem, inevitavelmente, refletir as diferenças no modo como pensamos, mas até agora a ciência não conseguiu identificá-las por completo. Sabemos intuitivamente como é ser um ser humano, porém é muito mais difícil compreender como o mundo existe na mente de um gato. No entanto, podemos ter quase certeza de que a nossa versão do mundo e a versão do gato divergem, e tentar entender quais são as diferenças é essencial para compreender como os eles reagem às nossas tentativas de adestrá-los.

Uma pergunta importante é: como os gatos nos veem? A explicação mais aceita para nosso imenso córtex cerebral é que ele nos permite compreender as relações sociais de uma maneira muito mais sofisticada do que acontece com outros mamíferos. Sem as estruturas cerebrais necessárias, os gatos devem logicamente enxergar o relacionamento com seus donos (e uns com os outros) de uma forma muito mais simples do que a visão que temos dos nosso relacionamento com eles.[11]

Uma diferença crucial entre nós pode ser o que costuma ser chamado de "teoria da mente". Quando falamos com nossos gatos, podemos imaginá-los nos escutando — e sabemos que eles têm sua própria mente. Os gatos identificam os humanos que conhecem como indivíduos e reagem ao que fazemos, mas as evidências científicas indicam — e isso pode ser difícil para os donos entenderem — que não têm qualquer compreensão de que estamos *pensando* sobre eles. É provável que a capacidade de imaginar e prever o que outro animal ou ser humano pode estar pensando se restrinja, ao menos nos mamíferos terrestres, aos primatas mais avançados evolutivamente (os macacos) e é muito mais desenvolvido em nossa espécie do que em qualquer outra. Por mais que nós, donos, gostemos de imaginar que nossos gatos pensam em nós da mesma forma como pensamos neles, seu cérebro muito diferente do nosso sugere que é quase certo que isso não aconteça.[12]

O que isso significa na prática é que os gatos podem prestar muita atenção no que fazemos, mas parecem ter pouca noção dos nossos processos de pensamento. Quando alguém percebe que um pedaço de carne sumiu da bancada da cozinha e conclui que o gato o roubou, é natural sair à procura dele para repreendê-lo. Seria de esperar que uma criança que se apossou de um biscoito da cozinha uns minutos antes soubesse exatamente por que está sendo repreendida, antes mesmo de uma explicação verbal. Portanto, é natural esperar que um gato consiga deduzir a mesma coisa. No entanto, como os gatos nem conseguem perceber *que* nós pensamos, é impossível perceberem *o que* estamos pensando.

Uma segunda grande diferença entre o nosso cérebro e o dos gatos é que eles parecem viver muito no presente. É lógico que os gatos têm uma memória excelente — caso contrário, adestrar seria impossível —, mas essa memória só vêm à tona quando acionada por algo semelhante que acontece no presente: por exemplo, um gato que avista um gato preto pela janela pode, nessa hora, lembrar-se de outros encontros que teve com gatos pretos. Poucos minutos depois de o gato preto desaparecer, ele estará pensando em outra coisa: os gatos não parecem capazes de resgatar memórias sempre que quiserem tal como você ou eu fazemos (ou ao menos acreditamos que fazemos). Um gato que ouve a voz da dona dizendo "Vem aqui, gatinho" vai se lembrar instantaneamente das ocasiões anteriores em que ele reagiu correndo até a dona — e ganhou um petisco em troca — e então vai fazer isso de novo (se não estiver distraído demais com outra coisa).

Pelo mesmo motivo, é muito improvável que os gatos consigam ser "ardilosos" ou "manipuladores", por mais que desejemos interpretar seu comportamento dessa forma. Eles não só vivem no presente, como também não parecem capazes de refletir sobre o que aconteceu no passado ou, talvez ainda mais importante, de planejar o futuro.

A CAPACIDADE DE COMPREENDER E PREVER OS SENTIMENTOS DE um gato é fundamental para um adestramento de sucesso, mas também ocorrem muitos mal-entendidos em relação às emoções felinas. Embora existam poucos estudos sobre os sentimentos mais íntimos dos gatos, recentemente tornou-se possível observar como a atividade cerebral muda em diferentes contextos, treinando cães e outros mamíferos para ficarem imóveis por tempo suficiente para obter uma ressonância magnética — e não deve demorar muito até que se consiga fazer isso com um gato.[13]

Esses estudos mostram que o cérebro dos mamíferos, seja de um cachorro, gato ou camundongo, gera um repertório comum de sentimentos simples: felicidade, medo, ansiedade, frustração — aqueles que também podem ser chamados de "intuitivos". O adestramento funciona, essencialmente, alterando as circunstâncias em que essas emoções são suscitadas — o que mais funciona com os gatos procura reduzir os sentimentos negativos, como medo, ansiedade e frustração, e aumentar os positivos, como alegria e afeto, ao mudar as associações entre esses sentimentos e suas experiências do dia a dia.

Muitos donos também acreditam que os gatos são capazes de experimentar emoções muito mais complexas, inclusive várias que, ao menos para nós, humanos, são experiências conscientes. Entre elas estão o ciúme — provavelmente sentido em algum nível por um cão mais socialmente experiente, mas não tanto por gatos —, orgulho, empatia e culpa, que quase com certeza estão além das capacidades mentais de um cão ou gato. A dona que pune o gato acreditando equivocadamente que seu animal é capaz de sentir culpa pela bagunça feita enquanto ela estava fora estará prejudicando o relacionamento com ele (e talvez seja mais provável que o gato faça a mesma bagunça outra vez). Os gatos vivem "no momento" e são incapazes de associar uma ação que realizaram com sua consequência — negativa ou positiva — mesmo que essa consequência ocorra poucos minutos depois, quanto mais uma hora. Em vez disso, o gato vai associar o castigo ou recompensa a qualquer fato que esteja em sua mente naquela hora. No caso do gato que fez bagunça enquanto a dona estava fora, é mais provável que esse fato seja a recente chegada da dona. Os donos que seguem essas táticas podem se surpreender ao notar que o gato parou de recebê-los calorosamente — e a bagunça tende a piorar conforme o nível geral de ansiedade do gato for aumentando.

CÃES E GATOS SÃO FUNDAMENTALMENTE DIFERENTES NA MANEIRA como interpretam informações sociais, sejam elas provenientes de pessoas ou de outros indivíduos da própria espécie. Os gatos também são bem diferentes dos cachorros no modo como reagem a algo que nunca viram antes.

Existem muitas formas diferentes de começar a adestrar um cachorro de estimação, mas todas têm duas coisas em comum: dependem da sensibilidade exclusiva do cão à linguagem corporal humana e também de sua afeição inata por quem cuida deles. Os cães são fundamentalmente sociáveis, o que reflete suas origens como lobos que viviam em grupos familiares cooperativos. A domesticação provocou mudanças profundas na mente do cachorro em relação ao seu ancestral, o lobo, a ponto de os cães precisarem da atenção humana — um cachorro que foi abandonado vai se apegar a qualquer um que o trate com gentileza, mesmo que seja por apenas quinze minutos. Experiências já mostraram que os cães são mais atentos aos gestos humanos que os chimpanzés, supostamente os mais inteligentes de todos os animais, depois de nós. Essas duas habilidades são uma parte essencial da relação entre os cães e a humanidade há milhares de anos, permitindo que nós os usemos para várias funções, como guarda, pastoreio e caça, embora, é claro, hoje em dia a maioria dos cães esteja conosco apenas pela companhia que nos dão com tanta eficiência. Tudo isso significa que treinar um cão sempre vai ser diferente de treinar qualquer outro animal, porque eles têm uma percepção diferente dos seres humanos.[14]

As profundas diferenças na forma como os gatos nos veem em comparação com a dos cães podem ofuscar o fato de que, na verdade, as duas espécies aprendem, para todos os efeitos, da mesma maneira. O que difere são suas *motivações* para aprender: os modos *como* eles aprendem — e quanto são bons nisso — são bem semelhantes. Como os cachorros são considerados adestráveis e os gatos não, é fácil presumir que os cães aprendem mais que os gatos. Embora seja impossível sabermos o que é ser um gato — ou um cachorro —, é seguro afirmar que os dois são excelentes em aprender.

Os gatos, descendentes de animais territorialistas e solitários, em geral são muito mais cautelosos no contato social, e muitos precisam aprender a confiar em outros gatos e em pessoas, e só conseguem fazer isso com um indivíduo de cada vez. O vínculo básico dos gatos é ao lugar, não às pessoas. Isso não significa que não possam se tornar afetuosos com os donos, pois é óbvio que podem, mas sua afeição só pode florescer em uma atmosfera de segurança. A primeira prioridade de um gato é encontrar um lugar seguro para viver e uma fonte confiável de alimento, o que no caso dos gatos de estimação costuma ser encontrado na casa dos donos, antes que eles possam começar a formar ligações sociais fortes.

Para muitas pessoas, os gatos, e sobretudo os filhotes, têm uma capacidade de amolecer corações que não é fácil de explicar. Sabe-se hoje que o encanto dos gatinhos filhotes funciona em um nível elementar, desencadeando atividade em algumas partes do cérebro que respondem à visão e ao som de um bebê humano. A enorme popularidade dos gatos e seus filhotes na internet pode quase ser atribuída a essa nossa resposta inata. No entanto, esse fenômeno por si só não explica por que tantos de nós vão além do encanto inicial e formam laços vitalícios com nossos gatos de estimação. A maioria dos donos de gatos descreve espontaneamente seus animais de estimação como membros da família e, embora a ciência ainda não consiga explicar por completo por que isso é tão natural para tantas pessoas, isso faz com que muitos gatos recebam os cuidados e a atenção de que precisam.[15]

Contudo, eles não veem os humanos como seus melhores amigos automaticamente. Em todo o mundo, muitos gatos passam a vida inteira desconfiados das pessoas. Os gatos (como os cães) precisam aprender a interagir com gente quando ainda são bem pequenos. Se os gatinhos bebês não tiverem ao menos um pouco de contato amistoso com pessoas durante o período crucial entre as primeiras duas a oito semanas de vida, em geral acabam se tornando ferais. Essa flexibilidade impressionante em suas preferências sociais mostra como o cérebro felino pode ser maleável — contradizendo sua reputação de ser indiferente e inflexível. Embora se tornem mais intransigentes nos comportamentos à medida que envelhecem, os gatos mantêm a capacidade de assimilar novas experiências e aprender novas reações ao longo da vida.

A diferença entre cães e gatos no que diz respeito à intensidade do apego às pessoas explica por que os métodos de adestramento tradicionais baseados em punição sempre são contraproducentes quando usados em gatos. O castigo físico é péssimo para o bem-estar de cães e gatos, mas os cães se apegam tanto aos donos que sua afeição pode parecer inalterada mesmo quando eles têm consciência de que é o dono que está causando seu desconforto (como com o enforcador) ou até mesmo dor. Assim como crianças que sofreram algum tipo de abuso se agarram aos pais por instinto, os cães continuam junto de pessoas que os castigaram fisicamente (embora, ao mesmo tempo, sua linguagem corporal em geral revele sinais do elemento abusivo na relação).

Já os gatos não. Eles vão fugir de qualquer situação que considerem aversiva e, portanto, se adivinharem que essas emoções desagradáveis estão de alguma forma relacionadas ao dono, a afeição por ele vai diminuir na mesma hora. Até castigos leves que só causam pequenos desconfortos e sustos no gato podem ter esse efeito. Por exemplo, muitos recomendam um borrifador de água como forma de impedir um gato de pular nas bancadas da cozinha: o som do spray, que lembra um chiado de gato, e a sensação da água na pele são levemente aversivos. Mas pense só: o que você acha que o gato associa a essas coisas, o ato de pular na bancada ou a visão da mão da dona? Só se o gato não tiver nenhuma consciência de que a dona está envolvida esse tipo de castigo vai alcançar o resultado desejado sem prejudicar a relação construída entre os dois — e, mesmo assim, se o gato já estiver um pouco ansioso pode ficar ainda mais. Os métodos baseados em recompensas que recomendamos neste livro são muito mais aconselháveis, e não será necessário qualquer castigo mais severo do que negar um petisco ou brinquedo que o gato deseja.

Muitos comportamentos anormais e indesejáveis dos gatos surgem de situações em que eles sentem sua segurança ameaçada: talvez um gato novo que foi introduzido no lar sem o devido cuidado, um gato agressivo que se mudou para a casa ao lado ou a chegada de um bebê na família. Ainda assim, muito do estresse que os gatos experimentam nessas situações pode ser reduzido, ou até mesmo eliminado, pelo adestramento. E, antes de tudo, o adestramento também deve ter um papel importante na prevenção de tais problemas, por exemplo, como parte dos preparativos para a introdução de um novo gato na casa.

Quando o assunto é encontrar algo desconhecido e potencialmente ameaçador, os gatos estão em dupla desvantagem em relação aos cães. Como em geral são solitários, eles não podem se garantir ficando em grande número, ao contrário dos cães, que são muito mais sociáveis. E, de fato, os gatos são menores e, portanto, mais vulneráveis do que o cachorro médio — e ainda mais do que o ancestral do cão, o lobo, do qual provavelmente vem a maior parte de sua autoconfiança social. Assim, a reação padrão da maioria dos gatos a qualquer coisa desconhecida é manter distância e, ao primeiro indício de que um problema está por vir, fugir. Alguns gatos são mais tímidos do que outros, mas um gato ousado o suficiente para ficar firme diante de uma clara adversidade é raro. Portanto, pouquíssimos aprendem a lidar com uma situação desconhecida de uma forma que não seja manter certa distância. Se essas experiências se repetirem, as conotações negativas só vão aumentar: basta pensar na relutância da maioria dos gatos em entrar na caixa de transporte, embora eles se enfiem por conta própria em caixas de papelão de tamanho semelhante para tirar um cochilo. Por esse motivo, muitas vezes temos que começar o adestramento fazendo mudanças em seu ambiente que aumentem sua sensação geral de segurança e dando a ele confiança suficiente para enfrentar seus medos, embora de forma muito mais diluída: só então poderemos construir conotações mais positivas.

Mesmo o gato mais seguro, confiante e bem socializado vai se encontrar em situações que considera desagradáveis. Gatos de pelo longo precisam de tosa e escovação frequentes, pois suas línguas só evoluíram para lidar com a pelagem curta de seus ancestrais. O bem-estar dos gatos melhorou absurdamente com o surgimento de cirurgiões veterinários especialistas em gatos, mas tente dizer isso a um gato na hora em que ele está lutando com garras e dentes para não entrar na caixa de transporte! Na verdade, muitas vezes os gatos faltam às consultas veterinárias porque os donos não conseguem levá-los ao consultório, e grande parte da medicação oral prescrita nunca é ingerida porque o gato a cospe ou nem deixa abrirem sua boca.

Assim como crianças pequenas, os gatos não conseguem entender que algo momentaneamente desagradável pode fazer bem para eles no futuro. Muitos gatos de pelo longo sentem desconforto por causa dos nós nos pelos, mas também não gostam de ser escovados. Todos os gatos relutam instintivamente ao serem empurrados para dentro de um espaço confinado, e viajar num veículo motorizado não é algo natural para eles. Nós, humanos, conseguimos tolerar as pequenas humilhações de um exame médico porque conseguimos compreender que é para nosso próprio bem: a menos que sejam ensinados, os gatos veem um exame veterinário como um momento em que estão recebendo a atenção de um tipo incomum e indesejável de predador. Muitos gatos são tímidos por natureza e ficam nervosos quando pessoas desconhecidas entram em "sua" casa, por isso precisam que criemos oportunidades para aumentar sua confiança. Alguns gatos são até particularmente sensíveis a serem pegos no colo ou acariciados.

Os cães costumam ser tão apegados aos donos que em geral têm muito mais tolerância a pequenos desconfortos. Os gatos, cuja sensação de segurança vem do ambiente físico, podem se incomodar até por qualquer pequeno incidente que considerem mais desagradável. E, se ele se repetir, eles podem adquirir o hábito de se retrair sempre que parecer que essa situação vai ocorrer. Todos os anos, um número significativo de gatos deixa clara sua insatisfação e se muda para uma casa próxima que considera menos estressante. Isso mostra como eles são altamente capazes de aprender as consequências de interagir com o mundo ao redor. Em vez de deixar um gato contar com os próprios instintos para aprender coisas que foram úteis a seus ancestrais, com certeza é melhor ensinar lições mais adequadas às complexidades da vida de bicho de estimação — em outras palavras, usar o adestramento para ajudar a melhorar o relacionamento com o gato.

O adestramento também pode ser útil na hora de introduzir outro gato na casa. Como os felinos descendem de animais solitários, sua capacidade de conviver com outros gatos é bastante limitada. Aqueles que vivem soltos e coexistem com outros costumam já ter nascido no grupo, em vez de ter se juntado a ele já adulto. Claro, nenhum gato é igual a outro, e suas atitudes quanto a aceitarem indivíduos da própria espécie variam. No entanto (e ao contrário do que muitos donos supõem), apresentar o gato da casa a um bichinho novo é tão complicado quanto apresentar dois cães, e muitas vezes pode ser mais difícil. Os donos que erram nessa hora descobrem que criaram, inadvertidamente, uma vida inteira de ansiedade e estresse para os dois gatos: junto com a compreensão de como cada um pode se sentir ameaçado pelo outro, o adestramento pode ser muito importante para que essas apresentações ocorram sem problemas.

DEPOIS QUE SUAS NECESSIDADES BÁSICAS DE COMIDA, ÁGUA, UMA caixa de areia limpa e um lugar seguro para dormir são atendidas, a felicidade do gato geralmente gira em torno de quanto ele se sente seguro. Os gatos não se importam de ser deixados sozinhos (ao contrário dos cães), mas valorizam uma rotina previsível e estabilidade em seu meio social.

Uma questão que aflige muitos donos de gatos é se devem permitir que seus gatos tenham acesso à rua. São basicamente três os benefícios de se manter um gato dentro de casa: ele não poderá incomodar ou matar animais selvagens; não ficará exposto ao trânsito ou a pessoas que desejam maltratá-lo; não poderá brigar com outros gatos da vizinhança. No entanto, o gato criado exclusivamente dentro de casa é um conceito relativamente novo, e os gatos domésticos, tenham acesso à rua ou não, descendem de animais que caçavam para sobreviver e percorriam extensos territórios ao ar livre. Em termos evolutivos, é cedo demais para os gatos terem perdido o instinto de perambular e explorar. Portanto, há um risco significativo de um gato mantido dentro de casa sofrer de frustração ou tédio. Donos que decidem que deixar o gato sair é muito perigoso precisam tomar medidas cautelosas para evitar isso, e o adestramento pode ter um peso importante. Também devem equipar o ambiente do gato para fornecer a ele o máximo de estímulo possível — por exemplo, permitindo o acesso a um espaço ao ar livre cercado, com brincadeiras várias vezes ao dia e usando brinquedos semelhantes a presas para satisfazer seus instintos de caça.

Os gatos com acesso à rua têm mais opções do que os gatos criados dentro de casa, e, apesar de sem dúvida acharem isso estimulante, alguns têm o azar de serem atrapalhados por outro gato — que até pode ser ousado a ponto de entrar na casa, piorando a angústia do felino que mora lá. Mesmo que haja poucas evidências diretas desse tipo de conflito, o gato pode dar sinais de estar sob estresse, como passar muito tempo se escondendo, urinar e evacuar fora da caixa de areia e até mesmo expressar sua agitação interna atacando a dona.[16]

Algumas situações que os gatos de estimação enfrentam são um problema apenas para eles; outras também são um problema para os donos. De qualquer forma, o adestramento pode muitas vezes oferecer uma solução que vai fazer bem para os dois lados. Para nós, o objetivo principal de se adestrar um gato de estimação deve ser sempre melhorar a sensação de bem-estar do animal, embora os donos também acabem descobrindo que receberão a considerável recompensa de ter um gato mais feliz e fácil de lidar.

Um gato só vai fazer algo se tiver vontade. Nossa tarefa daqui para a frente será garantir que o animal vai querer fazer o que é do interesse dele, mesmo quando seus instintos lhe dizem o contrário.

CAPÍTULO 1

Como os gatos aprendem
E o que você pode fazer para tornar o processo mais fácil para eles

A DESTRAR UM GATO NÃO É UM PROCESSO MISTERIOSO, MAS SÓ vai fazer sentido se compreendermos o modo como os gatos aprendem. Eles podem ter fama de indecifráveis, mas na verdade são animais extremamente adaptáveis e aprendem da mesma forma que todos os mamíferos — inclusive os cachorros. Os gatos são tão inteligentes quanto os cães; o que acontece é que eles têm motivações e prioridades próprias e, como elas são menos compreendidas que as dos cães, ganharam a reputação de não serem adestráveis. E isso é mentira: os donos podem dominar facilmente as habilidades e os conhecimentos necessários para mudar o comportamento do gato, não apenas em proveito próprio, como também pelo gato, que pode aprender que situações detestáveis por instinto, como ser escovado ou ficar na caixa de transporte, na verdade podem ser experiências prazerosas. Além disso, uma compreensão de como os gatos aprendem também é fundamental para entender muito de seu comportamento no dia a dia, pois eles são muito mais responsivos do que sua fama de teimosos e independentes pode sugerir.

MUITOS DONOS PARECEM NÃO SABER QUE SEUS GATOS ESTÃO aprendendo o tempo todo. Quando perguntamos à Sra. Smith se ela achava que Smoky, sua gata, havia aprendido muita coisa na semana anterior, ela respondeu:

> Smoky não aprendeu nada recentemente, pois passou a maior parte da semana dentro de casa. Ela gosta de vagar lá fora quando estou no trabalho, mas odeia se molhar, e choveu por alguns dias. Ela é uma gata muito doce e carinhosa e gostamos quando fica no meu colo, mas para ser sincera esta semana ela se comportou meio mal. Tive uma semana de folga e tentei preparar um bolo enquanto não posso ficar no jardim. Porém, Smoky teve outras ideias e ficou pulando na bancada da cozinha enquanto eu tentava cozinhar. Eu dizia que ela estava sendo boba quando a tirava da bancada e fazia uma festinha rápida mas carinhosa. Quando o bolo estava no forno e fui ler meus e-mails, ela me atrapalhou, tentando sentar no laptop. Achei que depois da festinha ela ficaria satisfeita e me deixaria fazer as minhas coisas, mas não funcionou. No fim, acabei dando a comida dela cedo para poder continuar o que estava tentando fazer. E, embora o tempo tenha melhorado hoje, Smoky decidiu ficar em casa e me importunar, em vez de sair para tomar um pouco de ar fresco. Ela está me deixando louca.

O que a Sra. Smith parece não ter percebido não é apenas quanto Smoky havia aprendido naqueles poucos dias chuvosos, como também quanto ela própria havia influenciado involuntariamente esse aprendizado.

Em primeiro lugar, podemos dizer pelo comportamento de Smoky que ela já havia aprendido que ir para a rua quando está chovendo a deixa com frio e molhada; portanto, é melhor ficar em casa, onde é seco e quentinho. Ela também tinha aprendido que sua dona não vai para o trabalho todos os dias e, por ser o tipo de gata que gosta da companhia da dona, achou que ficar dentro de casa durante o dia lhe daria essa recompensa. Mas Smoky também havia notado que a Sra. Smith às vezes fazia coisas que não a incluíam e, por isso, nem sempre recebia a atenção que desejava. Ao se colocar entre a Sra. Smith e a tarefa em que ela estava concentrada — a bancada da cozinha ou o laptop —, Smoky recebia atenção. A Sra. Smith achou que Smoky entendeu quando a dona disse para ela não atrapalhar, mas na mente de Smoky quando a dona a pegava e falava com ela isso era uma atenção positiva. Não importava que a Sra. Smith estivesse dizendo a Smoky que ela era "travessa": tudo o que a gata entendia era o tom de voz — que era gentil —, e o salto na bancada acabou rendendo colo. Melhor ainda: quando Smoky fez isso várias vezes, ganhou comida mais cedo — o prêmio principal! Depois de aprender que atrapalhar resultava em atenção e (bônus!) comida, Smoky decidiu arriscar o mesmo comportamento de novo no dia seguinte. Sem querer, a Sra. Smith a ensinou que se comportar daquela maneira gera bons resultados (em geral, atrapalhar rende comida!). Se ela tivesse compreendido bem o modo como Smoky aprende, teria agido de maneira um pouco diferente, conseguindo um tempo de paz para assar seu bolo e usar o laptop, e ao mesmo tempo deixando sua gata feliz.

Os gatos aprendem o tempo todo, independentemente de estarmos tentando ensiná-los algo de propósito. Algumas associações são aprendidas após uma única exposição, sobretudo se o resultado for desagradável: por exemplo, o gato que entra no jardim de um vizinho e é perseguido por um cachorro vai aprender na mesma hora a nunca entrar naquele jardim, ou ao menos não quando puder ver que o cão está lá. Outros eventos precisam de diversas repetições para o aprendizado se consolidar a ponto de o gato mudar seu comportamento nessas circunstâncias; por exemplo, um gato pode precisar receber petiscos de um novo visitante várias vezes antes de mudar a maneira como ele se comporta em relação a essa pessoa.

Experiências diferentes têm resultados diferentes para o gato. Algumas são positivas, outras negativas, e muitas são neutras (ou seja, o gato não percebeu os resultados ou não se preocupou com eles). Mais experiências podem reforçar o que já foi aprendido naquele tipo de situação (se o resultado permanecer o mesmo) ou começar a ensinar algo novo (se o resultado mudar — por exemplo, de algo bom para algo pior). Todas essas experiências e seus resultados são processados no cérebro, onde ocorre o aprendizado, as memórias são armazenadas e as emoções e sensações surgem. Tudo isso influencia a maneira como o gato se comporta — não apenas naquele momento, mas também no futuro.

O TIPO MAIS SIMPLES DE APRENDIZADO — COMUM A TODOS OS animais que possuem sistema nervoso, desde vermes a humanos, e tão simples que é discutível se pode mesmo ser chamado de aprendizado — é conhecido como *habituação*. Ela é uma forma de os animais aprenderem a ignorar as partes do ambiente que não têm consequências especiais e, portanto, são irrelevantes. Após serem expostos várias vezes a certas coisas ou situações, os gatos aprendem a considerá-las inofensivas e, portanto, as ignoram. Para um animal tão dotado de órgãos sensoriais como o gato, concentrar-se muito em coisas irrelevantes desvia a atenção e energia essenciais das situações que podem impactar sua sobrevivência, como, por exemplo, presas ou predadores que estão por perto. Por isso a habituação é um processo de aprendizagem essencial. Por exemplo, um filhote que chega à nova casa pode se assustar ao ouvir pela primeira vez o toque do celular de sua nova dona. No entanto, após várias repetições do som, ele terá aprendido que nada relevante acontece nessa hora e, assim, vai parar de reagir ao toque. Em termos técnicos, o gatinho *se habituou* ao som do celular. A habituação é um processo de aprendizagem importante, não apenas para filhotes, como também para gatos adultos que estão conhecendo novos ambientes, como ao se mudar para uma casa nova. Os gatos, assim como nós, precisam aprender o que é importante e o que não é, ao menos para evitar a sobrecarga sensorial.

A *sensibilização* é o oposto da habituação. Nesse processo, a exposição repetida a certo evento leva a uma maior reação do animal, em vez de reduzi-la até o animal ignorar o evento, como ocorre na habituação. A diferença crucial é que agora se trata de uma exposição repetida a algo que o gato detesta instintivamente. Por exemplo, várias consultas no veterinário com experiências desagradáveis, como uma injeção, podem fazer com que o gato sinta medo do veterinário, mesmo em visitas posteriores em que o profissional o acolhe bem e não há nenhuma injeção. Além disso, depois que fica sensível a certa situação, o gato pode exibir a mesma reação em outras circunstâncias semelhantes. Por exemplo, o mesmo gato pode ficar desconfiado ou com medo de pessoas novas que só se parecem, soam ou até têm o cheiro do veterinário. Ele pode até passar a ter medo de novos ambientes que lembrem a ida ao consultório. A sensibilização é um poderoso mecanismo de proteção que ajuda os gatos a evitarem qualquer coisa que considerem potencialmente perigosa. Um dos nossos objetivos ao adestrar gatos é ensinar a eles que os encontros com veterinários — e muitas outras situações — não precisam ser vistos como perigos em potencial, prevenindo a sensibilização antes que ela tenha a chance de acontecer.

Tanto a habituação quanto a sensibilização mudam a intensidade das reações que o gato já tem, mas não ajudam a desenvolver novas reações: para isso, são necessários processos de aprendizagem mais complexos. O mais simples deles, conhecido como *condicionamento clássico*, ocorre quando um gato descobre que alguma situação específica prenuncia que outra coisa está para acontecer. Quando um gato mia e corre para a dona assim que ouve a porta do armário onde fica a ração se abrir, ele está respondendo ao condicionamento clássico. O gato aprendeu que o som da porta (em si mesmo, um som irrelevante) prenuncia que a comida está a caminho. É necessário repetir várias vezes o som do armário se abrindo pouco antes de dar a comida até o gato aprender o valor daquele som como um prenúncio. Depois que o aprendizado ocorre, aquele som específico provoca emoções positivas na mente do gato, semelhantes às desencadeadas pelo cheiro ou sabor da comida. Ele não precisa aprender que a comida saborosa o faz se sentir bem; é uma reação involuntária, incorporada no gato. O que ele aprende é que outras coisas além do sabor e da visão da comida podem gerar essas sensações: nesse caso, o som da porta do armário. Esse processo de aprendizagem depende de uma combinação constante: o som da porta abrindo sempre seguido pela oferta da comida. No começo, o gato pode cometer erros, como reagir ao som de qualquer armário da cozinha sendo aberto, mas a maioria é capaz de aprimorar o que sabe, aprendendo que apenas o som característico *daquele* armário precede a oferta da ração.

O CONDICIONAMENTO CLÁSSICO AJUDA O GATO A COMPREENDER melhor seu ambiente, mas um tipo diferente de aprendizado, o *condicionamento operante*, é necessário para que o comportamento dele mude. No condicionamento operante, a consequência das próprias ações do gato influenciam a forma como ele se sente e, portanto, qual comportamento deve apresentar em seguida. As consequências resultantes de qualquer comportamento podem ser classificadas em quatro tipos (veja o quadro a seguir).[1]

O condicionamento operante explica por que o comportamento da Sra. Smith fez com que sua gata saltasse na bancada e atrapalhasse o que ela estava fazendo, não só uma, mas várias vezes. Os sentimentos positivos provocados pelo carinho, pelas palavras gentis e pela comida oferecida encorajaram a gata a repetir o comportamento de saltar e atrapalhar (ou seja, Consequência 1). Em palavras mais formais, diríamos que o comportamento foi *reforçado*. Com isso, queremos dizer que o gato descobriu que comportar-se de determinado jeito tem um resultado recompensador e, portanto, é mais provável que ele o repita na tentativa de recriar o resultado positivo.

Para um gato aprender que qualquer resultado está genuinamente relacionado ao seu comportamento, de uma forma geral é essencial que as consequências (positivas ou negativas) ocorram imediatamente. Caso contrário, é improvável que o gato faça essa associação. No entanto, em alguns casos o condicionamento clássico pode suprir isso. Por exemplo, um gato pode perambular do jardim para a cozinha. A dona quer recompensar esse comportamento (para que ocorra novamente) dando ao gato um petisco, mas ela pode não ter nada para oferecer na hora. Porém, se o gato já tiver aprendido, através do condicionamento clássico, que o som e a visão da dona pegando a lata de petisco são seguidos por uma recompensa, então só de pegar a lata de petisco (vazia) na hora em que o gato vier do jardim a dona vai poder "ganhar" algum tempo até premiar o gato com comida: a ação de pegar a lata de petisco informa ao gato que o verdadeiro prêmio está a caminho.

Os gatos não reagem bem a nada desagradável (os cães são bem mais tolerantes a isso). É muito importante estar ciente dessa tendência natural de recuar ao menor sinal de problema. Embora a aprendizagem como resultado de algo negativo — e especialmente de qualquer tipo de castigo físico — seja possível, o uso da punição pode ter um efeito desastroso no relacionamento entre o dono e o animal. Um gato que recebeu castigo físico tem grandes chances de reagir de uma ou mais formas negativas. Ele pode passar a ter medo do dono, e até mesmo de outras pessoas, através da sensibilização. O medo do gato pode ser expresso como uma reação agressiva dirigida a quem o castigou originalmente ou a qualquer um por perto. O medo também pode fazer o gato tentar escapar ou evitar qualquer tipo de interação. Além disso, o uso de punição costuma reduzir qualquer tipo de comportamento espontâneo do gato na presença do dono, dificultando o adestramento no futuro. Por fim, o castigo pode dizer ao gato o que não fazer, mas não o ajuda a aprender o que deve fazer. Todos esses resultados são angustiantes para o gato e provavelmente têm um efeito prejudicial em sua qualidade de vida. O adestramento bem-sucedido se baseia em premiar o comportamento desejado e ignorar o indesejado. Manter essa abordagem no cerne de todo o treinamento deve garantir uma relação positiva, bem como uma experiência exitosa de aprendizado feliz para as duas partes.

Os quatro tipos de consequência que acionam o condicionamento operante[2]

Situação: Seu gato senta no piso laminado diante de você. Ele de repente pula no seu colo.

Consequência 1:
Algo bom é apresentado (por exemplo, você dá um petisco ao gato)

OBRIGADO PELO PETISCO

Consequência 2:
Algo bom pode acabar ou ser tirado dele (por exemplo, você para de dar petiscos ao gato e o ignora)

VOCÊ TÁ ME IGNORANDO?
ENTÃO VOU TE IGNORAR

Consequência 3:
Algo ruim pode começar ou acontecer (por exemplo, você se levanta e sai — ou força o gato de volta para o chão)

EU JÁ IA SAIR MESMO

Consequência 4:
Algo ruim pode acabar ou ser tirado dele (por exemplo, enquanto está no seu colo, ele não experimenta a frieza do chão)

CHÃO FRIO
COLO LEGAL

Embora os gatos aprendam bastante com os donos, também podem fazê-lo com outros gatos com que se dão bem. Naturalmente, os filhotes aprendem muito com as mães. Tanto filhotes quanto adultos vão aprender rapidamente uma tarefa só de observar um gato experiente realizá-la. Muitos donos afirmam que gatos que vivem juntos "ensinaram" comportamentos específicos uns aos outros, como, por exemplo, a usar a portinha para gatos. Não está nítido se o segundo gato de fato aprende o comportamento diretamente com o primeiro ou se as ações do felino mais experiente apenas chamam a atenção do outro gato para a portinha como algo que vale a pena investigar. Também não se sabe ao certo se os gatos são mesmo capazes de imitar nossas ações (provavelmente não), mas podemos usar a curiosidade natural deles para chamar sua atenção aos recursos que queremos que aprendam no ambiente. Depois, ao fornecerem as consequências adequadas, os donos podem garantir que os comportamentos desejáveis ocorram de novo e aqueles indesejados, não.

Os gatos aprendem espontaneamente, o tempo todo, acima de tudo fazendo associações seguras entre os acontecimentos ou recursos no ambiente, do modo como fez Smoky. Portanto, um bom exercício é começar a observar seu gato, prestando atenção na linguagem corporal dele depois que realiza determinadas ações e notando se você vê o mesmo comportamento se repetir várias vezes. Por exemplo, você sabe decifrar se uma determinada ação do seu gato teve um resultado positivo, neutro ou negativo para ele? Consegue começar a ver padrões no comportamento dele? Qual você acha que pode ter sido a causa das pequenas peculiaridades e idiossincrasias dele?

OS GATOS APRENDEM O TEMPO TODO NO DIA A DIA, MAS PODEMOS aumentar suas chances de aprender o que *nós* queremos ensinar nos certificando de que estejam no estado de espírito certo. Assim como nós, eles aprendem melhor quando estão confortáveis e sem distrações. São criaturas sensíveis por natureza e fogem de qualquer ameaça ou situação incerta; portanto, o melhor lugar para ensinar um gato é o que ele considerar tranquilo e conhecido. Assim como as pessoas, não podem ter distrações se queremos que aprendam direito. Embora a maioria de nós tenha dificuldade para ignorar um telefone tocando, os gatos, com seu olfato e sua audição aguçados, podem se distrair com coisas que mal percebemos. Por exemplo, tanto a dona quanto o gato podem ter problemas para se concentrar quando a máquina de lavar roupa começa a centrifugar. No entanto, um humano médio mal notaria o leve odor de um pedaço de carne descongelando na bancada da cozinha, ainda que ele possa ser extremamente tentador para um gato, instando-o a subir na bancada e investigar (os gatos são oportunistas e raramente deixam passar uma chance de conseguir uma refeição extra). Para ele, as distrações não se resumem a sons altos, irritantes ou inesperados; podem ser também imagens e cheiros tentadores ou desconhecidos. Por exemplo, adestrar o gato diante de uma janela que dá para um comedouro de aves pode não parecer problema para você, mas ver os passarinhos voando pode acabar com a atenção do animal, especialmente se ele gosta de caçar. Por isso, antes de iniciar qualquer adestramento é importante atentar para o que pode ser uma distração do ponto de vista do gato.

Além disso, assim como nós, os gatos aprendem melhor quando estão confortáveis: sem muita sede, nem com muito calor ou frio, nem muito cansados, nem precisando aliviar a bexiga ou os intestinos. Assim, ao escolher o local da sua casa para começar o adestramento, certifique-se de que vai haver água potável e uma caixa de areia disponível (ou acesso ao ar livre se ele não usar caixa de areia). A temperatura deve estar confortável, e o animal deve poder se afastar ou descansar se quiser. Herbie, por exemplo, tinha dificuldade para se concentrar em qualquer tarefa do adestramento quando a lareira estava bem alimentada; o calor era irresistível demais para ele. Como um gato asiático (raça que tem uma camada única de pelos, ao contrário da tradicional camada dupla do pelo curto doméstico), Herbie estava sempre em busca de uma fonte de calor. Nunca demorava muito para ele resolver abandonar o treinamento e ir se deitar todo esticado, adormecendo em frente à lareira acesa. Por isso, eu sempre fazia as sessões de adestramento dele antes de ligar a lareira e nos prepararmos para ir dormir.

Os gatos não costumam aprender bem logo depois de comer: é necessário certo nível de fome para que o petisco sirva de recompensa. Oferecê-lo o petisco imediatamente depois de um comportamento específico funciona como um resultado positivo para o gato com fome, encorajando-o a repetir tal comportamento. Logo, é importante que seu gato esteja com fome para que se sinta motivado a interagir com você e ganhar um petisco. Contudo, a fome do seu bichano pode influenciar se o aprendizado vai correr bem, e isso por sua vez depende muito da personalidade dele. Sentir muita fome pode atrapalhar, pois pode ser que o gato fique mais concentrado na comida em si do que em aprender quais ações específicas estão sendo recompensadas.

Depois de preparar o ambiente com o mínimo de distrações e máximo de conforto, o próximo passo a considerar é preparar a caixa de ferramentas do treinamento. E não se trata de metáfora: é literalmente aconselhável ter uma caixa robusta para guardar a maior parte do equipamento de adestramento. Manter tudo num só lugar permite fazer alguns minutos de adestramento em locais diferentes e aproveitar sempre que surgirem oportunidades de ensinar. Como os gatos passam grande parte do dia dormindo, é importante ter algum material à mão para quando eles estiverem acordados e alertas. Para nossa sorte, os gatos aprendem melhor em curtos períodos, então aproveitar essas pequenas janelas de oportunidade traz mais chances de sucesso. Conforme o gato aprende que o adestramento faz parte do dia a dia dele, talvez você note que, estando por perto, ele fica mais tempo acordado — afinal, agora ele tem um passatempo novo, empolgante, estimulante e envolvente para dividir com você.

Por conter todos os seus acessórios básicos de adestramento, a própria caixa pode servir como um sinal para seu gato de que vocês vão trabalhar juntos — ao ver a caixa, ele logo tem acesso às recompensas fascinantes que estão lá dentro (isso em si já é um exemplo de condicionamento clássico) e como consequência vai querer treinar com você.

As recompensas são os itens mais importantes da caixa de adestramento: o sucesso do treinamento de um gato se baseia sobretudo em estar prontamente preparado para premiar o comportamento desejado com algo que o gato aprecia muito. As recompensas podem vir de várias formas. Assim como pessoas e cães, os gatos costumam perder o interesse se recebem sempre o mesmo prêmio; portanto, é importante ter certa variedade à mão para que se possa mudar a recompensa antes que o gato enjoe. Essa questão é muito bem demonstrada por um estudo que realizamos em que os gatos sempre recebiam um brinquedo para brincar. Quando o brinquedo era o mesmo toda vez, o tempo de brincadeira dos gatos era reduzido a quase nada, mostrando que haviam se habituado. Entretanto, quando trocávamos por um brinquedo diferente a cada vez, eles continuavam brincando, mostrando que não se "entediavam" com o ato de brincar, só precisavam de um novo estímulo para se manter motivados.[3]

No início, as recompensas mais importantes são aquelas conhecidas no mundo do adestramento como *reforçadores primários*. Trata-se de coisas que os gatos consideram gratificantes por instinto, e o exemplo mais universal é a comida. Por ele ser carnívoro, os prêmios compostos inteiramente por proteína animal serão mais valorizados pelo seu gato. Portanto, uma recompensa ideal consiste num pedacinho de carne ou peixe cozido (como um quarto de um camarão cozido). Recompensas com uma proporção alta de proteína animal também podem ajudar, como, por exemplo, uma porção bem pequena do alimento regular do gato (um grão de ração seca ou pedaço de carne do sachê ou lata) ou petiscos industrializados — os petiscos de carne semiúmidos ou desidratados costumam ser os preferidos. Se parte da porção diária da comida do gato (petiscos ou alimento regular) for reservada para servir de prêmio, adestrá-lo com comida não deve fazê-lo engordar. Pode-se pesar ou contar parte da cota normal de comida dele para ser usada no adestramento, descontando-a da porção diária regular.

Ao ensinar algo novo a seu gato, as recompensas devem ser mínimas e frequentes. É importante que sejam pequenas; primeiro, para ele comê-las rapidamente e você poder retomar logo o adestramento de onde parou, não perdendo o ritmo (os gatos costumam comer mais devagar que os cães), e, segundo, para impedir que seu gato fique logo satisfeito. Em geral, eles preferem comer pouco e com frequência — lembre que um gato solto pode fazer dez pequenas refeições por dia. Para servir de referência, uma recompensa deve ter aproximadamente metade do tamanho da sua menor unha.[4]

Os gatos costumam ser considerados uma espécie exigente em relação à comida, ao contrário dos cães, que em geral comem de tudo. Logo, antes de começar a adestrar, é importante verificar de quais tipos de alimentos seu gato gosta e a quantidade ideal. Há muitas maneiras de fazer isso, desde pôr uma seleção de pedacinhos de comida diante do gato e ver quais ele escolhe comer primeiro, até tentar diferentes tipos de alimentos em comedouros interativos e ver quais o incentivam a tentar tirá-los de lá.

Na verdade, os comedouros interativos são uma ótima forma de adequar o cérebro do seu gato para ser ensinado por humanos. Ao tirar comida de dentro de um dispositivo especialmente feito para isso, como uma bola ou um labirinto que libera alimentos, seu gato aprende inevitavelmente que foi o comportamento dele que causou o aparecimento da recompensa, seja esse comportamento rolar uma bola ou fazer o petisco percorrer um caminho sinuoso até poder pegá-lo com a boca. Esse aprendizado ocorre em três etapas: identificar se há comida no dispositivo, geralmente cheirando, vendo ou ouvindo você colocá-la lá dentro; querer obter a comida; e, por fim, tentar diferentes maneiras de acessá-la. À medida que consegue pegar pedacinhos, seu gato aprende que a ação que veio logo antes é aquela que ele precisa tentar repetir para conseguir mais comida. O mesmo processo ocorre durante o adestramento mais formal; as únicas diferenças são que o adestrador é que dá o alimento e que é possível adaptar a forma como a comida é apresentada para ajudar o gato a aprender o comportamento correto mais rapidamente do que aconteceria por mera tentativa e erro. Ganhar comida como recompensa usando comedouros interativos exige um esforço considerável do gato, mas a evolução os projetou para isso, pois para caçar o alimento na natureza é necessário um esforço ainda maior. Logo, o processo de se esforçar para conseguir comida é intrinsecamente gratificante para o gato e algo que podemos encorajar através do adestramento formal. Os comedouros interativos ajudam seu gato a aprender que o comportamento dele pode ter consequências recompensadoras, "ativando" as partes do cérebro dele dedicadas a fazer novas associações.

Uma lista dos petiscos preferidos do seu gato, por ordem de preferência (pode ser que haja empates), é muito útil quando se começa a adestrar. Isso significa que você pode escolher os petiscos certos que vai usar com base no humor e motivação do gato durante o adestramento e na dificuldade da tarefa realizada. Por exemplo, um gato com fome e motivado que está se empenhando bastante e aprendendo uma tarefa simples pode ser premiado com alguns petiscos menos valorizados, como grãos da ração comum. Eles são recompensadores o suficiente para mantê-lo motivado, mas não saborosos a ponto de ele ficar empolgado demais e tentar roubar a comida da sua mão. Da mesma forma, se o gato mostrar sinais de desinteresse por uma tarefa, vale a pena subir o valor da recompensa para aumentar a motivação dele. É sempre aconselhável garantir que alguns desses prêmios em forma de comida sejam dados apenas durante as sessões de adestramento. Isso aumentará muito a importância desses alimentos como reforçadores do comportamento desejado. Assim como as pessoas, nem todos os gatos sentem o mesmo em relação à comida; alguns ficam empolgados e miam sem parar na hora de comer, outros se contentam em beliscar de vez em quando. Para estes, prêmios de alto valor (como carne e peixe cozidos) têm mais chances de ser recompensadores.

Existem muitos tipos de recompensas além da comida, mesmo para gatos que são muito motivados por ela. Tanto quanto comer (e dormir), uma coisa que os gatos adoram é brincar. Como brincar é algo intimamente ligado ao comportamento de caça, acaba sendo uma experiência muito gratificante para eles (e cada vez mais cientistas usam a brincadeira para avaliar o grau de felicidade dos animais). Assim, para os gatos — sobretudo os mais jovens, os sem acesso ao ar livre e os que são brincalhões por natureza —, a oportunidade de brincar pode ser uma recompensa tão poderosa quanto a comida. Logo, a caixa de ferramentas deve incluir também uma seleção de brinquedos. Os ideais para o adestramento são aqueles que podem ser deslocados rapidamente, os que causam rompantes curtos e intensos de brincadeira e os que podem ser tirados do gato sem risco de você ser mordido ou arranhado. Por isso, os brinquedos de varinha (do tipo vara de pescar) são ideais. Eles consistem num brinquedo pequeno preso por um barbante ou elástico a uma varinha (que você segura). A varinha mantém suas mãos fora do alcance da brincadeira, permitindo mover o brinquedo velozmente em linhas retas. Esse movimento é uma ótima forma de incitar a brincadeira, ao imitar o movimento da presa pelo solo.[5] Outros brinquedos permitem emular o movimento de presas que voam: em vez de uma varinha com um barbante ou elástico preso ao brinquedo, costumam ter um arame que faz o brinquedo ser sacudido no ar.

Os brinquedos com varinha são projetados para serem usados em jogos interativos e, portanto, não devem ser largados sem supervisão. Tenha alguns brinquedos desse tipo apenas para o adestramento, guardando-os na caixa de ferramentas de treinamento quando não estiverem em uso — isso vai fazer com que continuem empolgando o gato, mantendo-os associados ao adestramento e aumentando seu valor como recompensa.

O carinho também pode servir como prêmio no adestramento de qualquer gato que seja afetuoso e goste de toque. A maioria dos gatos prefere ser acariciado de forma breve e com frequência, e não por longos períodos. Em um de nossos estudos que investigou em qual local do corpo os gatos mais gostam de ser acariciados, constatou-se que o carinho concentrado no topo da cabeça e no focinho produzia a resposta mais positiva. Nessas áreas, há muitas glândulas cheias de odores que liberam substâncias químicas usadas para a comunicação quando os gatos esfregam o focinho nos objetos. Os felinos com grande intimidade entre eles também se esfregam um no outro durante saudações amigáveis, e o mesmo comportamento é direcionado para mãos e pernas de pessoas. Portanto, é possível simular esse comportamento afetuoso acariciando essas áreas. No entanto, já que tal comportamento é reservado apenas para os mais íntimos, essa interação provavelmente só serve como recompensa para os gatos que gostam de interação física e se sentem muito à vontade com o dono.[6]

Herbie gosta de ser acariciado na bochecha como recompensa.

Cosmos passa muito tempo esfregando o focinho em móveis e portas. Ele ronrona ao apresentar esse comportamento e, se eu lhe der a mão, ele esfrega as bochechas e o queixo nela. Isso é algo que ele acha agradável. Cosmos também adora ser escovado nessas regiões das glândulas faciais: enquanto o escovo, ele se mexe até ficar numa posição em que seu focinho recebe o máximo de atenção. Levando isso em consideração, durante uma sessão de adestramento em que eu o ensinava a sentar, decidi tentar permitir que ele se esfregasse numa escova, como recompensa. Foi um sucesso, e a escova agora é uma ferramenta básica na nossa caixa de adestramento.

Cosmos em pé antes do comando "senta".

Cosmos sentado após responder a um comando manual.

Cosmos gosta de esfregar o focinho na escova como recompensa por se sentar.

Entender o modo como os gatos aprendem vai lhe dar uma base sólida para compreender os vários exercícios de adestramento descritos neste livro. No entanto, nem todos os gatos aprendem da mesma maneira: identificar as idiossincrasias do seu gato vai ajudar você a adaptar cada exercício aos gostos e necessidades exclusivos dele e garantir o sucesso no adestramento.

CAPÍTULO 2

Compreenda as necessidades de adestramento do seu gato

GATOS SÃO INEGAVELMENTE GATOS, MAS CADA ANIMAL É único, tão distinto para seu dono quanto uma pessoa é para outra. Essa singularidade não se deve só a características físicas como idade, sexo, saúde e raça, como também à personalidade, ao temperamento e às experiências passadas e presentes de cada um, incluindo sua situação familiar atual. Todos esses fatores combinados fazem com que cada felino responda ao adestramento de uma maneira um pouco diferente, e isso torna alguns gatos um pouco mais fáceis de adestrar do que outros. Como resultado, o modo como você adestra deve ser adaptado a cada gato. Por exemplo, fatores como o melhor tipo de recompensa a ser usado, a duração ideal de uma sessão de adestramento, o tempo que um gato leva para realizar uma tarefa e os melhores equipamentos para usar no treinamento diferem de gato para gato. Dedicar algum tempo para avaliar as características exclusivas do seu bichano, bem como seu humor, é uma medida útil de preparação antes de tentar qualquer adestramento formal.

Talvez o primeiro fator a se considerar antes de iniciar o adestramento seja a idade do seu gato. Graças aos grandes avanços nos cuidados veterinários, os gatos hoje podem viver até uma idade avançada, e não há razão para um gato idoso não aprender *alguns* truques novos. No entanto, como a maioria dos animais — entre eles nós —, os gatos aprendem mais rapidamente na juventude e um pouco mais devagar quando são mais velhos. Muitos gatos idosos (com 11 anos ou mais) ainda lidam bem com o adestramento, mas podem precisar de mais tempo para acomodar seu aprendizado mais lento. Isso se aplica especialmente para gatos mais velhos que não tiveram nenhuma experiência de treinamento quando mais jovens. Embora o adestramento possa exigir mais repetições para um gato idoso, cada sessão precisará ser mais curta, pois cérebros (e corpos) mais velhos se cansam mais facilmente.

Filhotes aprendem alguma coisa quase a cada minuto que passam acordados, mas até por volta das dez semanas de idade seus cérebros crescem velozmente e sua concentração é extremamente curta. Qualquer sessão de adestramento formal deve ser simples e durar apenas alguns minutos. Por exemplo, você pode recompensar o filhote optando por usar um brinquedo em vez de brincar com suas mãos ou pés. Brincar é automaticamente uma recompensa, ainda mais nessa idade, e um jogo acaba sendo o prêmio por ele escolher não atacar as pessoas em volta. Isso pode ser feito saindo do alcance do filhote. As sessões de adestramento, ainda que curtas, trarão mais benefícios se forem frequentes, de três a quatro vezes por dia. Porém, devem ser bem espaçadas para que o filhote possa descansar e dormir entre elas.

Talvez seja necessário fazer adaptações no equipamento para garantir que não haverá machucados ao adestrar filhotes que ainda estão se desenvolvendo física e mentalmente. O mesmo se aplica a gatos mais velhos que são menos ágeis e se mexem menos. Por exemplo, pode ser preciso descer objetos mais altos e pôr degraus dos dois lados da portinha para gatos de modo a evitar um salto muito grande para dentro ou para fora, ao passo que barreiras, como grades para bebês, podem precisar de rede para evitar que um filhote passe pelas barras. Mantas e caminhas para gatos idosos devem ser feitas de tecidos nos quais suas garras não se prendam — por exemplo, tecido fleece. Muitos gatos mais velhos têm dificuldade para retrair as unhas, aumentando as chances de elas agarrarem em materiais atoalhados e de trama aberta.

Embora às vezes afirmem que as fêmeas são mais afetuosas que os machos, isso provavelmente remonta a uma época em que a castração não era a norma para os gatos de estimação. Os gatos machos — não castrados — vão se tornando cada vez mais independentes das pessoas à medida que se tornam adultos, quando ficam obcecados em procurar fêmeas receptivas e defender seus territórios contra machos rivais. Hoje, a maioria dos machos é castrada até os seis meses de idade. Na verdade, os donos que abrem mão de castrá-los cedo podem descobrir que seu amado gato desapareceu para sempre, depois de ser expulso pelos machos adultos da vizinhança, que começaram a vê-lo como rival. As fêmeas, se deixadas sexualmente intactas, costumam permanecer perto de casa, ao menos até entrarem no cio. É aí que todo o foco da vida delas muda, por uma semana ou mais, e passa a ser encontrar o melhor pai para seus filhotes. Depois da castração ou esterilização, a personalidade do gato não parece ser afetada a despeito de ele ser macho ou fêmea; logo, isso não deve impactar muito o adestramento.

Ao contrário dos cães, os gatos evoluíram de um ancestral solitário e, por isso, tendem a esconder muito bem suas doenças ou seus ferimentos. Não é aconselhável chamar atenção de potenciais adversários para o fato de que se está debilitado e incapaz de defender seu território. Como acontece com todos os animais, os gatos aprendem melhor quando estão em forma e saudáveis; logo, é importante prestar muita atenção à saúde do gato. Evite adestrá-lo se ele mostrar qualquer sinal de doença ou ferimento. Embora problemas de saúde de longo prazo com os quais seu gato convive podem não impedir o treinamento, você pode precisar levá-los em consideração ao elaborar seus planos de adestramento: por exemplo, apenas certos tipos ou quantidades de alimentos podem ser usados para um gato com determinada sensibilidade alimentar ou diabetes. Se seu gato faz uso de alguma medicação ou se você não tiver certeza de como seus planos de adestramento podem influenciar as atuais condições de saúde dele, consulte o veterinário antes de iniciar qualquer adestramento. Por exemplo, consulte-o antes de mudar o horário da alimentação ou a comida que dá a seu gato. Qualquer deficiência sensorial também pode influenciar a capacidade de aprendizagem do animal. Recompensas, por exemplo, verbais não funcionam com um gato surdo, mas uma luz fraca de lanterna pode ser associada a uma recompensa de comida por meio do condicionamento clássico para ensinar ao gato que um petisco está por vir. Para um gato com deficiência visual, a recompensa de comida pode ser feita dando um alimento de cheiro forte a uma distância que seja fácil para ele detectar.

Apenas uma pequena parcela de gatos de estimação pode ser considerada de uma determinada raça, mas certas raças têm comportamentos bem próprios, e isso pode explicar em parte o apelo delas. Os persas tendem a ser menos ativos do que as outras raças, e alguns podem parecer anormalmente tolerantes com outros gatos e pessoas desconhecidas, embora isso possa acontecer apenas por ser mais difícil fazê-los fugir. Gatos siameses e outras raças orientais podem ser mais parecidos com os cães do que o gato comum, ativamente buscando ter contato com as pessoas, e muitos são bastante vocais e parecem tentar "falar" com seus donos. Os bengals — raça híbrida com outra espécie, o gato-leopardo asiático, e originalmente criada por causa de suas manchas em forma de "rosetas" e, sem dúvida, por conta do temperamento — são notoriamente hiperativos, e alguns podem se mostrar agressivos com outros gatos. Embora a maioria das raças seja definida (e julgada) pela aparência, um grupo, os ragdolls, foi criado especificamente por seu comportamento muito calmo. Essa mistura resultou num gato tranquilo e dócil que tem alta tolerância ao toque e até a ser pego no colo: o temperamento sereno desses gatos deve oferecer uma boa base para o sucesso do adestramento.

As características da raça precisam ser levadas em conta na hora de adestrar qualquer gato. Os persas e as raças de cara achatada (exóticos) são considerados um pouco difíceis de adestrar — sua natureza excessivamente "relaxada" pode ser um desafio, não só para encontrar recompensas que sejam motivadoras o suficiente, como também porque seu focinho achatado pode fazê-lo se atrapalhar e demorar na hora de comer pequenas recompensas na mão ou no chão. Os siameses e outras raças orientais podem ser atentos ao adestrador, e as dificuldades no adestramento dessas raças estão mais em evitar que o gato fique entediado, frustrado ou agitado demais. Se você tiver um gato de pedigree, é melhor estudar a raça para descobrir quais peculiaridades de comportamento e traços de personalidade podem ser comuns a ela e planejar o adestramento da forma mais adequada.[1]

Mesmo hoje em dia, a maioria dos gatos de estimação não tem raça definida e apresentam personalidades diferentes. Alguns são solitários e preferem a própria companhia na maior parte do tempo, parecendo apenas tolerar o contato com pessoas ou com outros gatos. Também há aqueles que adoram gente e mantêm um relacionamento próximo com uma ou mais pessoas da família. Menos comuns são os gatos que gostam de gatos, aqueles que procuram ativamente a companhia de um ou mais felinos específicos, mas existem uns poucos que são extremamente extrovertidos e tentam fazer amizade com todo mundo — até mesmo todo gato — que encontra. A maioria, é claro, se encaixa entre esses extremos.

Do ponto de vista do adestramento, talvez o aspecto mais fundamental da personalidade de um gato seja o grau de ousadia ou timidez, a despeito da situação em que ele se encontre. Alguns gatos ficam nervosos em situações específicas — com fogos de artifício, por exemplo, ou com a chegada de pessoas desconhecidas em casa —, mas em geral parecem relaxados e curiosos no restante do tempo. Embora isso faça parte da personalidade dele, também é resultado de experiências específicas que o gato já teve — e, portanto, produto de aprendizagem. A ousadia e seu oposto, a timidez, podem ser reconhecidas nas atitudes mais gerais perante a vida: gatos ousados tendem muito mais a se envolver em situações que nunca encontraram antes, vendo qualquer objeto novo na casa como algo interessante e emocionante para explorar, enquanto os gatos tímidos recuam e enxergam objetos desconhecidos como assustadores e uma potencial ameaça — podem inclusive fugir assim que começarem a se sentir desconfortáveis. Essa diferença vai afetar a escolha das recompensas usadas no adestramento. Para o gato mais ousado, a oportunidade de experimentar novos brinquedos deve reforçar certos comportamentos, motivando-o a repeti-los, enquanto os mesmos novos brinquedos podem ter o efeito contrário num gato tímido — para estes, a recompensa deve ser algo conhecido e "seguro". É óbvio, esses são casos extremos — a maioria dos gatos está no meio-termo entre eles.

Se um gato vai se revelar ousado ou tímido depende, em parte, do grau de ousadia e timidez de seus pais: em outras palavras, há um componente genético aí. Faz sentido que alguns gatos sejam mais tímidos do que outros, pois nenhum filhote pode prever em que tipo de mundo vai crescer. Se por azar ele acabar num ambiente perigoso, um pouco de cautela pode garantir sua sobrevivência num local onde um gato mais ousado morreria. Mas, se ele crescer num ambiente de baixo risco, provavelmente será derrotado por gatos mais confiantes, que vão conseguir se apossar mais rapidamente da comida e de outros recursos disponíveis. Por isso, ao longo dos milênios de evolução do gato doméstico, a seleção natural não eliminou os genes da ousadia e da timidez, pois ambos se mostraram úteis em lugares e épocas diferentes no passado.

Não é só porque a genética influencia a ousadia e a timidez que isso significa que elas permaneçam iguais durante toda a vida do gato. Os filhotes que têm personalidade ousada ao se afastarem de suas mães tendem a permanecer assim por mais ou menos um ano, como também acontece com os filhotes mais tímidos do que a média, mas essas diferenças parecem desaparecer durante o segundo ano de vida do gato. Não se sabe se isso ocorre pelo efeito da diminuição da expressão dos genes ou porque os gatos mudam a forma como reagem ao mundo com base nas situações que vivenciam, mas os dois fatores devem pesar. Isso significa que há muita margem para tentar, através dos exercícios de adestramento, fazer com que um gato tímido se torne mais confiante ou, talvez, um gato ousado demais fique mais cauteloso, embora o segundo caso tenha menos chance de ser um problema — para o gato e para o dono.[2]

A ousadia de um gato não afeta somente a maneira como ele reage ao se confrontar com uma situação nova, como também o que ele aprende e o modo como o faz. Isso pode começar muito cedo. O filhotinho mais tímido da ninhada costuma ser o que recebe menos cuidados, pois é negligenciado em favor dos filhotes mais ousados, que são sempre os primeiros a pedir para serem pegos e acariciados. Embora um pouco de timidez pudesse ser uma estratégia de sobrevivência valiosa quando o gato vivia na natureza, em geral hoje tem menos utilidade no mundo muito mais seguro em que a maioria dos filhotes de gato de estimação nasce.

Manipular o filhote com delicadeza pode ajudar a suprimir os efeitos imediatos da timidez, então o ideal seria os donos da mãe garantirem que todos os filhotes da ninhada receberam sua cota de cuidados. Se isso não tiver acontecido, um pouco de adestramento pode ser necessário depois que o gatinho for para sua casa nova, para tirá-lo do casulo (por assim dizer). Os gatos mais tensos podem ser ensinados a relaxar enquanto ganham carinho, e isso pode fazer com que acariciar acabe se tornando uma recompensa em si, ampliando as possibilidades do adestramento.

Manipular delicadamente o filhote com frequência nos primeiros meses de vida pode transformar um gato de natureza ousada num gato sociável. Esses felinos tendem a achar que interações sociais, como palavras gentis e carinho, são recompensas, enquanto os gatos muito receosos com gente podem ver essas interações como castigo em vez de reforço. Da mesma forma, gatos confiantes tendem a aprender rapidamente e necessitam de menos sessões de adestramento, ao passo que os tímidos ou medrosos podem precisar treinar num ritmo mais lento, com o objetivo dividido em etapas menores e mais fáceis de realizar.

Além da personalidade, a disposição de um gato para aprender é afetada pelo seu humor no momento. Logo, é imprescindível ser capaz de reconhecer os estados de espírito normais dele e também com qual humor ele está em cada hora. Por exemplo, alguns gatos são difíceis de motivar, quase como se achassem o adestramento enfadonho. Se seu gato se mostrar preguiçoso e desinteressado, progredir no adestramento vai ser quase impossível, e isso pode reduzir o seu entusiasmo e o do seu gato em continuar. No outro extremo estão aqueles gatos que são agitados. Adestrar um gato desse tipo pode ser tão difícil quanto adestrar um animal desinteressado, pois ele passa a maior parte do tempo concentrado demais em tentar conseguir a recompensa sem considerar qual é o comportamento correto que deve apresentar para ganhá-la.

Felizmente para nós, como adestradores, e ao contrário da opinião popular, os gatos revelam seu humor através do comportamento e da linguagem corporal: isso nos permite decifrar o que eles podem estar sentindo e ajustar o treinamento para otimizar o aprendizado. Gatos pouco engajados numa tarefa do adestramento costumam mostrar interesse por qualquer coisa que não seja o adestrador e as recompensas oferecidas: podem virar a cabeça lentamente para outra direção ou se afastar de vez. Muitas vezes parecem querer descansar, talvez se jogando de lado devagar, ou mostrar o desinteresse bocejando ou dormindo. Podem se lamber de forma rítmica e sistemática — observe que é bem diferente dos curtos lampejos de lambidas de uma única parte do corpo que vemos durante episódios momentâneos de frustração. No entanto, nos gatos pouco envolvidos que costumam gostar de ser tocados, uma postura relaxada significa que estão receptivos a ganhar carinho.

É possível fazer uma série de coisas para aumentar o interesse no adestramento. Primeiro, antes de tentar continuar com qualquer treinamento, reavalie o ambiente em busca de distrações e, onde for possível, as elimine ou minimize. Em seguida, procure aumentar o valor das recompensas — por exemplo, usando comidas mais saborosas, como carne ou peixe cozido na hora, ou um brinquedo mais interessante, como uma varinha com penas ou pele. Aumente o intervalo entre a última refeição, sessão de brincadeira ou interação social do seu gato (o que você estiver usando como recompensa) antes de iniciar a próxima sessão de adestramento, gerando assim mais motivação. Além disso, reduzir a dificuldade de cada etapa para chegar à meta permitirá aumentar a frequência das recompensas — e um número maior delas ajudará a manter seu gato motivado. Você também pode incrementar a variedade de prêmios oferecidos alternando o tipo, o tamanho e a forma das recompensas — por exemplo, se você premiou um comportamento correto com um pedacinho de presunto, no seguinte a recompensa pode ser brincar com uma pena, em outro, espalhar três petiscos de boa qualidade pelo chão para o gato buscar e assim por diante. Espalhar a recompensa também estimula o gato a se movimentar, o que pode motivá-lo a manter o foco.

Se seu gato não tiver nenhum interesse em aprender determinado comportamento, tente treinar outro — talvez um que seja mais empolgante e divertido, uma ação que ele já realiza espontaneamente ou algo que envolva movimento e contato físico com você — por exemplo, tocar sua mão com o focinho ou a pata dele. Depois de conquistar a atenção do gato, talvez você possa voltar para o exercício de adestramento desejado.

Tente sempre ser a coisa mais interessante no ambiente: circule pelo local, seja animado e use sua voz para atraí-lo. Por fim, evite repetir muito as mesmas ações e faça sessões curtas de adestramento — deixar seu gato querendo mais sempre vai ajudar a manter o interesse dele a longo prazo.

O outro extremo são os gatos que ficam muito agitados com facilidade: isso pode ser causado por várias emoções, mas costuma acontecer com animais que se frustram porque ainda não conseguiram o que querem. Durante o adestramento, em geral é bom evitar agitá-los demais, pois assim os gatos já perderam quase todo o autocontrole e, como consequência, terão dificuldade para aprender a tarefa que você está tentando ensinar. Por exemplo, para gatos que estão exaltados (talvez porque sabem que você tem um alimento para dar como recompensa), a presença da comida pode ser estimulante demais. Talvez isso cause uma agitação maior, que, por sua vez, dificulta que se concentrem no comportamento que os fará ganhar a recompensa. Em vez disso, podem ficar muito tempo miando e tentando consegui-la. Essa agitação pode rapidamente se transformar em frustração para o gato e, por isso, muitos usam as garras na tentativa de pegar o alimento.

Portanto, é muito importante ser capaz de reconhecer os sinais de que um gato está começando a ficar empolgado demais e perdendo o foco na tarefa, até para garantir que o adestramento seja seguro para você e ele. Além disso, reconhecer os sinais de aumento da agitação do seu gato ajudará a evitar que ele comece a se comportar de alguma forma indesejada — por exemplo, "atacando" (mordendo ou arranhando) para alcançar o alimento. Se você conseguir evitar esse comportamento e, ao mesmo tempo, ensinar ao gato uma alternativa mais adequada, o comportamento indesejado pode acabar sumindo do repertório normal do animal, mesmo num momento de maior agitação.

A empolgação excessiva pode se manifestar de várias maneiras. Alguns gatos invadem seu espaço pessoal — por exemplo, pulando no seu colo sem serem convidados — e podem arranhar ou morder suas mãos na tentativa de pegar a recompensa. Outros miam excessivamente, vocalizando muito mais do que fazem quando estão relaxados; outros exibem sinais de agitação, como sair em disparada, dar voltas e mudar rapidamente de um tipo de comportamento para outro. Eles podem até parecer estar brincando com um brinquedo imaginário, dando o bote no ar. Gatos empolgados demais parecem ter falta de concentração, o que pode ser interpretado (grosseiramente) como "surdez seletiva". Os sinais de que um gato está ficando excitado incluem pupilas dilatadas e olhar disparando de um lado para o outro, a cauda que começa a balançar e a pele a se enrugar e se contrair, os músculos ficando cada vez mais tensos e a respiração, acelerada. Em gatos frustrados, também é possível notar as orelhas se achatando de leve à medida que vão para trás, e a cauda pode começar a se contorcer.

Sheldon está exibindo "comportamento de ataque", mordendo a tampa da caixa de ferramentas de adestramento para pegar os petiscos dentro dela — um exemplo de excitação excessiva associada ao treinamento.

Como os gatos mostram que estão ficando agitados demais de forma variada, é aconselhável aprender a reconhecer os sinais específicos do seu gato e a ordem em que costumam aparecer. Se, durante o adestramento, os níveis de excitação surgirem no que é normalmente o limite dele ou parecerem continuar aumentando apesar das tentativas de reduzi-los, faça uma pausa. Depois encurte as próximas sessões de adestramento, terminando antes que a agitação aumente. Ofereça a seu gato formas adequadas de gastar a energia em situações fora do treinamento. Fornecer muitas oportunidades para ele brincar e se exercitar vai ajudar a reduzir as chances de a agitação ressurgir durante o adestramento.

Para reduzir ainda mais os níveis de excitação, tente diminuir o valor das recompensas em forma de comida. Por exemplo, mude de carne ou peixe recém-cozidos para petiscos secos e evite recompensas de alta intensidade, como brincadeiras muito empolgantes com brinquedos. Treinar num ambiente o mais calmo e silencioso possível e fazer movimentos lentos e conscientes também ajudam a evitar que a agitação aumente. Ensinar ao seu gato uma postura relaxada (Habilidade Fundamental 6 no Capítulo 3) antes de começar pode garantir que ele inicie o adestramento com o nível certo de interesse, o que reduz as chances de agitação excessiva.

Outra dica útil é recompensá-lo de modo a ensinar seu gato a ter autocontrole. Por exemplo, pode pôr a comida num recipiente pequeno, como um pote de iogurte vazio deixado estrategicamente ao alcance da sua mão. Para alguns exercícios, você vai ficar de pé, tornando mais difícil que ele a ataque. Além de proteger suas mãos, oferecer a comida de longe ensina que o gato precisa manter a distância para ser recompensado e que, se estiver muito empolgado, não vai conseguir pegar a comida no potinho — só conseguirá tirá-la de lá se enfiar uma pata e com cuidado. Outra opção são os alimentadores automáticos para petiscos. Segurar o alimento com um pegador tipo pinça ou numa bisnaga de plástico é melhor do que usar as mãos, pois a protege de qualquer ataque. Quando a comida e os brinquedos não estiverem sendo usados como recompensa, deixe-os fora da vista e bem guardados (para impedir que o cheiro atraia o gato e aumente a empolgação) até a hora de oferecê-los. Embora possamos ensiná-los a controlar sua empolgação em relação à comida, eles têm mais dificuldade que os cães para ir do estado agitado para o tranquilo.

Por fim, as coisas consideradas mais gratificantes também variam de gato para gato. Poucos não respondem a porções de alimentos saborosos, só que os mais tímidos podem achar um brinquedo de "vara de pescar" mais estressante do que prazeroso. Gatos tímidos ou que não foram bem socializados no convívio com humanos podem se sentir meio ambivalentes em relação a ganharem carinho. No entanto, isso pode mudar conforme o gato amadurece e também ser influenciado pelo adestramento — por exemplo, mostraremos que é possível treinar os gatos para relaxarem quando são acariciados, e com isso o carinho pode acabar se tornando uma recompensa por si só, o que ampliará as possibilidades do adestramento.

O envolvimento ideal no adestramento

Sinais comportamentais

- Seu gato está mais interessado no que você está fazendo e nas recompensas do que em qualquer outra coisa.
- O foco tranquilo está em você — os gatos não costumam manter contato visual fixo quando estão relaxados. Portanto, seu gato não olhará para você o tempo todo, mas deve alternar entre você e o local onde estão as recompensas.
- Seu gato está perto de você, mas não a ataca tentando pegar a recompensa.
- É provável que ele apresente vários tipos de comportamento espontaneamente.
- O adestramento está progredindo com cada objetivo sendo atingido.
- Para gatos sociáveis com pessoas, o comportamento afetuoso é direcionado a você, como esfregar o rosto.

Cosmos demonstra interesse pelo petisco na minha mão e não se distrai, apesar de estar ao ar livre.

Sheldon está tranquilo e concentrado em mim — o grau ideal de envolvimento no adestramento.

(continua)

O envolvimento ideal no adestramento *(continuando)*

O que fazer para garantir que seu gato continue interessado no adestramento no futuro?

- Registre o que levou a um adestramento bem-sucedido (por exemplo, as recompensas usadas, o tamanho das etapas, a duração das sessões, o tempo decorrido desde a última refeição/brincadeira até o adestramento).

- Ensine ao gato um comando que atraia o interesse dele: como o envolvimento com um adestrador é um comportamento aprendido, especialmente para gatos — que não são tão sociáveis com os humanos quanto os cães —, pode ser aconselhável ensinar que isso é o que você deseja durante qualquer sessão de adestramento. Não tente até fazer com que seu gato se envolva no treinamento. Primeiro, diga o nome do gato (para chamar a atenção dele) e, em seguida, use uma palavra ou expressão como deixa — pode ser qualquer coisa de sua preferência, como, por exemplo, "vamos lá". Então, recompense seu gato por lhe dirigir a atenção. A deixa não precisa ser uma palavra — pode ser pegar a caixa com os acessórios do adestramento e, quando tiver a atenção do seu gato, abri-la, tirar uma recompensa e dar para ele. Funciona como deixa para indicar que uma sessão de adestramento vai terminar — por exemplo, falar "acabou" ou guardar a caixa de ferramentas. À medida que seu gato for gostando cada vez mais do adestramento, não só ele vai ficar cada vez mais absorvido, como também o vínculo com você vai se fortalecer.

- Conforme o gato for se envolvendo, você pode aumentar a dificuldade das tarefas. Também pode estender exercícios mais simples para ambientes com mais distrações — por exemplo, depois de ensinar seu gato a vir quando você o chamar dentro de casa, faça a mesma coisa no seu quintal, onde há mais distrações.

Como os gatos aprendem o tempo todo (não só durante as sessões de adestramento), cada um vai levar consigo as lembranças das experiências anteriores, tanto as boas quanto as ruins, e elas podem ter um forte efeito no modo como ele reage a técnicas de adestramento ou situações específicas — além dos efeitos mais gerais de sua personalidade. Portanto, se souber de alguma experiência prévia negativa que seja relevante, procure não colocar seu gato numa situação parecida. Ensinar que uma experiência prévia negativa pode ser vista como positiva costuma levar muito tempo e exige um ritmo mais lento do que o adestramento em que não houve experiência anterior com essa tarefa ou contexto. Se a experiência negativa envolver algum item — como a caixa de transporte ou a portinha para gatos —, considere trocá-lo por outro modelo antes de iniciar qualquer adestramento, reduzindo a associação negativa. Se não for possível comprar um novo, limpe bem o objeto com um detergente enzimático (ou uma solução caseira com 10% de sabão lava-roupas com enzimas, enxaguando e, em seguida, passando no objeto um algodão com um pouco de álcool, e deixe evaporar antes de usá-la com seu gato) a fim de remover qualquer vestígio de odor que ele (ou qualquer outro gato) possa ter deixado quando se encontrava num estado emocional negativo. Esses cheiros devem ter saído de glândulas que ficam entre os dedos e no focinho do gato e não podem ser percebidos pelo nariz humano, mas, se não forem removidos, vão lembrá-lo de experiências negativas com o objeto. Para gatos que foram adotados em abrigos de animais, as experiências prévias podem ser desconhecidas, então aja com cautela.[3]

OS CASOS A SEGUIR ILUSTRAM COMO AS DIFERENÇAS ENTRE CADA gato podem determinar qual é a melhor abordagem na hora de treinar uma tarefa específica. O aprendizado foi essencialmente o mesmo para os dois felinos, mas o sucesso do resultado dependeu de uma análise cuidadosa da personalidade, idade, saúde, experiências anteriores de confinamento a espaço pequeno e preferências gerais de cada animal.

Marmaduke é um filhote confiante e curioso, e seus brinquedos favoritos são as caixas de papelão que seus donos atenciosos enchem com jornal amassado, bolas e penas para ele atacar. Ele adora a própria comida e come na mesma hora os petiscos industrializados que seus donos dão com a mão. Eles estão ansiosos para que Marmaduke se acostume com a caixa de transporte, pois têm uma casa de campo aonde costumam ir com frequência e desejam levá-lo junto. Ele esteve na caixa de transporte apenas duas vezes desde sua adoção — quando foi levado do abrigo de animais para casa e depois, numa ida ao veterinário para a segunda dose da vacina. Seus donos relataram que, nas duas ocasiões, ele miou e deu patadas na caixa durante o trajeto, mas acharam que os miados eram tentativas de chamar a atenção, e não um indicativo de medo. Como ele gosta de caixas de papelão, comida e brinquedos, combinado com sua confiança perto das pessoas, ele deveria conseguir aprender com facilidade que a caixa de transporte pode ser um lugar divertido. Primeiro, aconselhei aos donos a botarem uma das mantas favoritas de Marmaduke dentro da caixa para que tivesse um cheiro conhecido, além de deixá-la confortável e atraente. Depois os instruí a formar uma trilha de petiscos no chão levando até ela logo antes da hora da refeição. A curiosidade e a fome foram suficientes para ele seguir a trilha, comendo enquanto caminhava, e por fim Marmaduke andou direto para a caixa de transporte sem olhar para trás. Pedi que colocassem mais comida na caixa de transporte, através das fendas nas laterais, com ele já lá dentro. Marmaduke logo aprendeu que ficar lá dentro significava ganhar petiscos especiais. Além disso, mostrei aos donos como podiam brincar com Marmaduke enquanto ele estava lá, passando penas compridas pelas fendas nas laterais e balançando-as para ele bater e atacá-las, o que seria uma segunda recompensa. Após uma semana, os donos me contaram que Marmaduke adorava a caixa de transporte e passou a brincar lá dentro por iniciativa própria. O próximo passo será ensinar Marmaduke a ficar calmo na hora em que fecham a porta da caixa de transporte e que, mesmo quando ela é carregada e levada para novos locais, continua sendo um lugar seguro e divertido para se estar.

Jade é uma gata idosa, com artrite, grande e assustada, que em muitas ocasiões foi empurrada para dentro de uma caixa de transporte pequena demais para seu tamanho. Esses acontecimentos, junto com a dor causada pela tensão em suas articulações, lhe causaram vários momentos de desconforto e angústia. Por isso, ela não gosta da caixa de transporte e resiste com unhas e dentes na hora de entrar nela. Logo, a primeira tarefa foi reverter essa associação negativa já estabelecida. Seus donos compraram uma caixa de transporte nova e grande para lhe dar um espaço amplo em que poderia se virar com conforto. Foram várias semanas ensinando que a caixa era um lugar seguro e confortável. No início, tiramos o teto da caixa de transporte e pusemos a parte de baixo no mesmo cômodo onde ficava a cama dela. Dentro foram colocadas almofadas térmicas que vão ao micro-ondas debaixo de algumas de suas mantas favoritas, para deixar o interior quentinho, aconchegante e convidativo. Jade recebeu petiscos saborosos, como camarão e atum, em sua cama original, que aos poucos foi sendo levada para mais perto da parte de baixo da caixa de transporte, de modo que ela mesma tivesse que se aproximar mais da caixa se quisesse chegar até eles. Depois de muitas repetições, chegamos a um progresso e Jade entrou e permaneceu na parte de baixo da caixa de transporte, o que foi imediatamente recompensado com elogios carinhosos e camarão oferecido na mão. A partir desse dia, Jade começou a usar a caixa para dormir, alternando com sua cama original. Durante seis semanas, o teto foi sendo adicionado gradualmente, assim como a porta (que ficava sempre aberta). Depois que ela ficou à vontade para entrar na caixa de transporte por conta própria e tirar um cochilo com o teto e a porta (que continuava aberta) já no lugar, seus donos foram instruídos a escolher momentos em que ela estava relaxada na caixa de transporte e fechar a porta por apenas alguns segundos (não mais que isso, para evitar que Jade se sentisse presa), ao mesmo tempo oferecendo a ela alguma comida através das fendas, como recompensa. Isso a ensinou que fechar a porta trazia uma consequência positiva: recompensa em forma de comida. Ela agora se encontra num estágio em que consegue ficar tranquila dentro da caixa de transporte com a porta fechada, e seus donos podem pegar a caixa e levá-la para o carro sem transtorná-la. O próximo passo será Jade aprender que andar de carro na caixa de transporte não é algo que ela deve temer.

 Marmaduke e Jade conseguiram aprender algo positivo a respeito da caixa de transporte com a ajuda do processo de condicionamento operante — ou seja, descobriram que estar dentro ou perto da caixa de transporte trazia consequências positivas. No entanto, várias diferenças precisaram ser consideradas no adestramento para garantir que os dois gatos alcançassem o mesmo objetivo:

- Personalidade: Marmaduke era ousado, enquanto Jade era tímida.
- Idade: Marmaduke era um filhote, enquanto Jade era uma gata idosa.
- Experiências anteriores: antes do adestramento, Marmaduke tinha poucas experiências com a caixa de transporte e elas eram relativamente neutras, enquanto Jade teve, ao longo dos anos, muitas experiências — em geral desagradáveis.
- Saúde: Marmaduke estava bem de saúde, enquanto Jade sofria de artrite.
- Preferências gerais: Marmaduke adorava brincar e comia tudo que fosse oferecido, enquanto Jade, como uma gata mais velha, não brincava muito e era exigente com comida.

Definir o perfil de cada gato antes de iniciar qualquer treinamento permitiu personalizar o adestramento para cada um deles. Nos casos apresentados, tanto a experiência anterior e a saúde influenciaram o tipo de caixa de transporte usada para adestrar cada gato. Por causa das experiências prévias negativas de Jade com a caixa de transporte e sua artrite, era importante comprar uma caixa de transporte nova e maior antes de começar o treinamento. Usar uma caixa de transporte nova não só significava que Jade ficaria mais confortável, com espaço amplo para se virar, como também eliminaria associações anteriores. Além disso, seria mais fácil ensiná-la que a caixa era confortável, e bem mais difícil ensiná-la a gostar de ficar dentro da antiga caixa de transporte que ela tanto odiava. Com Marmaduke, no entanto, a pouca experiência com a caixa de transporte, que parecia ser relativamente neutra desde o início, significava que não era necessário trocar por uma nova antes do adestramento.

    A idade e a experiência anterior influenciaram no tempo necessário para o gato aprender a tarefa. Embora os dois animais precisassem de sessões de adestramento curtas e frequentes pois se cansavam com facilidade (algo comum com gatos filhotes e idosos), Jade precisava de um número bem maior de sessões por um período mais longo para ficar tão à vontade com a caixa de transporte em comparação a Marmaduke. Na verdade, seu cérebro mais idoso também pode ter contribuído para a necessidade de um maior número de sessões de adestramento, já que animais mais velhos muitas vezes não aprendem tão rapidamente quanto os jovens.

Por fim, personalidade, idade, saúde e preferências em geral contribuíram na hora de escolher quais recompensas usar com cada gato. Marmaduke era um gato confiante que gostava de todo tipo de comida e brincadeira — por isso, com ele foi usada uma combinação de alimentos e brinquedos, como os petiscos industrializados que ele considerava gratificantes. Já Jade tinha uma personalidade mais tímida: embora fosse brincalhona quando jovem, sua idade e sua artrite faziam com que brincar não estivesse mais no topo de sua lista de prioridades. Jade sempre foi uma gata exigente, portanto foram usados alimentos frescos e ricos em proteínas, como camarão e atum, por serem as únicas recompensas que a motivariam a se aproximar da caixa de transporte. Além disso, sendo uma idosa, fazer da caixa de transporte um lugar seguro e quentinho para dormir (usando a cama já conhecida e a fonte de calor) era mais convidativo para ela. Já para Marmaduke criar um local para brincadeiras e atividades era o que tornava a caixa de transporte interessante.

ANTES DE INICIAR QUALQUER ADESTRAMENTO, VOCÊ TAMBÉM DEVE pensar em quais são suas prioridades. Você é quem deve saber quais são as necessidades do seu gato agora e quais serão elas no futuro. A casa, o estilo de vida e as expectativas de cada pessoa para seu gato também variam, e isso vai influenciar quais tarefas devem ser priorizadas no adestramento. Portanto, além de identificar as idiossincrasias e as consequentes necessidades pessoais do seu gato, é importante considerar o que o estilo de vida dele exige e se isso vai mudar no futuro. Aí você poderá garantir que o adestramento ajude a prepará-lo com bastante antecedência para qualquer mudança que possa estar planejando, bem como para enfrentar qualquer situação inesperada que ele encontre. Por não terem a capacidade de prever as coisas como nós, os gatos não têm nenhuma noção delas até que aconteçam. Por exemplo, você contratou pedreiros para fazerem uma obra na casa e sabe que vai precisar isolar alguns cômodos. A primeira coisa de que o gato vai tomar conhecimento em relação a isso será quando você começar a mudar os móveis de lugar na véspera da chegada dos pedreiros: um gato tímido já vai achar isso perturbador o bastante — sem falar no barulho, no cheiro, na poeira e no transtorno que começarão poucas horas depois. A intensidade do treinamento vai depender da personalidade do gato, mas também da disposição de tudo na sua casa — por exemplo, a portinha para ele fica bem longe da área afetada, permitindo que entre e saia como antes, ou você precisa ensinar uma nova forma de entrar e sair da casa? Outras mudanças inevitavelmente vão exigir certa preparação, seja qual for a personalidade do seu gato, como a chegada de um novo animal ou de um bebê na casa.

Muitas coisas devem ser consideradas antes do adestramento. Você precisará identificar e compreender as necessidades individuais do seu gato e tentar prever de que modo elas podem influenciar a capacidade de aprendizado dele e o que você precisa ensinar, não apenas agora, mas pensando no futuro. Felizmente, ao fazer essa preparação, você ganhará duas recompensas: a garantia de sucesso da sua experiência de adestramento e a oportunidade de conhecer e compreender seu gato ainda melhor do que antes.

CAPÍTULO 3

Nossa filosofia de adestramento
Domine as principais competências

VOCÊ DEVE ESTAR ANSIOSA PARA INICIAR O ADESTRAMENTO, agora que entende que precisa adaptar sua abordagem à personalidade e às particularidades do seu gato. Já deve ter em mente uma lista de desejos com tudo que gostaria que ele fizesse — seja tomar o vermífugo sem provocar uma guerra, aprender alternativas à caça ou ser um pouco mais acolhedor com as visitas. Mas talvez não tenha certeza de por onde começar ou como conseguir fazer isso.

A filosofia básica por trás de todo adestramento de gatos é utilizar a teoria do condicionamento operante para recompensar o comportamento desejado e ignorar o indesejado ou redirecioná-lo para um alvo mais adequado. Por exemplo, você pode querer desvincular o hábito de arranhar o sofá e direcioná-lo para um poste arranhador.

Nunca vamos defender o uso de força ou castigo. Quando um gato apresenta espontaneamente o comportamento desejado, deve haver uma recompensa imediata. Quando ele não o faz, podemos "sugerir" o comportamento correto usando uma série de técnicas de adestramento padronizadas, comuns ao adestramento de todo animal, de cães a mamíferos marinhos — elas só precisam ser levemente adaptadas para se ajustar à biologia e à maneira única de pensar do gato. Aplicando essa filosofia, o número de coisas que podemos ensinar a eles é potencialmente enorme:

desde que eles tenham a capacidade física de realizar o comportamento, não há nada que o impeça de ser ensinado. É claro que a maioria dos donos deseja ensinar apenas algumas tarefas úteis, mas é reconfortante saber que o potencial está lá.

A despeito da tarefa a ser treinada, existem algumas habilidades de treinamento fundamentais que formam a base de todo adestramento de gatos — nove, na verdade, assim como o número de vidas que um gato deve ter, segundo algumas culturas anglófonas. Nem todas as tarefas vão exigir todas as habilidades fundamentais (embora algumas sejam parte essencial de todo adestramento), mas, assim como os ingredientes básicos aparecem em muitas receitas, diferentes combinações dessas habilidades serão usadas para treinar diversas tarefas. Ter uma compreensão sólida da ciência por trás dessas habilidades e ser capaz de executá-las bem vai permitir que você tenha flexibilidade no seu adestramento. Usando habilidades-chave diferentes para tarefas diferentes e tendo a confiança e a capacidade de tentar uma abordagem nova caso alguma delas pareça não estar dando certo, você e seu gato conseguirão alcançar seus objetivos. Portanto, antes de iniciar o treinamento da tarefa específica que realmente quer que seu gato aprenda, é importante primeiro entender e ensaiar as habilidades fundamentais, por meio das tarefas práticas sugeridas a seguir, para assim preparar vocês dois para um adestramento de sucesso.

AS NOVE HABILIDADES FUNDAMENTAIS QUE FORMAM A BASE DO ADESTRAMENTO DE GATOS

Habilidade Fundamental 1: Recompensar a observação e a exploração espontâneas

No dia a dia, os gatos conhecem muitas coisas novas, sejam pessoas como um parceiro, um novo morador ou bebê, animais como um gato ou cachorro novo ou objetos como cortadores de unha, coleiras, móveis ou eletrodomésticos. No adestramento, chamamos o objeto, pessoa ou animal em questão de estímulo.

Há uma maneira certa e uma errada de apresentar algo novo a um gato. Primeiro, a maneira errada. Não é raro que os donos peguem seus gatos e os botem ao lado ou até mesmo em cima de objetos novos na tentativa de acostumá-lo ao estímulo escolhido. É frequente que as visitas segurem os gatos ou os ponham no colo — momento em que o gato tende a se livrar da atenção indesejada e fugir rapidamente. Outro exemplo comum é quando os donos o colocam na caixa de areia ou caixa de transporte nova antes mesmo de o animal ter a chance de explorá-la. Ficar tão perto de um novo estímulo sem antes observar de longe e decidir se ele é seguro faz com que a maioria dos gatos, sobretudo os mais tímidos, fuja e evite tanto o estímulo em si quanto a pessoa que os pegou.

Os gatos são maníacos por controle — parte integrante de terem evoluído de um ancestral solitário para quem o risco de se ferir podia custar muito caro. Na verdade, vários estudos científicos já mostraram que os gatos respondem muito melhor e demonstram menos estresse — tanto em seu comportamento quanto em sua fisiologia — quando se sentem no controle. Portanto, o adestramento sempre dá mais certo quando o gato sente que está no controle da situação e pode sair dela a qualquer momento. É possível fazer isso sempre, lhe dando uma chance de observar o estímulo a uma distância segura (o comprimento do corpo do gato na maioria das vezes), permitindo assim que ele determine se precisa: (a) fugir porque acha que sua segurança está em risco; (b) ignorar o estímulo pois não representa uma ameaça nem interessa a ele; ou (c) se aproximar, muitas vezes com cautela, para explorar mais porque o estímulo pode conter alguma forma de recompensa ou o gato pode precisar de mais informações para saber o que fazer. A decisão do seu gato vai depender muito de quanto ele se sente seguro no ambiente — por exemplo, o resultado provavelmente seria diferente com um gato na segurança de seu lar ou num apavorante hospital veterinário. Além disso, a percepção única que ele tem do estímulo será influenciada por uma série de outros fatores, como sua personalidade e experiências anteriores com estímulos semelhantes. Por exemplo, é improvável que um gato tímido que teve uma experiência negativa anterior com cães se aproxime de um cachorrinho novo.[1]

Agora vamos para o jeito certo. Ao perceber que seu gato está tranquilo, observando, se aproximando e explorando algo novo, você pode recompensar cada ação individualmente para que ele associe o próprio comportamento positivo em relação ao estímulo com uma consequência agradável. Você pode ficar tentada a aproximar mais o estímulo, talvez empurrando o objeto alguns centímetros de cada vez, mas, ao fazer isso, o senso de controle do animal sobre a situação diminui; portanto, evite. Quando um gato reage fugindo (mesmo se apresentado de longe), a próxima apresentação precisa ser a uma distância ainda maior e, se possível, a importância do estímulo para o gato (sua relevância) deve ser reduzida com antecedência: isso pode ser feito usando a Habilidade Fundamental 2: dessensibilização sistemática e contracondicionamento.

Se a reação do gato for dar uma olhada rápida e ignorar o estímulo (e se este for algo com que você queira que o gato interaja, como a caixa de transporte ou a portinha), você pode usar a Habilidade Fundamental 3, atração, que vai ensiná-lo que interagir com o estímulo gera recompensas. Se o gato se aproximar do estímulo de forma espontânea, tranquila e confiante, você está com sorte — o adestramento começou bem e você deve ficar preparada para dar recompensas para ele sem alarde, a fim de incentivar mais interação.

> **Tarefa prática**
>
> Transforme um objeto que você já tem em casa numa novidade — por exemplo, vire uma cadeira de cabeça para baixo enquanto seu gato está fora do cômodo e veja como ele reage ao entrar. Observe a reação dele: ele hesita e fica olhando antes de se aproximar e explorar farejando, ou ele vira e corre para fora do cômodo? Recompense qualquer comportamento positivo em relação à cadeira virada, tal como observar tranquilamente, se aproximar e explorar. Se ele fugir, ponha a cadeira na posição correta e espere que ele volte para o cômodo quando quiser. Se você tem um gato que demonstrou medo com isso, a Habilidade Fundamental 2 será de vital importância.

Habilidade Fundamental 2: Devagarinho, um sentido de cada vez — dessensibilização sistemática e contracondicionamento

Algumas situações são vistas como ameaçadoras por todos os gatos, enquanto outras não são tão fáceis de o dono prever com antecedência. Por exemplo, quase todos os gatos são naturalmente muito cautelosos com cães ou felinos desconhecidos — encontros com qualquer um deles podem representar uma ameaça a recursos como comida ou território, ou ainda o risco de o seu gato se machucar. A forma de encarar encontros com algo desconhecido varia de gato para gato: por exemplo, a chegada de um novo brinquedo para bebês que acende luzes e toca música pode fazer alguns gatos saírem correndo, e outros podem preferir observar de longe com cautela, embora pouquíssimos sejam confiantes o suficiente para se aproximar imediatamente. Também existem coisas que o gato não considera nem interessantes nem ameaçadoras — a maioria não está nem aí para um novo quadro na parede ou uma nova almofada no sofá, ainda que essas sejam as primeiras coisas que uma pessoa comenta ao entrar numa sala.

Situações que você tem certeza de que não deixarão seu gato amedrontado ou preocupado podem ser apresentadas a ele em sua totalidade, embora inicialmente deva ser a uma distância que ele considere segura (ver Habilidade Fundamental 1). Se acha provável que seu gato terá uma reação negativa a certa situação — seja porque se trata de algo que qualquer gato veria como ameaçador ou porque ele já teve uma experiência semelhante e não reagiu bem —, ou não tem certeza de como ele responderá, é importante diminuir a relevância da situação até ele não mostrar medo; do contrário, é improvável que ele vá aprender a aceitá-la. Se seu gato tem medo da máquina de lavar, você pode reduzir a relevância dela ligando-a a princípio apenas quando seu gato estiver em outro cômodo. Com repetidas exposições num grau baixo, seu gato vai se acostumar ao estímulo. Depois você pode aumentar a exposição dele ao estímulo gradualmente, mantendo o grau baixo o suficiente para não provocar medo — isso é conhecido como dessensibilização sistemática. Uma possibilidade é aumentar a exposição à máquina de lavar aos poucos, ligando-a no ciclo mais rápido e silencioso. Além disso, se a máquina de lavar tiver uma tampa por onde seu gato pode ver a roupa sendo lavada, você pode cobri-la: alguns gatos se sentem ameaçados ao ver o próprio reflexo. Apresentar uma situação de forma gradual permite que seu gato aprenda de uma maneira igualmente gradativa e suave, e mostra que não há nada a temer (ou ao menos não mais), evitando que ele fique aflito.[2]

Quando estiver planejando como apresentar seu gato a uma situação específica aos poucos, lembre que os sentidos dele são diferentes e mais aguçados que os seus. Nosso principal sentido é a visão, e os programas de dessensibilização sistemática para pessoas costumam se concentrar visualmente no que quer que seja a causa do medo. Por exemplo, pode-se pedir a alguém com fobia de aranhas na terapia de dessensibilização sistemática para imaginar uma aranha bem pequena e muito longe, reduzindo assim a relevância da aranha. O som e o cheiro da aranha são irrelevantes pois em geral não estão vinculados à fobia. No entanto, os gatos usam seu olfato aguçado o tempo todo, tanto para se comunicar com outros felinos quanto para se orientar, por isso o cheiro do estímulo, sobretudo se for vivo (por exemplo, outro gato, cachorro ou ser humano), será importante. Porém, audição, visão e tato não devem ser ignorados e também precisam de cuidadosa ponderação. Muitas vezes pode ser mais prático — e mais fácil para o gato — apresentá-lo a diferentes aspectos sensoriais da situação em separado. Por exemplo, ao introduzir um gato novo, a prática recomendada é começar com níveis baixos do cheiro do animal (ver Habilidade Fundamental 7), antes de seu gato ouvir sons emitidos pelo novo felino (por exemplo, ouvir o gato miando através de uma porta fechada). Então, depois que ele estiver familiarizado e à vontade com o cheiro e o som do gato novo, deixaríamos que o visse, reduzindo o impacto ao permitir a visualização apenas por uma porta de vidro ou a certa distância.

Embora a dessensibilização evite que seu gato sinta medo, ela não vai ensiná-lo a ter uma visão positiva da situação. Felizmente, também podemos realizar o contracondicionamento como uma forma poderosa de transformar a percepção negativa (ou ambivalente) do gato em positiva. O contracondicionamento envolve associar o que antes era uma situação que induzia medo com algo positivo. Quando combinados com a dessensibilização, os estímulos são apresentados num grau abaixo daquele que desperta medo, dando ao animal a melhor oportunidade de aprender que a recompensa oferecida está associada a esse estímulo, e não a outra coisa qualquer. Mesmo um mínimo de medo vai impedir a formação de qualquer associação agradável.

Tive um gato chamado Harry que tinha medo do aspirador de pó. Para um gato que não teve na infância nenhuma oportunidade de aprender que aspiradores de pó não são nada a temer, várias propriedades sensoriais podem estar associadas ao surgimento desse medo na idade adulta. Primeiro, esses aparelhos podem ser vistos (um dispositivo sobre rodas, de onde sai um tubo longo e dobrável com uma escova, que se move em várias direções no chão e, às vezes, na direção de Harry); ouvidos (um barulho alto de sucção que começa e para do nada e um zumbido igualmente inesperado quando se retrai o cabo de volta para dentro do aspirador de pó); e cheirados (embora sejam quase imperceptíveis para o nariz humano, é provável que haja odores associados ao plástico aquecido e às partículas de poeira expelidas pelo filtro de ar). Harry nunca havia tocado num aspirador de pó, pois nunca teve coragem de chegar tão perto de um. Logo, pensando nele como um gato e individualmente, parecia provável que o som (alto e imprevisível) e o movimento (imprevisível e às vezes na direção ele) causassem esse medo.[3]

Portanto, o plano de dessensibilização sistemática e contracondicionamento de Harry envolvia inicialmente apenas ouvir o aspirador (no modo mais fraco de sucção, o que também reduzia o volume) de outro cômodo, com a porta fechada para abafar o som o máximo possível. Nessa intensidade, Harry parecia não demonstrar medo, embora ficasse um pouco mais alerta que o normal. Usando petiscos saborosos para contracondicionar, aos poucos consegui aumentar o volume (e a sucção) e depois pude abrir a porta do cômodo onde estava o aspirador. Outras vezes, separado do som, deixei Harry ver um aspirador de pó parado, primeiro num cômodo diferente daquele onde ele estava — por exemplo, ele no corredor e o aspirador na sala, com a porta aberta entre os dois — e depois no mesmo cômodo. Em seguida, passei a mover o aspirador de pó desligado (porém, nunca na direção de Harry). Naturalmente, todas essas exposições foram combinadas com recompensas, como petiscos e elogios. Às vezes, no meio do adestramento, eu parava e dava a Harry sua refeição ou acariciava e coçava seu focinho — eu sabia que ele gostava muito disso.

Após várias sessões, consegui unir a visão e o som do aspirador de pó mantendo Harry fora de sua "zona de medo". No começo, o aspirador ficava ligado apenas no modo mais fraco enquanto eu o deslocava lentamente. Aos poucos, fui aumentando a potência ao longo de repetidas exposições até o modo de sucção normal, com o aspirador sendo movido em todas as direções. Não muito depois desse treinamento eu já conseguia tranquilamente passar o aspirador no cômodo onde Harry descansava, geralmente no sofá ou em sua cama. Também lhe dava um sinal de que ia aspirar o cômodo ligando e desligando o aspirador por um segundo antes de ligá-lo de verdade. Se ele parecesse incomodado com o barulho, às vezes saía calmamente do cômodo, mas de uma forma que mostrava que estava indo encontrar algo mais interessante para fazer, e não por estar com medo.

Tarefa prática

Pense em algo que você sabe que assusta seu gato e liste todas as propriedades sensoriais dessa coisa — o cheiro, o toque e o som, bem como a aparência. Em seguida, destaque todas as propriedades que acha que podem estar contribuindo para o medo dele. Lembre-se de levar em conta a biologia natural dos gatos, bem como as características próprias do seu animal (a Introdução e o Capítulo I vão ajudá-lo com isso). Por fim, trace um plano de dessensibilização sistemática e contracondicionamento que descreva maneiras de reduzir a intensidade do que causa temor e como planeja apresentá-las sistematicamente a seu gato de forma gradual, para que ele não sinta medo. Agora comece a cumprir esse plano, mantendo muitas recompensas à mão para o contracondicionamento.

Habilidade Fundamental 3: Isca

Só porque um gato aprendeu que não deve temer certa situação não significa que ele vai querer interagir com ela. Isso não é problema no caso das situações que queremos que nossos gatos ignorem — por exemplo, o aspirador de pó. No entanto, existem alguns estímulos com os quais precisamos que nosso gato se sinta à vontade para interagir; desde coisas simples como coleiras, peitorais, medicamentos, escovas, caixas de transporte e portinhas para gatos até as mais complexas, como uma pessoa — talvez uma cat sitter — ou ambientes totalmente novos — outra casa ou uma hospedagem para gatos.

Se seu gato nunca se aproxima ou interage com coisas novas, ele não terá como saber se elas lhe são relevantes ou se interagir com elas pode gerar uma recompensa. Por exemplo, um gato que fica muito à vontade sentado ao lado de sua portinha recém-instalada (e que antes sempre saía pela porta dos fundos) pode não saber que precisa empurrar a porta com a cabeça para poder usá-la. Da mesma forma, um gato pode parecer relaxado quando você segura uma coleira aberta na frente dele, mas não ter vontade de enfiar a cabeça através dela, pois ele ainda não sabe que esse comportamento valerá a pena. Em casos assim, você precisa orientar seu gato sobre como ele deve se comportar com esses objetos para receber uma recompensa (seja ela o acesso ao ar livre, no caso da portinha, ou um petisco, no caso da coleira).

Usar uma isca costuma ser a melhor maneira de atrair o gato para qualquer situação sobre a qual desejamos que ele aprenda. A isca é, como o nome sugere, algo que atrai ou é tentadora para o animal — portanto, comida é o que mais se usa. Segurar um pedacinho do alimento bem diante do focinho e afastá-lo lentamente vai incentivar o gato a ir atrás para pegá-lo. Embora essa seja a base para guiar o comportamento do gato sem uso de força, utilizar o alimento na mão como isca pode ser problemático. Muitos gatos vão ficar tentados a surrupiar a comida — um comportamento natural de caça —, sobretudo se não estiverem acostumados com iscas, se forem muito centrados em comida ou se já foram autorizados a roubar ou agarrar petiscos. Depois que o adestramento tiver se estabelecido como parte da rotina do gato, é possível treiná-lo para controlar a empolgação com a comida, mas enquanto você e seu gato estiverem aprendendo esta habilidade fundamental suas mãos precisam estar protegidas de qualquer contato acidental com garras ou dentes.

Felizmente, existem outras duas maneiras bem mais seguras de apresentar uma isca. A primeira é usar um equipamento onde a isca, em geral uma recompensa na forma de comida, pode ser colocada e movida de algum modo que faça o gato segui-la, enquanto as mãos ficam fora do caminho. Entre esses equipamentos estão os pegadores em formato de pinça, que podem segurar uma recompensa pequena, como um palitinho de carne ou até mesmo um grão de ração; colheres com cabo longo, que são particularmente úteis com alimentos úmidos, como pedaços de carne (colheres para bebê são ideais, pois costumam ter uma curva que ajuda a manter a mão bem fora do caminho); e seringas e bisnagas de plástico (aquelas mamadeiras com uma colher feitas para o desmame de bebês são adequadas para não derramar), que podem ser segurados numa ponta e pressionados de modo que o alimento líquido saia na outra.

Você vai achar mais produtivo a longo prazo atrair seu gato usando comida pastosa no lugar de um petisco num pegador ou um pedaço de carne numa colher, pois os patês permitem uma oferta contínua, porém pequena do alimento; assim vai evitar que seu gato sinta qualquer necessidade de atacar ou agarrar a comida. Embora a princípio isso possa parecer trivial, ensinar desde o começo que ele não precisa se lançar sobre a comida e surrupiá-la é muito importante; trata-se de uma lição que não só protege suas mãos, mas também o ensina a controlar os próprios desejos. Você pode preparar alimentos líquidos fazendo um purê com alimento úmido para gatos, patê de carne ou peixe, misturado com um pouco de água. Se usar patê de carne ou peixe feita para consumo humano, verifique antes com o veterinário se os ingredientes dela são seguros para consumo felino. Os patês próprios para gatos disponíveis no mercado dispensam a necessidade de fazer purê e podem ser facilmente diluídos com um pouco de água. Aprender a ter autocontrole traz várias vantagens para um gato que convive com pessoas; muitas coisas que ele pode querer nem sempre estarão imediatamente disponíveis, sejam elas comida, acesso ao ar livre ou atenção. Os donos costumam reclamar bastante de como os gatos vocalizam em excesso ou arranham os móveis; esses dois incômodos podem acontecer porque o gato se sente frustrado e não tem autocontrole quando não consegue na mesma hora aquilo que deseja. Por isso, ensiná-lo a ser paciente pode melhorar mais de um aspecto do relacionamento de vocês dois.

O outro método de atração seria o uso de uma ponteira para treinamento, que é um bastão fino retrátil com uma bolinha na ponta, muitas vezes feita de espuma ou plástico — o "alvo". A ideia é que a bola é um objeto fácil de ver e que ele, por sua natureza curiosa, vai querer cheirar. Se ele não exibir esse comportamento de início, você pode passar um pouco de comida no alvo. Se receber uma recompensa por investigar o bastão, ele provavelmente vai repetir a ação. Depois de repetir várias vezes e ele chegar o focinho bem perto do alvo ou tocá-lo, você pode aos poucos começar a mexer a bola, inicialmente a uma curta distância. Seu gato deve segui-la e, se o fizer, recompense-o. Usando esses princípios, você pode começar a deslocar o bastão por distâncias maiores antes de tirá-lo e dar a recompensa, e seu gato ainda deve segui-la. Sempre leve o bastão para fora do alcance do gato enquanto premia o comportamento — por exemplo, coloque-o atrás de você: isso vai impedir o gato de tocá-lo ou seguir o alvo num momento em que você não estiver pronta. Ponteiras para treinamento podem ser compradas, mas também é fácil fazer um — basta enfiar uma bola de pingue-pongue ou algo semelhante na ponta de uma antena retrátil velha ou de uma vara de bambu daquelas usadas em jardinagem e decoração.

Sheldon está aprendendo a tocar uma ponteira caseira para treinamento com o focinho.

Assim que Sheldon o toca, o bastão é recolhido e ele é recompensado com um pouco de patê de carne numa seringa.

Tarefa prática

Pratique atrair seu gato usando um alimento líquido numa seringa ou bisnaga, pressionando-a de leve para que só um pouquinho de comida saia. Ofereça-a calma e lentamente, deixando seu gato se aproximar, cheirar e lamber. Depois que ele aprender que essa nova engenhoca fornece um petisco delicioso, você pode afastá-la mais ou menos um centímetro e esperar para ver se ele se aproxima. Se isso ocorrer, aperte de leve mais uma vez a seringa, liberando mais um pouco de comida. Se o gato não se mover, aproxime a seringa novamente, espere até que ele esteja lambendo a seringa e, enquanto ainda pressiona para liberar mais comida, afaste-a bem devagar para que ele receba um pouquinho de comida durante todo o tempo em que estiver se movendo com ela. Após várias repetições, você conseguirá aumentar gradualmente a distância da seringa antes de liberar um pouco de comida. Pratique até conseguir fazer o seu gato dar uma volta ao seu redor e ir do chão para uma cadeira ou algum lugar mais alto, liberando a comida apenas ao fim da tarefa. Para alguns gatos, isso acontece com uma única sessão de adestramento; para outros, pode levar várias sessões. Basta seguir o ritmo do seu gato, e sempre procure terminar a sessão mantendo uma atmosfera bem positiva — por exemplo, quando o animal ainda está interessado, não cansado ou entediado, e acabou de realizar uma versão muito boa do comportamento desejado. Não fique tentada a continuar até ele ir embora, porque quando isso acontecer o valor da recompensa terá diminuído.

Ao longo de diversas outras sessões de adestramento, pratique esses exercícios usando comida oferecida num pegador tipo pinça ou numa colher de cabo longo. Com eles, você só pode dar uma recompensa por vez antes de ter que "recarregar". Contudo, nesse estágio do adestramento isso não deve ser problema, pois seu gato já deve estar seguindo a isca sem precisar comer o tempo todo. Na verdade, é uma boa prática — para evitar que tente agarrar à comida e aumentar o autocontrole — não dar ao gato a comida no pegador ou na colher como recompensa quando ele alcançar a isca no destino final, mas em vez disso tirá-la rapidamente e entregar uma recompensa diferente. Dessa forma, seu gato vai aprender

(continua)

> **Tarefa prática** *(continuando)*
>
> que agarrar a comida não faz com que ele a ganhe, mas ir atrás dela demonstrando autocontrole é o que resulta em algo bom.
>
> Depois que conseguir dominar essa tarefa, você pode começar a praticar com uma ponteira para treinamento que não faz uso de comida para atrair o gato. Agora ele já aprendeu que seguir algo que você está segurando gera uma recompensa, então deve estar preparado para seguir o bastão. Comece do zero novamente, recompensando qualquer investigação que ele faça do alvo, como farejar, e aos pouquinhos mova o bastão enquanto seu gato o segue, até o destino final; em seguida, tire-o da vista do gato e dê a recompensa. Como no caso da comida como isca, tente atrair o gato até ele dar uma volta ao seu redor e subir num local mais alto, dessa vez usando o bastão.

Habilidade Fundamental 4: Marcar um comportamento

Muitas vezes, durante o adestramento, não é possível dar a recompensa na hora adequada — digamos, se o gato estiver a uma certa distância de você. Além disso, os gatos, assim como crianças e cães, podem ter a atenção desviada de uma coisa para outra muito rapidamente. Logo, o comportamento deles pode mudar num instante. No momento em que você oferece ao seu gato a recompensa, seja ela um petisco, um brinquedo ou um carinho, ele pode estar fazendo algo diferente do comportamento que você queria premiar. É provável que associe à recompensa o comportamento (irrelevante) que ele executou imediatamente antes de recebê-la, pois as duas coisas ocorreram mais perto uma da outra. O segredo do sucesso no adestramento é recompensar o comportamento no instante em que ele ocorre, dando a seu gato mais chance de associar a recompensa com o comportamento desejado, e não com outra coisa que aconteceu alguns segundos depois.

Imagine um gato se aproximando de sua porta para gatos recém--instalada. Ao treinarmos um felino para passar por uma portinha dessas, o primeiro comportamento que podemos querer recompensar (com comida, por exemplo) seria algo simples como andar na direção dela — lembre-se da Habilidade Fundamental 1, recompensar a observação e a exploração espontâneas. No entanto, nos poucos segundos que você leva para dar o petisco, não é raro descobrir que o gato, ao ouvi-la vasculhando a caixa de ferramentas atrás da comida, parou no meio do caminho e se afastou da portinha para ver o que você está fazendo. Nesse caso, o que estaríamos de fato recompensando seria o ato de se afastar da portinha, exatamente o contrário do que queríamos premiar. Logo, precisamos de uma maneira de dizer aos nossos gatos "Isso mesmo, é se comportando assim que você ganha uma recompensa" na hora exata em que eles executam o comportamento, ou pelo menos no máximo um ou dois segundos depois. Em adestramento, chamamos isso de marcar um comportamento. No adestramento de golfinhos, o marcador do comportamento correto costuma ser um apito; no de cães, costuma ser o som de um clicker, um aparelhinho feito só com esse propósito. Porém, também pode ser algo simples como dizer a palavra "bom" ou "isso" em voz alta, de um jeito específico.

Esse marcador, ou reforçador secundário, como é mais formalmente conhecido, torna-se uma recompensa porque anuncia que a recompensa primária (ou reforçador primário: comida, brincadeira ou carinho) será oferecida, e que isso acontecerá logo. O marcador não começa como uma recompensa por si só: isso precisa ser aprendido. Numa óbvia contradição com o modo como muitos donos falam com seus gatos, estes não são capazes de entender explicações verbais elaboradas de que algo que eles fizeram recentemente foi bom (ou ruim, se for o caso). Mesmo que pudéssemos transmitir essa informação para eles, a configuração dos cérebros dos mamíferos não permite que eles lidem com um intervalo tão grande entre o que fizeram e a recompensa recebida. Portanto, no caso dos gatos, os reforçadores secundários nos permitem marcar o comportamento quando ele ocorre, e assim ganhamos alguns segundos para entregar a verdadeira recompensa (seja comida, brincadeira ou carinho), não importando se o gato já tiver começado a fazer outra coisa.

Os marcadores precisam ser simples, percebidos imediatamente e fáceis de reconhecer, mesmo de longe. Por isso, falar uma palavra é um marcador ideal, mas você deve selecionar uma que não costuma dizer em outros momentos e talvez pronunciá-la com uma voz característica que só vai usar durante o adestramento — é o som que importa, não a palavra em si. Um clicker pode ser usado com gatos, assim como com outros animais, e algumas pessoas preferem adotar o clicker a usar uma palavra, para garantir que o gato ouça esse som apenas durante o adestramento, e nunca em outros momentos. Além disso, com ele o som é sempre o mesmo, deixando o treinamento mais regular. Mas, embora os clickers possam ser muito úteis no adestramento (e existe uma infinidade de informações sobre treinamento com clicker por aí), para quem está começando a treinar gatos acaba sendo mais um objeto para segurar, e é preciso ter muita prática e coordenação para usá-lo no tempo certo. Por isso, ao ensinarmos as pessoas a adestrarem seus gatos, preferimos o "marcador verbal", permitindo que elas fiquem com as mãos livres. Além disso, um som não é algo que se pode perder, como pode acontecer com um clicker.[4]

Inicialmente, a palavra "bom" (ou qualquer uma que você escolher) não vai significar nada para o gato. Então, precisa ensinar a ele que, ao ouvi-la, uma recompensa tangível está chegando. Isso se faz usando o condicionamento clássico: repetições da combinação dizer a palavra e oferecer a recompensa em seguida. Estudos mostram que os animais aprendem melhor quando há uma ligeira sobreposição entre o final da pronúncia da palavra que serve de marcador e o início da entrega da recompensa. Na prática, isso é quase impossível de fazer, pois teríamos que dividir os segundos. Felizmente para nós, os animais também aprendem rapidamente a fazer a associação quando a recompensa vem imediatamente após o marcador.

Antes de treinar qualquer tarefa, diga sua palavra-marcador (talvez seja necessário falar o nome do gato antes, para chamar a atenção dele) e depois entregue a recompensa. A palavra deve sempre vir antes da recompensa, e o intervalo entre a palavra-marcador e a entrega da recompensa deve ser bem curto (de preferência, menos de um segundo) durante esse adestramento inicial. Repita esse exercício entre cinco e dez vezes numa única sessão, dependendo da capacidade de concentração do seu gato. É uma boa prática repetir isso ao longo de várias sessões antes de integrar sua nova palavra-marcador no adestramento regular. Você saberá que ele aprendeu quando, toda vez que ouvir a palavra, ele se comportar de um jeito que mostra que está esperando uma recompensa — por exemplo, virar a cabeça e olhar na sua direção, miando, ronronando ou se aproximando. Antes de iniciar qualquer adestramento em que você sabe que deve usar um marcador, é aconselhável fazer algumas repetições deste e recompensar as associações só para garantir que seu gato ainda lembra o que ele significa.

Através desse processo de repetidas combinações, o reforçador secundário vira uma recompensa em si só por ter se tornado um indicador da recompensa "real" (estudos mostram que o gato fica de fato momentaneamente mais feliz sempre que ouve o reforçador secundário).[5] Se escolher usar um clicker, você pode guardá-lo em sua caixa de ferramentas; se escolher usar uma palavra simples, ela pode ser guardada "virtualmente" na caixa de ferramentas — ou mesmo literalmente, se achar útil colocar dentro dela um bilhete lembrando qual(is) palavra(s) escolheu. Se tiver vários gatos, é aconselhável ter uma palavra diferente para cada um e evitar confusão caso surja a oportunidade de recompensar um comportamento espontâneo de um deles num local onde os outros podem ouvir.

> **Tarefa prática**
>
> Você consegue ensinar seu gato a sentar? Embora possa não ter grande influência no bem-estar dele, é a oportunidade perfeita para praticar o uso de um marcador sem se preocupar em prejudicar o treinamento de comportamentos mais importantes para os cuidados com o seu gato, como aceitar medicamentos ou gostar de ser escovado. Dica: se as oportunidades de recompensar momentos em que ele senta espontaneamente são poucas e distantes entre si, não esqueça que pode usar a Habilidade Fundamental 3, isca, para orientá-lo até ele se sentar — com isso você poderá pegar o jeito tanto no uso da isca quanto no da marcação na mesma sessão de treinamento, uma combinação de habilidades que é comum em vários exercícios de adestramento.

Habilidade Fundamental 5: Toque-remoção-recompensa

Alguns adestramentos podem ser feitos sem o uso das mãos — por exemplo, ensinar o gato a vir quando é chamado (a menos, é lógico, que tenha escolhido usar o carinho como forma de recompensa). No entanto, existem situações que exigem tocá-lo de formas de que ele não gosta por instinto, como ao ser contido com cuidado para realizar algum procedimento médico, ter diferentes partes do corpo avaliadas num exame com o veterinário e ter a área da cabeça e pescoço tocada na hora de pôr uma coleira. Em outras tarefas, um objeto será usado para tocar o gato, como um estetoscópio em seu tórax ou um cortador de unha. O uso da Habilidade Fundamental 1, recompensar a observação e a exploração espontâneas (do dedo/mão/objeto a ser usado para tocar o gato), e da Habilidade Fundamental 2, dessensibilização sistemática e contracondicionamento, combinadas vai garantir que o dedo, a mão ou o objeto perca qualquer conotação de medo e seja visto de modo positivo. Depois de pôr em prática essas habilidades, é hora de começar a treinar a forma específica de tocar com o dedo, mão ou objeto necessário para realizar cada tarefa específica.

A despeito do tipo de toque, o mais importante a lembrar é que ele deve ocorrer em sua totalidade (apresentação e remoção) antes de oferecermos a recompensa: toque-remoção-recompensa. Por exemplo, podemos usar dessensibilização sistemática e contracondicionamento para treinar um gato a deixar sua pata ser levantada como parte do treinamento para ele ficar à vontade na hora de botar o peitoral: o primeiro passo pode ser ensiná-lo a ficar confortável quando sua pata é tocada, antes de avançarmos para o objetivo de tirar a pata do chão. A habilidade fundamental seria tocar o dedo na pata, tirar o dedo, oferecer a recompensa. O mesmo vale para um objeto: por exemplo, podemos praticar passar uma medicação *spot-on* (usada para tratar parasitas externos, como pulgas) inicialmente tocando com a ponta fechada do remédio a região entre as escápulas do gato. A mesma sequência deve ser usada: toque, tirar o frasco de remédio, recompensa. Depois de muitas repetições, seu gato aprenderá que, se tiver um comportamento tranquilo e permanecer assim quando o toque acontecer, será recompensado.

Por que sempre precisamos suprimir o toque antes de dar a recompensa? Se o toque e a recompensa forem introduzidos juntos, pode ser que o gato só concentre a atenção na comida. Embora possa parecer que ele não se importa de ser tocado, talvez seja só porque a comida foi distração suficiente para que isso acontecesse (e de qualquer forma não é prático ter que oferecer comida com uma das mãos enquanto se tenta tocar o gato com a outra). Quando não houver comida, o gato só vai se concentrar no toque e pode perceber que não gosta nada de ser tocado, mostrando que não aprendeu de fato que essa experiência pode ser positiva. Embora a ideia de só oferecer o alimento simultaneamente com o toque seja tentadora, pois parece gerar o mesmo resultado final — o gato fica quieto e permite que façamos o necessário —, logo você descobre, ao tentar num ambiente mais intimidador, como o consultório veterinário, que seu gato não aprendeu nem um pouco a aceitar ser tocado. É provável que ele se recuse a comer nesse ambiente e talvez use as garras e os dentes para resistir a qualquer toque. Portanto, em vez disso, sempre deixe seu gato em sua zona de conforto quando for trabalhar comportamentos que exigem algum tipo de toque e interação física (usando a Habilidade Fundamental 2, dessensibilização sistemática e contracondicionamento), e quando for hora de recompensar siga a Habilidade Fundamental 5 de toque-remoção-recompensa, para que ele de fato aprenda a aceitar o toque.

Tarefa prática

Você consegue tocar a pata do seu gato com ele permanecendo à vontade? Lembre-se de deixar que seu gato investigue seu dedo antes de encostá-lo na pata. Ele pode cheirar ou simplesmente observá-lo, mas recompense essa investigação. Dar esse tempo evita que o gato se assuste quando você tocar a pata dele. Se seu gato for muito sensível, pode tocar o chão junto à pata dele antes e recompensá-lo por ficar calmo enquanto seu dedo se aproxima dele. Lembre-se: a recompensa sempre deve vir depois que o dedo for tirado do lado dele. Pratique até conseguir tocar a pata do seu gato com um só dedo por dois a três segundos com ele se mantendo calmo.

Habilidade Fundamental 6: Ensinar a relaxar

Muito do que queremos que nossos gatos façam — de ficar na caixa de transporte a passar por um exame de saúde e ser escovado — exige que o animal permaneça relativamente imóvel. É bem mais provável que ele fique parado se estiver relaxado. Ao ensiná-lo a associar relaxamento a algum lugar confortável, como uma manta — o que pode ser alcançado premiando sucessivas aproximações com uma postura relaxada —, você cria uma situação em que ele mostra-se calmo antes de iniciar qualquer adestramento. Um gato tranquilo vai aprender muito melhor do que um gato nervoso ou agitado demais. Portanto, várias das tarefas de adestramento ensinadas neste livro vão começar com o gato relaxado em sua manta especial para repousar.

O segredo para dominar esta habilidade-chave é recompensar o estado emocional relaxado, e não o local ou a postura em que o gato se encontra. Por exemplo, os gatos podem ficar deitados, mas ainda assim muito alertas e atentos, e até mesmo irritados. Queremos recompensar o gato apenas quando ele estiver tranquilo e relaxado. Ao premiar esse relaxamento enquanto ele estiver numa manta específica, criamos na mente do gato um elo entre manta e relaxamento. Basicamente, ele recebe uma dupla recompensa — tem a oportunidade de descontrair, o que todos os gatos adoram, e também ganha um petisco saboroso ou um carinho. A maravilha dessa tarefa bem simples é que a manta pode ser carregada e, portanto, quando apresentamos o gato a novos lugares ou situações — por exemplo, a caixa de transporte ou uma hospedagem para gatos —, ele vai ficar mais calmo com sua manta do que sem ela.

Depois de escolher uma manta confortável para o gato, talvez alguma em que ele já gostasse de dormir antes, coloque-a na sua frente no chão. Os gatos são animais curiosos por natureza, e seu gato virá investigar a manta no novo local, talvez cheirando ou pisando nela para atravessá-la e chegar até você. Recompense qualquer um desses comportamentos. Como nosso objetivo final é fazer com que o gato fique relaxado na manta, as recompensas devem ser escolhidas com cuidado, para não agitá-lo demais. Há um equilíbrio delicado entre as recompensas que motivam o gato o suficiente para ele se esforçar por elas e as que o deixam ansioso demais para recebê-las e, portanto, o impedem de relaxar. Uma forma de evitar isso é alternar entre vários tipos de recompensas — por exemplo, uma que acalme o gato, mas talvez o motive menos (carinho), pode ser alternada com uma que o deixe muito motivado e talvez aumente a empolgação (comida).

Vamos usar como exemplo o modo como ensinei Sheldon a relaxar sobre uma manta. Para começar, escolhi uma hora em que ele estava bastante relaxado, depois de já ter brincado comigo antes no mesmo dia. Coloquei a manta no chão entre nós dois. Por ser um gato sociável, ele subiu na manta para se aproximar de mim. Nos estágios iniciais do treinamento para relaxar, o comportamento que você deseja pode ocorrer só por alguns instantes — a ação de pisar numa manta acaba numa fração de segundo. Usar um marcador verbal como a palavra "bom" no momento exato em que o comportamento ocorre pode garantir que você está recomendando esses comportamentos instantâneos. Mas lembre-se de que já deve ter sido ensinado que a palavra "bom" prenuncia uma recompensa real, que deve vir logo em seguida. No caso de Sheldon, foi dado um petisco. Inicialmente, soltei o petisco na minha frente, para Sheldon ter que se levantar da manta para receber a comida. Isso não afetou o aprendizado de que subir na manta foi o que fez a recompensa aparecer, já que a palavra-marcador "bom" só foi dita quando Sheldon estava de fato sobre a manta. Com a comida (ou reforço primário) sendo dada fora da manta, Sheldon teve a oportunidade de voltar para a manta várias vezes, permitindo que ele ganhasse mais recompensas e, assim, consolidasse seu aprendizado. No início, ele passou muito tempo perto de mim tentando conseguir mais comida, mas aprendeu que o motivo de surgir o petisco saboroso era o ato de pisar na manta.

Sheldon está confiante o suficiente
para subir com as quatro patas na manta.

A próxima etapa foi aumentar o tempo sobre a manta — ou seja, não só pisar nela, como permanecer sobre ela. Trabalhei isso muito gradualmente, retendo a palavra "bom" por mais um segundo ou dois a cada vez que Sheldon pisava na manta. Repetindo isso, consegui chegar a um ponto em que ele ficava na manta por vários segundos esperando ouvir "bom", pois sabia que havia desempenhado o comportamento correto.

Sheldon aprendeu muito rapidamente com esse método, mas, se o seu gato não pisar voluntariamente na manta logo de início, você pode começar atraindo-o com o uso de brinquedos ou comida. Além disso, erguer a manta e reposicioná-la depois de dar a recompensa pode trazer a atenção do seu gato de volta para ela, encorajando-o a investigá-la de novo. Ao ver a manta pela primeira vez, Sheldon subiu nela com as quatro patas. No entanto, gatos desconfiados podem começar botando apenas uma pata, e para eles devem-se dar as recompensas quando puser uma pata na manta, depois ao pisar com duas, até conseguir pôr as quatro — dividindo assim o objetivo em etapas menores e alcançáveis. A primeira sessão de adestramento de Sheldon terminou com ele recebendo a recompensa final sobre a manta. Ele estava bastante agitado nessa altura porque ficou ansioso pelos petiscos, mas como meu objetivo naquele momento era apenas fazê-lo subir na manta, sem precisar estar relaxado, isso não foi um problema. Os petiscos de alto valor o mantiveram concentrado na tarefa, e mais tarde pude mudar para recompensas mais relaxantes, sabendo que ele já estava interessado na tarefa.

Agora que Sheldon se sentia à vontade sobre a manta, o segundo passo seria ensiná-lo a relaxar sobre ela. Continuei dizendo "bom" e recompensando-o com petiscos por ficar na manta, mas, cada vez que o premiava, eu botava a recompensa lentamente sobre a manta, bem diante do queixo dele. Assim, ele precisava abaixar o corpo para pegar o petisco, ficando mais próximo da posição deitada. O mais importante é que qualquer sinal de maior relaxamento era recompensado, como mudanças posturais — por exemplo, sentar, agachar, deitar com as patas para o lado e abaixar a cabeça para descansar na manta — e também quaisquer indícios óbvios de relaxamento — como desviar o olhar de mim, piscar devagar, fechar os olhos, lamber uma pata da frente, ronronar e cochilar. Quando usava meu marcador verbal "bom" para que Sheldon soubesse que ia receber uma recompensa, eu falava num tom baixo e calmo para preservar o relaxamento que ele sinalizava. Também intercalava os petiscos com elogios, acariciando sua cabeça e coçando seu queixo, para que ele continuasse calmo.

Sheldon está recebendo
recompensa por permanecer na manta.

Pode levar algum tempo para os gatos se decidirem por um comportamento; portanto, se seu gato não fizer de imediato o que você deseja, não desista, fique tranquila e espere. Os gatos podem demorar para processar informações e botá-las em prática. Por exemplo, Sheldon demorou mais de dois minutos até começar a fechar os olhos enquanto descansava sobre a manta. Esse tempo pode parecer uma eternidade quando se está esperando, mas é fundamental ter paciência. Praticamos esse relaxamento durante várias sessões até Sheldon começar a se acomodar na manta assim que a via.

Sarah faz carinho em Sheldon como recompensa por ele relaxar sobre a manta.

Tarefa prática

Experimente treinar seu gato a relaxar numa manta específica usando as etapas descritas. É aconselhável começar com uma manta que o gato já usa. Podem ser necessárias várias sessões de adestramento para ensiná-lo a descontrair sobre a manta. Tente fazer anotações sobre cada sessão — coisas como quanto você avançou e o que funcionou melhor para ajudar no relaxamento. Essas dicas vão ajudá-la a progredir rapidamente durante a próxima sessão.

Habilidade Fundamental 7: Coletar o cheiro de um gato

Várias tarefas de adestramento envolvem apresentar algo novo ao gato — seja outro felino, um móvel novo ou até mesmo uma casa nova. O olfato tem um grande papel no modo como um gato percebe seu ambiente e os estímulos dentro dele. Como seres humanos, nossa primeira forma de avaliar o risco de perigo é olhar ao redor, examinando visualmente o ambiente. Por exemplo, podemos notar que um intruso invadiu nossa casa graças a alterações visuais no ambiente, como um quadro torto na parede ou um vaso derrubado. No entanto, é muito improvável que consigamos perceber que um intruso esteve na nossa casa só com base num cheiro que ele possa ter deixado — nosso nariz não é sensível o suficiente para isso. Para os gatos, geralmente é o contrário: o olfato aguçado e a capacidade de detectar mensagens químicas da própria espécie (através de seu órgão vomeronasal) torna o mundo "deles" subjetivamente bem diferente do nosso. Os gatos têm como rotina patrulhar seu território, dentro e fora de casa, farejando para ver se ocorreu alguma mudança desde a última inspeção. Eles param e farejam com atenção especial nos pontos que representam fronteira, como entradas e portões. Você já deve ter visto seu gato fazendo isso e, logo em seguida, esfregando as bochechas num objeto próximo ou se esticando e arranhando com as garras dianteiras.[6]

Acredita-se que os atos de esfregar o focinho e arranhar depositam secreções que transmitem dois tipos de informação: primeiro, uma "assinatura" exclusiva daquele gato e, segundo, feromônios, que são odores iguais em todos os gatos. Ao esfregar o focinho e arranhar, o gato pode comunicar a outros membros de sua própria espécie que ele esteve nesse lugar específico e há quanto tempo esteve lá. Também se acredita que essas secreções podem ajudar o gato que as depositou a se sentir seguro no próprio ambiente, marcando fisicamente a própria identidade em objetos. Nós conseguimos isso quando trancamos nossas portas à noite, mas para os gatos a sensação de segurança depende de conseguirem detectar o próprio cheiro no ambiente. Assim, quando um objeto, pessoa ou animal novo entra na casa, acaba se destacando por não conter nenhum cheiro do gato da casa e, portanto, pode ser visto como uma ameaça em potencial. Alguns gatos, geralmente os mais confiantes, podem explorar tranquilos o novo estímulo e marcá-lo esfregando o focinho nele se este não for muito intimidante, mas isso é improvável de acontecer se o estímulo for um animal novo (que pode resistir ao avanço), nem deve ser fácil se muitas mudanças forem feitas na casa, como um cômodo totalmente redecorado.

Felizmente, é fácil coletar o cheiro de um gato mantendo-o tranquilo e relaxado e depois transferir essas informações químicas para novos itens da casa, como se ele próprio os tivesse marcado. Ter a oportunidade de fazer isso antes de apresentar o item ao gato dá uma boa vantagem inicial para o adestramento. Existem algumas formas de coletar o cheiro de um gato para apresentá-lo a outro animal, aplicá-lo num objeto, ou incluí-lo no cheiro de uma casa nova. A primeira forma é usar uma luva de algodão fino limpa ao acariciar o gato nas áreas do rosto que produzem essas secreções químicas. São as regiões na frente das orelhas, onde o pelo é um pouco mais ralo, e sob o queixo e as bochechas, começando logo atrás das vibrissas. Você também pode coletar os pelos da escova que usou no seu gato, novamente tendo se concentrado nas bochechas e embaixo do queixo. Porém, se ele não gostar de nenhum desses tipos de interação física, você pode colocar um pequeno pedaço de pano na caminha dele para que ele se deite lá e transfira o próprio cheiro de forma passiva. Quanto mais vezes seu método de coleta (luva, escova ou pano) tocar nas áreas que produzem secreções, maior será a concentração do cheiro coletado. No entanto, para começar, deixe o cheiro fraco acariciando ou escovando apenas algumas vezes ou deixando o pano na cama do gato só por uma noite. Amostras mais concentradas podem ser usadas no adestramento mais para a frente: são coletadas da mesma maneira, mas ficarão mais concentradas esfregando ou escovando o gato por mais tempo — isso deve acontecer ao longo de várias sessões para garantir que continuará sendo uma experiência positiva para o gato — ou deixando o pano na cama dele por mais dias. Depois de coletar o cheiro, ele pode ser esfregado no estímulo se este for inanimado (como um móvel), ou se for animado, como gatos ou cachorros, pode ser deixado a uma distância que o animal possa investigar em seu próprio tempo.

Coletou-se o cheiro acariciando Herbie nas glândulas faciais e ao redor delas com uma luva de algodão fino.

> **Tarefa prática**
>
> Pratique coletar o cheiro do seu gato usando o método que acredita deixá-lo mais à vontade. Se ele não gosta de ser escovado, use uma luva para acariciá-lo. No entanto, se ele também não ficar tranquilo sendo acariciado, basta colocar um pano na cama dele. Escolha um objeto da sua casa para esfregar o cheiro coletado e observe o comportamento do seu gato em relação a esse objeto nos próximos dias. Veja se percebe alguma mudança — o seu gato se aproxima mais do objeto, o fareja ou até se esfrega nele?

Habilidade Fundamental 8: Manter o comportamento desejado

Quando você ensina pela primeira vez que uma ação específica do seu gato está ligada à recompensa, esta deve ser dada a cada reação desejada — em outras palavras, cada resposta correta é reforçada. Ao premiar cada vez que ele exibe o comportamento desejado, cria-se na memória de longo prazo do gato uma forte associação entre o comportamento e a recompensa. No adestramento, essa rotina é conhecida como reforço contínuo: ele gera uma resposta comportamental que é ao mesmo tempo confiável e consistente.

Depois que o gato exibe a ação desejada com segurança, é importante se distanciar do reforço contínuo. Existem várias razões para isso. Em primeiro lugar, se recompensarmos cada ocorrência de um comportamento, não teremos como refiná-lo. Por exemplo, digamos que você treinou seu gato para vir ao ser chamado: às vezes ele corre até você o mais rapidamente possível, outras vezes ele pode vir com calma, parando para cheirar uma planta ou subir numa árvore no caminho. Embora algumas reações possam ser o que você queria, outras podem não ser, mas, se empregar o reforço contínuo rigorosamente, todas as respostas receberão a mesma recompensa. O gato saberá que vai ser recompensado sempre que for até você, então para que ter pressa se há outras coisas interessantes para fazer no caminho? Se continuarmos usando o reforço contínuo, não podemos criar uma situação em que o gato sempre venha rápida e diretamente para casa. Assim, embora seja bom para aumentar temporariamente a frequência de um comportamento, o reforço contínuo não é eficaz para manter ou melhorar a frequência e a qualidade do comportamento.

Em segundo lugar, o comportamento que sempre foi reforçado fica suscetível a ser extinto — ou seja, ele pode deixar de ser exibido após algumas poucas vezes que a recompensa não é dada logo depois. Por exemplo, imagine uma situação em que a dona sempre, sem falta e ao longo de vários anos, dá um petisco a seu gato quando ele entra voluntariamente na caixa de transporte. Certo dia, a dona fica sem petiscos e não dá a recompensa, achando que isso não vai fazer diferença. O gato pode ficar na caixa de transporte por vários segundos ou até mesmo minutos aguardando o petisco. Depois ele pode sair de lá e se aproximar da dona na tentativa de ganhar a recompensa esperada. E, em seguida, voltar para a caixa de transporte numa segunda tentativa de ganhar o petisco. Assim que perceber que a comida não vem, é bem possível que ele volte para o que fazia antes de a caixa de transporte surgir.

Embora a maioria dos gatos apenas pare de realizar a ação se não houver recompensa, um ou outro vai reagir a isso com grande frustração. Logo, um terceiro motivo para interromper o reforço contínuo de um comportamento quando ele já estiver estabelecido é que, em certos gatos, se o reforço não for feito, seja sem querer ou intencionalmente, isso pode levar a comportamentos de risco, como o gato bater ou até mesmo morder o dono na tentativa de ganhar a recompensa. Isso é mais comum em gatos que sempre tiveram reforço contínuo em muitos aspectos da vida ou aqueles com personalidades que os deixa predispostos a se agitar facilmente (por exemplo, felinos com um baixo limiar de frustração).

Em todos os casos, acabaram as chances de o gato entrar na caixa de transporte na próxima vez que a trouxerem — em termos técnicos, dizemos que o comportamento de entrar na caixa foi extinto. O gato aprendeu rapidamente que entrar na caixa não gera mais o reforço e, portanto, não vale a pena tentar esse comportamento novamente.

Além disso, não é prático oferecer uma recompensa toda vez que seu gato realiza uma ação desejada pelo resto da vida. Por exemplo, o seu gato assustado pode se aproximar e cumprimentar uma visita na hora em que você a recebe — com as mãos ocupadas abrindo a porta e abraçando a pessoa, você perde a oportunidade de recompensá-lo. Imagine também outra situação: você está indo de carro com seu gato para o veterinário e ele muda de comportamento, ficando deitado e relaxado na caixa de transporte, em vez de sentado e alerta; você não consegue dar a recompensa porque precisa dirigir e não há mais ninguém no carro para entregá-la por você. Por último, oferecer uma recompensa toda vez que o gato realizar o comportamento vai deixá-lo gordo demais, se ela for comida, ou deixá-lo exausto demais se for brincar. Caso a recompensa usada seja carinho, em geral os gatos preferem interações físicas breves e frequentes, por isso premiá-lo com carinho de forma contínua pode acabar fazendo com que ele deixe de ser uma recompensa, devido à intensidade com que é usado.

Logo, quando o gato já estiver exibindo com segurança a ação desejada, para preservar esse comportamento e melhorar sua qualidade você precisa aos poucos passar do reforço contínuo para um esquema em que nem toda demonstração do comportamento seja recompensada. Chamamos isso de esquema de reforço intermitente ou parcial. Ele tende a gerar respostas comportamentais persistentes e duradouras, que são muito mais resistentes à extinção.

Pense em como as máquinas caça-níqueis podem ser viciantes — ou qualquer forma de jogo, na verdade. Todas elas dependem de algum tipo de reforço intermitente ou parcial — nem toda moeda colocada em uma máquina caça-níquel ou aposta feita resulta numa vitória. Na realidade, os jogadores nunca têm como prever qual moeda ou aposta vai garantir uma vitória — isso é o que torna seu comportamento tão persistente. Quando acontece uma vitória, a recompensa sentida é maior do que aquela que ele sentiria se houvesse um pagamento toda vez, mesmo que o valor monetário dos prêmios reunidos juntos seja, na verdade, menor.

Imagine um cenário em que um gato está miando para sair. Se a dona às vezes o ignora, ou abre a porta na mesma hora ou se espera um pouco antes de abrir, o comportamento de miar fica muito mais incutido no gato e, assim, vai ocorrer prontamente, ser persistente e continuar ocorrendo dia após dia. Nesse cenário, a dona sem querer criou a situação que ela tentava evitar — um gato que mia sem parar. Com o reforço intermitente do comportamento, ele terá se tornado mais resistente à extinção. Assim, vai ser preciso passar mais tempo ignorando completamente o comportamento antes que enfim acabe. Embora a princípio seja difícil para os donos, ignorar firmemente o miado (ou seja, garantindo sempre que não haja recompensa) é a única forma de acabar com ele.

No entanto, o mesmo fenômeno pode ser usado para beneficiar os donos quando se trata de comportamentos desejáveis que queremos ensinar. Por exemplo, o reforço intermitente para o gato vir quando chamado funcionará de forma eficaz, pois ele não vai querer perder a oportunidade de ganhar uma recompensa — se o reforço tiver sido intermitente, ele não saberá quando vai receber a próxima e estará ansioso para vir até você para descobrir. Nessa situação, o reforço intermitente ajuda os donos a fazerem o gato voltar para casa ou vir de outro cômodo de forma rápida e confiável, evitando terem que sair à sua procura.

Além de alternar entre dar ou não uma recompensa, quando oferecemos algo também podemos variar por quanto tempo ou quantas vezes deixamos que o gato realize a ação antes. Por exemplo, às vezes podemos recompensar o ato de relaxar sobre a manta após alguns segundos; outras vezes, o prêmio pode não chegar por alguns minutos. Para outros comportamentos, podemos variar o número de respostas comportamentais que queremos antes de dar a recompensa — por exemplo, podemos passar a escova no gato várias vezes antes de premiá-lo com um petisco num dado momento e mais tarde dar a recompensa depois de escová-lo uma única vez. Também podemos variar o tipo e o valor da recompensa usada: reservar aquelas mais desejadas para os melhores exemplos do comportamento almejado ajuda a melhorar a qualidade da resposta.

Os chamados esquemas de reforço têm, portanto, um grande efeito no adestramento: a variedade de esquemas diferentes que podem ser usados é ampla e definida com precisão na literatura de psicologia. B.F. Skinner, um dos psicólogos mais influentes do século passado, dedicou a maior parte da carreira a estudar o condicionamento operante, e chegou a dedicar um livro inteiro ao assunto. No entanto, o objetivo do nosso livro não é formar animais obedientes, com comportamento impecável; logo, não precisamos de um vasto conhecimento sobre todos os diferentes esquemas de reforço e quando exatamente usar cada um. Em vez disso, só desejamos encorajar comportamentos (associando-os a recompensas) que nos permitam lidar com nossos gatos de várias formas sem ter que maltratá-los, e com isso promover emoções e relacionamentos positivos entre eles e nós. É suficiente compreender que, depois que um comportamento passou a ser exibido com segurança, avançar para um esquema de reforço variável ou parcial é a melhor maneira de manter o desempenho do gato. Se variarmos regularmente quando, qual e se a recompensa será dada, conseguiremos adestrar nossos gatos para se comportarem do modo que desejamos.[7]

Tarefa prática

Para esta tarefa prática, volte ao exercício de ensinar o seu gato a sentar (a tarefa prática associada à Habilidade Fundamental 4, marcar um comportamento) e use-o para tentar aplicar diferentes esquemas de reforço na entrega das recompensas. Antes de iniciar esse novo exercício, deixe seu gato familiarizado com o exercício que ensina a sentar para ganhar recompensa. Em seguida, escolha cinco recompensas de adestramento — que podem incluir qualquer combinação de diferentes tipos de petiscos, brinquedos variados ou até mesmo alguma forma de contato físico —, desde que sejam coisas de que ele gosta. Num papel, escreva os números de um a dez e atribua aleatoriamente cinco números às palavras "sem recompensa". Com os cinco números restantes, atribua aleatoriamente a uma das cinco recompensas selecionadas. Agora você tem uma lista de dez consequências que deve oferecer na ordem escrita — esse é seu esquema de reforço. Use-o para recompensar seu gato pelas próximas dez vezes que ele se sentar (tudo bem usar uma isca para fazê-lo se sentar nesse estágio se ele não oferecer o comportamento voluntariamente). Lembre que, se usar uma palavra-marcador (conforme explicamos na Habilidade Fundamental 4), deve dizê-la apenas quando estiver entregando uma recompensa — portanto, quando estiver escrito "nenhuma recompensa" no esquema, você não deve dizer a palavra nem dar uma recompensa. Observe o comportamento do seu gato e pense em como ele reagiu aos diferentes tipos de recompensas e, mais importante, quando não havia nenhuma. Reflita sobre a influência que o esquema de reforço teve para ele se sentar — por exemplo, ele foi mais rápido ou mais lento em algum momento?

Habilidade Fundamental 9: O fim está próximo — como encerrar qualquer tarefa de adestramento

Depois que uma sessão de adestramento começa, muitas vezes é difícil saber quando encerrá-la. Se ela não estiver indo bem, pode se sentir forçada a continuar até que seu gato "pegue o jeito": talvez você não queira desistir e sentir que fracassou. Da mesma forma, se a sessão de adestramento estiver indo bem, pode ficar empolgada e motivada a avançar para o próximo objetivo antes do planejado. Contudo, é muito importante que as sessões de adestramento sejam curtas. Cada uma deve durar apenas alguns poucos minutos no caso de gatos que são novos no adestramento; para aqueles com mais experiência, não deve passar de dez minutos.[8]

Se uma sessão não está indo bem, é melhor fazer uma pausa. Avalie se o gato está pouco envolvido e o que você pode fazer para melhorar isso na próxima sessão. A pausa pode durar apenas alguns minutos, mas será de grande valor para você ter tempo de reavaliar e impedir que a sessão de adestramento seja associada a sentimentos negativos — para você e seu gato.

Quando uma sessão está indo bem, pode ser difícil decidir quando encerrá-la. Nesse tipo de situação, é melhor parar quando o gato ainda está motivado para realizar o comportamento e acabou de exibir um ótimo exemplo do comportamento desejado. Embora seja bastante tentador esperar para que o comportamento se repita, muitas vezes isso não acontece com a mesma qualidade e, no fim das contas, você acaba deixando a sessão de adestramento se prolongar demais, e a probabilidade de o gato exibir um bom exemplo do comportamento só diminui, pois ele fica saciado ou cansado.

Ao decidirmos que vamos encerrar uma sessão de adestramento, qual é a melhor forma de fazer isso? Poderíamos simplesmente ir embora, mas talvez isso não seja um sinal claro o suficiente para seu gato de que ele não vai mais ganhar petiscos: ele pode ir atrás de você e se sentir frustrado com a súbita falta de recompensa. Além disso, ao começar a treinar um comportamento, não queremos correr o risco de o gato de repente exibir a ação que você deseja treinar com você guardando as coisas ou ocupada demais para notar e assim recompensá-lo. Portanto, dar um sinal claro de que a sessão de adestramento terminou pode ser de grande valor. O sinal pode ser algo simples como dizer "terminamos" ou "acabou", ou fazer um gesto como erguer as mãos ou cruzar os braços. Como esse sinal também vai vir logo antes dos comportamentos de empacotar os materiais de adestramento, guardar a caixa de ferramentas e se afastar do gato, ele vai aprender rapidamente (através do condicionamento clássico) que qualquer chance de ganhar recompensas acabou por ora. Fazer sessões de adestramento curtas que terminam com uma sinalização clara vai evitar que seu gato fique cansado, saciado ou frustrado durante o treinamento.

Tarefa prática

Para esta tarefa prática, volte ao exercício de ensinar seu gato a aceitar ter a pata tocada (a tarefa prática associada à Habilidade Fundamental 5, toque-remoção-recompensa). Escolha o sinal que vai usar para ensiná-lo que a sessão de adestramento terminou. Selecione um que seja apropriado para seu gato — por exemplo, se ele for muito distraído e você escolher fazer um gesto com as mãos, mexa-as devagar. Toque a pata do seu gato três vezes e então faça o sinal de fim do treinamento: repita isso quatro vezes (ou seja, um total de doze toques em quatro sessões de adestramento). Observe o comportamento dele imediatamente após você ter dado o sinal — esse comportamento mudou na quarta sessão? Acha que ele aprendeu o que o sinal significa? Comportamentos como levantar-se e ir embora, desviar o olhar de você ou mudar para outro comportamento são indicadores de que seu gato aprendeu que a sessão de adestramento acabou.

— É hora de começar!

CAPÍTULO 4

Como os gatos se adaptam à vida com uma espécie alienígena (nós!)

EMBORA TODOS OS GATOS DOMÉSTICOS TENHAM O POTENCIAL de se tornar animais de estimação quando são recém-nascidos, não se trata de algo inevitável. O que a domesticação deu a eles foi a capacidade de serem socializados com as pessoas nas circunstâncias certas. No mundo todo, deve haver um número igual de gatos que não gostam de gente e que gostam. Essa diferença crucial depende do tipo de experiências que esses gatos tiveram quando eram filhotes bem pequenos. Os filhotes regularmente tratados com gentileza aprendem a confiar nas pessoas e gostar de sua companhia. Aqueles que não têm contato com humanos ou só têm experiências negativas crescem com medo de humanos: mesmo que passem a vida se alimentando dos nossos restos, a maioria nunca vai permitir ser tocado por uma pessoa. Esses gatos costumam ser chamados de "ferais", uma forma de distingui-los de animais realmente selvagens. Embora os gatos ferais sejam da mesma espécie que o gato selvagem escocês, e os dois possam cruzar, seus comportamentos são muito diferentes. Enquanto o gato feral descende de felinos que eram animais de estimação, os ancestrais de um gato selvagem escocês genuíno eram todos selvagens, fosse há dez gerações ou há dez mil.

Muitos gatos que acabam virando animais de estimação são um tanto tímidos ou medrosos. Eles, ao contrário dos ferais, tiveram um contato positivo com humanos quando filhotes, mas não o suficiente para desenvolver confiança nas habilidades sociais com as pessoas. Alguns podem ter formado laços afetivos com seus donos, mas desaparecem da sala ao primeiro sinal de que chegou uma visita. Outros podem tolerar um carinho breve do dono, mas raramente vão atrás de contato físico. Existem também os gatos que parecem socialmente confiantes — mas só até acontecer uma mudança na composição social da casa, e a mais dramática delas é o acréscimo de um bebê.

O adestramento, com uma abordagem sistemática, pode transformar drasticamente a forma como um gato enxerga todo tipo de pessoa: ensina-se ao gato que a presença de uma pessoa (e, portanto, a interação com os humanos) gera consequências positivas, usando-se para isso recompensas como petiscos e brincadeira. Tais mudanças não vão beneficiar apenas a dona do gato, como também melhorarão a vida do gato, preparando-o para lidar com as inúmeras pessoas novas que ele vai encontrar ao longo da vida, sejam meras visitas ou novos membros da família.

É PROVÁVEL QUE OS BEBÊS DE GATO APRENDAM SOBRE OS SERES humanos assim que seus olhos e ouvidos começam a funcionar, o que acontece com cerca de duas semanas de vida, e a primeira fase desse aprendizado social vai até as oito primeiras semanas de idade. Às vezes até mesmo só um pouco de gentileza, em qualquer momento nessa janela de seis semanas, pode bastar para colocar o gatinho num caminho que, se tudo correr bem, vai permitir que ele vire um animal de estimação. No entanto, o ideal é que todos os filhotes sejam tratados com gentileza durante esse período, a fim de aumentar as chances de se tornarem gatos dóceis.[1]

Um filhote de gato que não tem contato com pessoas até as nove ou dez semanas de idade apresenta um comportamento muito diferente de um gatinho que não conhece humanos. Mais ou menos ao fim da oitava semana de vida, ocorre uma mudança fundamental no cérebro em rápido crescimento do filhote, uma mudança que reverte, quase da noite para o dia, a reação dele a encontros com animais "alienígenas" — o que incluiria, mais crucialmente, os seres humanos. Enquanto um bebê de gato é ao mesmo tempo inocente e curioso, disposto a aceitar as atenções não apenas de sua mãe, como também de pessoas, um filhote um pouquinho mais velho se torna cauteloso em relação a novas experiências com qualquer coisa que se mexa e seja maior que ele. As reações instintivas diante das presas não são inibidas, mas encontros arriscados com animais grandes, como cães, são ativamente evitados — a maioria dos filhotes mais crescidos foge. Assim, o comportamento social distinto entre gatos ferais e de estimação fica mais ou menos estabelecido quando os filhotes entram no terceiro mês de vida.

Isso não significa que os filhotes param de aprender como reagir às pessoas depois de completarem oito semanas, mas eles vão precisar ao menos de algumas experiências agradáveis ao lado de humanos antes disso para poderem se tornar animais de estimação. Com exceção dos gatos de raça, que costumam ir para suas casas com cerca de 12 semanas, os filhotes de gatos SRD são adotados no início do terceiro mês, numa época em que seus cérebros ainda estão crescendo rapidamente. As experiências deles com pessoas enquanto estavam sendo cuidados pela mãe deveriam tê-los preparado para interagir de forma amistosa com seus novos donos, mas, longe de deixar de aprender a essa altura, eles continuam aprimorando o modo como se comportam nos meses seguintes. Parecem experimentar maneiras diferentes de chamar a atenção dos donos e influenciar seu comportamento — como descobrir se o colo de alguém é uma atividade prazerosa para ambas as partes.

Para ilustrar como o comportamento deles é flexível nesse momento da vida, uma das habilidades que os gatos jovens aprendem durante essa época é a chamar nossa atenção, especificamente pelo miado. Essa vocalização é tão característica dos gatos que costumamos presumir que ela é instintiva — na verdade, em chinês ela forma a palavra para "gato": *mão*. No entanto, as colônias de gatos ferais costumam ser lugares bem silenciosos, onde os gatos se comunicam sobretudo pela linguagem corporal e pelo cheiro, e não de modo vocal; em geral, os gatos reservam esse som para se comunicar com os humanos. Os bebês de gato miam instintivamente para a mãe para atrair sua atenção, mas ela para de responder quando quer fazer o desmame; e quando descobrem que clamar por ela não gera mais uma reação, eles param de miar. Contudo, não há dúvida de que o miado permanece em seu repertório, embora adormecido. À medida que se adaptam ao novo lar, os gatos descobrem que miar é novamente uma ferramenta eficaz, dessa vez para atrair a atenção da nossa espécie. Dessa forma, eles contornam nosso hábito de fixar a atenção num livro, na TV ou na tela do computador e não olhar quando os gatos entram no cômodo, como esperam que façamos. Alguns gatos aprendem um único miado universal, enquanto outros desenvolvem um repertório de diferentes miados, talvez um para "estou com fome", outro que signifique "por favor, me deixe sair". Um estudo recente de Sarah e seus colegas demonstrou exatamente isso. Ela gravou as vocalizações de gatos miando em diversos contextos diferentes, como durante a preparação da comida, em interações carinhosas com o dono e quando estavam presos num cômodo diferente de onde estava o dono. Depois os donos ouviam as gravações tanto de seu próprio gato quanto de um gato desconhecido, reproduzidas numa ordem que desconheciam. Descobrimos que os donos eram melhores em identificar os contextos das vocalizações de seu gato do que os de um gato desconhecido. No fim das contas, cada gato calcula sozinho qual miado gera o resultado desejado, e como consequência disso cada dono e cada gato constroem uma "língua" só deles que ambos entendem perfeitamente, mas que tem pouco sentido para qualquer outro dono.[2]

Embora o processo não seja bem compreendido, os gatos jovens fazem muitas outras mudanças no modo como se comportam em suas tentativas de se adaptar à vida no novo lar. Quando chegam aos 2 anos de idade, os gatos já desenvolveram as próprias formas individuais de interagir com os donos, formas que guardam pouca semelhança com o comportamento que tinham aos quatro meses, ou com a maneira como seus irmãos ou irmãs da mesma idade que foram para outras casas se comportariam na mesma situação.

A noção de cada gato sobre o que constitui um ser humano é sempre ligeiramente diferente, e isso influencia o que ele aprende durante a adolescência. Os filhotes não parecem se conectar a pessoas específicas: em vez disso, cada gatinho forma sua própria imagem complexa da raça humana — a abrangência dessa imagem vai depender da diversidade de suas primeiras experiências. Assim, os gatos que conheceram apenas mulheres durante suas semanas de formação podem muito bem ter dificuldades mais tarde para aprender a confiar em homens ou crianças. É quase como se — e pode ser isso mesmo — eles não classificassem seres humanos pequenos ou com vozes graves em vez de agudas como "humanos". Em vez disso, talvez eles precisem formar uma categoria totalmente nova para cada tipo de pessoa. O ideal seria que todos os filhotes fossem cuidadosamente apresentados a mulheres, homens e crianças antes de completarem oito semanas de idade (brincadeiras violentas — ou algo pior — podem ter o efeito contrário e acabar causando uma aversão pela vida toda). Recomenda-se que o filhote seja exposto a pelo menos quatro pessoas, mas talvez a variedade seja mais importante do que o número. A variedade não deve se restringir à idade e ao sexo, mas também deve levar em consideração a aparência — pessoas vêm de todos os tamanhos e formas, e excesso de pelos faciais ou vestimentas religiosas podem esconder partes do rosto e da cabeça. Os gatos terão mais chance de categorizar todos como pessoas quando mais velhos se forem amplamente expostos a pessoas de diferentes aparências quando filhotes. O ideal é que cada ninhada seja manipulada durante uma hora por dia, dividida em várias sessões curtas, se certificando de que os gatinhos mais medrosos também sejam manipulados.[3] Os filhotes que deixam de ter algumas dessas experiências importantes serão provavelmente capazes de "recuperar o atraso" no primeiro ou segundo mês depois de serem adotados, mas outros podem nunca aprender a confiar em homens ou crianças (por exemplo) sem ajuda extra. Felizmente, o adestramento pode ajudar nesse problema.

TRÊS FATORES COMBINADOS INFLUENCIAM O MODO COMO OS GATOS adultos se comportam com as pessoas em geral. O primeiro é a personalidade com a qual nasceram: alguns filhotes são geneticamente mais medrosos do que outros, e tendem a recuar mais diante de qualquer coisa nova. O segundo é a variedade e a natureza das experiências que ele teve entre as duas e oito primeiras semanas de vida. Se deixados à própria sorte, os filhotes medrosos terão menos chances de escolher interagir com pessoas do que seus irmãos e irmãs mais ousados. Portanto, é melhor que a dona ou cuidadora dos filhotes adote um método estruturado de socialização em vez de permitir que todos interajam com as pessoas de forma espontânea, para que os medrosos não sejam esquecidos. O terceiro fator é que as situações que cada gato encontra nos meses posteriores de sua vida mudarão ainda mais seu comportamento em relação às pessoas. Se um gato jovem tem experiências desagradáveis — por exemplo, ser constantemente importunado por crianças —, pode ficar cauteloso na presença delas. Fora o fator genético inicial, todos esses comportamentos são aprendidos e, portanto, podem ser modificados pelo adestramento. Aprender que as pessoas podem ser amadas, não detestadas, é essencial para um gato de estimação se ele quiser ter uma vida feliz num mundo cheio de amantes de gatos. É possível ensinar filhotes medrosos a confiarem mais em gente. Gatos que aprenderam a evitar pessoas de certo tipo, ou apenas desconhecidos em geral, podem, ao contrário da opinião popular, ser convencidos a mudar de mentalidade.

Para um gato que exibe alguma vontade de interagir com pessoas mas é um pouco cauteloso, encontrar a forma menos ameaçadora de cumprimentá-lo vai satisfazer qualquer curiosidade que ele mostre pelas pessoas em geral, estabelecendo assim o primeiro passo para desenvolver um relacionamento prazeroso para as duas partes — o gato e o humano. Portanto, embora grande parte do adestramento envolva gerar as consequências certas para um comportamento de forma que este se repita — por exemplo, acariciar a cabeça de um gato sociável e que gosta de interagir quando ele salta para seu colo —, outro aspecto importante é criar situações que estimulem o comportamento desejado. Se quiser incentivar o gato a subir no seu colo, deixe o colo acessível e confortável e só faça coisas que sejam vistas como acolhedoras e convidativas para o gato — nem todo felino gosta desse tipo de atenção.

Ao decidir como cumprimentar um gato, pense no modo como dois gatos que são amigos se cumprimentam. Antes de se aproximarem, eles podem emitir um som amistoso, conhecido como trilo, tocarem os focinhos e cheirarem o focinho um do outro. Nessa hora, alguns gatos optam por simplesmente ir embora relaxados, enquanto outros continuam a interação esfregando as cabeças e bochechas uns nos outros. Gatos que são bastante próximos passam um do lado do outro, esfregando as laterais de seus corpos, muitas vezes ainda virados para direções opostas. Essa interação pode terminar com as duas caudas se entrelaçando. Durante esse momento, sobretudo no encontro inicial cara a cara, os olhos dos gatos ficam amendoados e amistosos, e podemos vê-los se fechando lentamente e piscando.[4] Quando estamos tentando cumprimentar e acariciar um gato, imitar essas ações o máximo possível aumenta as chances de termos um resultado positivo que o gato aprende e que gostaria de repetir, construindo assim o relacionamento entre vocês dois.

Embora não seja possível ficarmos pequenos como um gato, podemos parecer ameaçadores quando estamos muito mais altos que eles. Logo, sentar numa cadeira ou no chão talvez incentive a interação. Podemos imitar a intenção amistosa do gato, conforme os olhos dele indicarem, evitando encará-lo — em vez disso, olhando atrás dele — e fechando os olhos ligeiramente ou piscando devagar. Chamar o nome do gato de forma carinhosa pode indicar que você é amistoso antes que ele resolva fazer contato com você. Gatos costumam prestar atenção em sons suaves e agudos — lembre que a audição deles é mais sensível a frequências mais altas —, então usar a voz que reservamos para bebês e crianças pequenas talvez funcione bem. Além disso, podemos imitar a vocalização do trilo forçando o ar entre o lábio superior e o inferior, fazendo um som agudo de "prrrrrp". Por mais anormais e estranhas que possam parecer, essas ações podem assegurar aos gatos que nossas intenções são amistosas e encorajá-los a decidir se aproximar. Com uma linguagem corporal simpática e acolhedora que imite a de um gato amigável, é importante ficar parado, sem avançar na direção do animal, o que permite que ele espontaneamente observe, se aproxime e nos explore se desejar. Movimentos espontâneos do gato podem ser recompensados com elogios em voz baixa ou jogando com cuidado um petisco na direção dele (ver Habilidade Fundamental 1, recompensar a observação e a exploração espontâneas).

Se o gato decidir se aproximar para investigá-la, você pode ficar ainda mais acessível estendendo devagar um punho ou dedo para longe de seu corpo, permitindo que o gato investigue com segurança sem ter que se aproximar muito. Oferecer a mão dessa forma dá ao gato a oportunidade de cheirar e esfregar o focinho nela se ele desejar, assim como faria com a cabeça de outro gato. Usar a mão nessa posição também nos ajuda a resistir à vontade de acariciá-lo — isso é importante, já que a interação tem mais chance de dar certo se o gato decidir deixar que ela continue, em vez de ter que aguentar uma intrusão física para a qual ele talvez ainda não esteja preparado.

Se o gato reagir de forma positiva, por exemplo, esfregando o focinho na sua mão, você pode responder tocando suavemente no focinho dele — os gatos respondem melhor ao toque nas partes que contêm glândulas odoríferas: sob o queixo, nas laterais da boca e atrás das vibrissas e nas áreas na frente das orelhas onde o pelo é ligeiramente mais ralo. Você só deve continuar a interação se o gato responder bem a isso esfregando a cabeça e o focinho na sua mão. Em geral, eles preferem que a interação física ocorra mais atrás da cabeça e nas laterais do focinho, então qualquer interação no corpo e na cauda deve ser breve e suave. Também é melhor deixá-lo escolher quando a interação termina — isso dá a ele uma sensação de controle da situação, o que é uma experiência recompensadora por si só e contribuirá para aumentar as chances de o gato repetir repeti-la no futuro.[5]

Skippy, um filhote em lar temporário com Sarah,
aprendendo que as mãos humanas não devem ser temidas.

Uma visita estendendo o dedo,
dando a Cosmos a oportunidade de investigar.

Alguns gatos gostam de se sentar perto e até mesmo encostar em nós. Quando estamos no sofá, podem se deitar nas nossas pernas ou no colo. Somente gatos que se dão muito bem entre si dormem e descansam encostando um no outro. Portanto, se o seu gato fizer isso com você, é porque ele a vê como uma companheira de verdade. Assim como na hora de cumprimentá-lo, é essencial deixá-lo decidir se ele deseja fazer isso, em vez de forçá-lo a ficar numa posição que você preferir. Depois que ele se deitou em você ou ao seu lado, é possível recompensar o comportamento com palavras gentis, carinho ou comida, para encorajá-lo a fazer isso novamente.

Cosmos reagindo a um punho
frouxamente fechado, esfregando o focinho nele.

Alguns gatos muito dóceis e sociáveis gostam de ser carregados no colo. Isso não é da natureza de todos os gatos, pois muitos consideram essa situação restritiva e difícil de escapar. Se você gostaria de ter um gato para pegar no colo e abraçar dessa maneira, é importante que ele experimente esse tipo de interação desde muito novo (de preferência começando no período inicial de socialização, entre as duas e oito primeiras semanas de vida) e que cada ocorrência seja acompanhada de muitas recompensas. Essas interações devem ser curtas no início, e os gatos sempre precisam ficar livres para sair quando quiserem.

Skippy já descobriu que receber um carinho dos dedos humanos é prazeroso, então isso pode ser usado como recompensa para ensinar a ele que ser mantido fora do chão também pode ser agradável.

É possível ensinar os gatos a pedirem colo se eles considerarem isso algo recompensador. Esses gatos costumam colocar as patas dianteiras espontaneamente nas suas pernas ou no seu corpo na tentativa de se aproximar para serem carregados. Tal comportamento pode ser premiado com a consequência desejada por eles, que é ser pego. Herbie era sociável e muitas vezes subia no meu peito, me fazendo abraçá-lo para que ele pudesse se apoiar e esfregar o rosto no meu. Como eu reagia aos pedidos dele (é óbvio que sim), na verdade foi ele que me adestrou para acariciá-lo da maneira que ele gostava.

Na outra extremidade do espectro social estão os gatos que ficam muito ansiosos, cautelosos ou medrosos perto de pessoas. Esse nervosismo pode estar relacionado à situação — se o gato é novo no ambiente ou já teve experiências negativas com pessoas antes — ou à personalidade dele. O mais importante que podemos fazer nessas situações, mesmo que pareça pouco natural, é ignorar o gato. Isso significa não fazer nenhuma tentativa de tocar, falar ou mesmo olhar para ele. Embora sejamos bons em não fazer contato visual direto quando nos pedem para ignorar algo, inconscientemente podemos ficar tentados a lançar olhares furtivos naquela direção. No entanto, um gato cauteloso, medroso ou ansioso pode se sentir ameaçado quando olham para ele, provavelmente porque eles só costumam se encarar durante confrontos (eles se observam o tempo todo, mas geralmente apenas pelo canto dos olhos). Assim, ao desviar o olhar podemos ajudá-los a aprender que não representamos ameaça nem queremos nos impor a eles. Dessa forma, eles aos poucos devem aprender que é seguro ficar na nossa presença, mesmo que a certa distância. Isso vai dar início ao processo de aprenderem que não somos uma ameaça e não vamos exigir nada deles.

Embora isso seja contra a natureza humana, é importante manter a atitude de fingir que o gato é invisível até que ele aprenda a ficar à vontade na sua presença. Quando isso acontecer, ele começa a mostrar sinais de que está relaxando — pupilas não dilatadas, orelhas eretas e rabo descontraído e, especialmente, não enfiado sob o corpo. Para alguns gatos, essa transição da ansiedade para se sentir à vontade na sua presença pode levar apenas alguns minutos; para outros, pode demorar alguns dias. Quando chegar nessa etapa, você pode jogar com cuidado na direção dele petiscos de alto valor, como pedacinhos de frango ou presunto. Jogue-os de um jeito que caiam bem diante ou ao lado dele e não sobre o gato, para não assustá-lo. Recompensar o relaxamento dele perto de você dessa maneira o ajuda a ver o seu comportamento como harmonioso. Se ele não comer os petiscos, pode significar duas coisas: ou ele não é motivado por comida (e pode nunca vir a ser), ou ainda não está pronto para esse nível de interação. Se este for o caso, tente interagir com ele usando um brinquedo preso a uma linha bem comprida, como uma vara de pescar (se ele estiver retraído, você precisa aumentar o comprimento da linha ou da varinha na qual o brinquedo está preso). Se o gato não reagir brincando ou investigando com curiosidade, é porque não deve estar pronto, então volte a ignorá-lo. Gatos são animais curiosos, por isso o aparente desinteresse não deve durar para sempre.

Contudo, se ele comer os petiscos (ou brincar com o brinquedo), note que, ao fazer isso, ele aos poucos está se aproximando de você, na expectativa por comida ou brincadeira — mesmo que inicialmente sejam apenas alguns centímetros. Se isso ocorrer, você deve recompensar a decisão dele de se aproximar jogando mais petiscos por perto ou o brinquedo na direção dele para brincar um pouquinho (antes de ocultá-lo do gato, para manter o interesse). Nessa fase, é melhor não deixar um rastro de petiscos que leve até você nem puxar o brinquedo para mais perto, pois o gato pode se distrair, de repente notar que está bem a seu lado e entrar em pânico, pois ele ainda não se sente à vontade. Recompensá-lo a cada pequeno avanço espontâneo na sua direção reforça a decisão dele de se aproximar, o que faz o gato se sentir no controle o tempo todo: isso ajuda no progresso da interação. Tente encaixar sessões de adestramento de poucos minutos de duração algumas vezes por dia, e a cada sessão retenha a recompensa até que o gato decida se aproximar mais alguns centímetros. Essa técnica "molda" o comportamento do animal, trazendo-o mais para perto, ainda que no ritmo dele, e mantendo-o emocionalmente confortável com a situação. Quando seu gato se aproximar com tranquilidade, comece a exercitar o comportamento de cumprimentar (conforme já foi descrito). Se o gato também ficar nervoso com outras pessoas, pode ser necessário repetir o mesmo protocolo de adestramento com membros da família, incluindo crianças e até com visitas.

EXISTE UM MEMBRO DA FAMÍLIA COM QUEM ESSE PROTOCOLO DE adestramento simplesmente não funciona, até porque a pessoa ainda não é capaz de controlar as próprias ações. Talvez você tenha adivinhado que se trata de um bebê recém-nascido. Como o bebê é um morador permanente da casa e não apenas uma visita, é de vital importância que seu gato aprenda a ficar à vontade convivendo com seu bebê — afinal, esse novo morador vai continuar lá por muito tempo! Embora saibamos que o bebê é um ser humano pequeno, é quase certo que os gatos não saibam: para eles, o bebê deve parecer ser de uma espécie totalmente diferente da dos pais, por ter uma aparência e — ainda mais importante para um gato — um cheiro bem diferente dos humanos adultos.

Os bebês têm comportamentos muito diferentes dos adultos — são bem mais espontâneos, inconstantes e imprevisíveis, características que muitos gatos têm dificuldade para aceitar. Por exemplo, bebês podem rolar no chão e costumam fazer muito barulho, balbuciando ou chorando do nada. A natureza curiosa dos bebês significa que, ao ficarem um pouco mais velhos, eles vão demonstrar muito interesse em gatos e, na fase de engatinhar, podem querer chegar o rosto perto do gato, tentar agarrá-lo ou cutucá-lo e persegui--lo. Um bebê engatinhando tem mais ou menos a mesma altura de um gato e, portanto, o animal pode de repente se deparar com uma pessoazinha de uma perspectiva muito mais de perto do que aconteceria com um adulto. Gatos podem ver encontros cara a cara como ameaçadores, sobretudo se estiverem sendo encarados diretamente, como os bebês costumam fazer.

Para tornar a situação ainda mais assustadora para o gato, junto com a chegada dessa pessoa estranha vem uma infinidade de objetos novos e peculiares — cadeiras de bebê que vibram ou balançam, brinquedos que piscam e tocam músicas e carrinhos com rodas grandes que trazem o cheiro da rua para dentro de casa. Mudanças no cheiro e na configuração da casa — não só por causa desses novos objetos, como também por toda a decoração e mobiliário diferentes antes da chegada do bebê — podem ser apavorantes para os gatos. Em geral, eles não gostam de mudança, sobretudo quando ocorrem em pouco tempo e numa parte que o gato considera central em seu território e, portanto, o lugar onde ele deveria se sentir mais seguro. Gatos que costumam ser medrosos podem achar os objetos novos assustadores, embora um gato bem confiante talvez os veja como brinquedos novos.

O gato também acaba descobrindo que teve sua rotina tumultuada. O tempo livre do dono fica muito mais limitado com a chegada do bebê, e a rotina muda, influenciando o horário em que certas coisas ocorrem no cotidiano do gato, como comer, brincar, receber atenção e poder dar uma volta. Sem dúvida, muitas dessas mudanças são inevitáveis com a chegada de um bebê. No entanto, com a preparação certa, podemos realizar essas transformações de um jeito que ensine os nossos gatos a lidar com elas, minimizando qualquer tipo de ansiedade.

Como os gatos lidam melhor com mudanças graduais, planeje qualquer alteração na casa por etapas, de modo que ocorram no máximo algumas poucas por vez. Por exemplo, se planeja pintar o quarto do bebê, tire os móveis do quarto vários dias antes de iniciar a pintura, dando ao gato tempo para se ajustar a cada mudança antes de começar outra. Premie qualquer comportamento investigativo espontâneo dele com petiscos saborosos ou com a recompensa favorita do gato.

Talvez você decida que, quando o bebê nascer, não quer que o gato tenha acesso ao quarto dele. Você também pode não querer que seu gato tenha contato com determinados itens, como o carrinho de bebê e qualquer outro lugar onde o bebê possa dormir. Nesse caso, é importante não deixar que o gato tenha acesso a tais itens antes da chegada do bebê, pois vai ser mais difícil adestrá-lo para perder o interesse por eles mais tarde, depois de seu gato ter aprendido que esses lugares são aconchegantes e relaxantes. Assim, embora possamos querer recompensar um comportamento inicial de investigação, como farejar esses objetos, para ter certeza de que ele não vai considerá-los assustadores, essas recompensas devem ser dadas a alguma distância — por exemplo, jogando um petisco do outro lado do cômodo assim que o gato cheirar o carrinho. Isso vai dissuadir o animal de ficar mais tempo em contato com esses objetos ao mesmo tempo que o ensina a ficar à vontade na presença deles.

A investigação tranquila dos objetos do bebê pode ser recompensada jogando um petisco para longe deles.

Considerações desse tipo valem também para quando o bebê chega em casa. É importante ensinar o gato a gostar da presença do bebê e de sua parafernália em geral (porque com isso ele ganha petiscos), mas não recompensá-lo pela proximidade física ou contato direto com o bebê e seus objetos. A diferença aí pode parecer sutil, mas é importante evitar que o gato toque de propósito no bebê ou fique em sua cadeirinha ou berço, pensando que isso vai gerar uma recompensa. Portanto, é importante oferecer mais lugares alternativos para o gato descansar e objetos para ele brincar, como uma cama tão convidativa quanto o carrinho de bebê, que seja acolhedora, fechada e fique a uma altura do chão — uma cama tipo toca ou iglu ou uma caixa de papelão com mantas macias são ótimas opções. O gato deve então ser recompensado sempre que escolher usar os espaços e brinquedos próprios para ele, sobretudo na presença do bebê e suas coisas. Embora brincar com brinquedos já sirva de recompensa por si só, oferecer petiscos no entorno da cama do gato vai encorajá-lo a passar muito tempo por lá.

Alguns dos objetos novos que você leva para casa podem se mexer ou fazer barulho — móbiles, centros de atividades e cadeirinhas de balanço —, então ensine seu gato a se sentir à vontade perto deles antes que o bebê chegue. Faça isso apresentando um de cada vez ao longo de vários dias ou semanas usando a Habilidade Fundamental 2, dessensibilização sistemática e contracondicionamento — isso vai expor seu gato a cada objeto num ritmo que não causará medo. Sempre recompense o gato por manter um comportamento relaxado durante essas exposições. Por exemplo, se o objeto reproduzir sons ou música, ligue-o brevemente no volume mais baixo por apenas alguns segundos na primeira vez. Monitore o comportamento do seu gato o tempo todo para verificar se ele não está achando a experiência assustadora. Se ele parecer relaxado ou indiferente, desligue o objeto e recompense-o imediatamente — por exemplo, jogue um petisco na direção dele (mas não direto nele) e para longe do item, da mesma maneira que fez para que ele se acostumasse aos lugares onde o bebê dormirá. Se ele parecer desconfortável de algum modo em relação ao objeto, desligue-o na mesma hora e peça a ajuda de outra pessoa, para que da próxima vez que o objeto for ligado você e seu gato possam ficar a uma distância maior dele, reduzindo assim sua relevância — por exemplo, em outro cômodo mas com a porta aberta o suficiente para vê-lo e ouvi-lo.

A mesma técnica de adestramento da dessensibilização sistemática e contracondicionamento pode ser usada para ensinar seu gato a ficar confortável com o choro de bebê antes que a criança chegue. Há inúmeras gravações de som de choro de bebê disponíveis de graça na internet. A princípio, elas devem ser reproduzidas num volume baixo e quando o gato estiver calmo. Você pode recompensar o comportamento de relaxamento contínuo com qualquer recompensa: comida, palavras gentis, carinho ou mesmo brincadeiras. É importante que o som seja sempre reproduzido num nível em que o gato não dê sinais de desconforto ou angústia. Você pode ir aumentando o volume ao longo de várias exposições. Se em alguma etapa o gato parecer desconfortável com o som, pare imediatamente, espere até que ele volte a ficar relaxado e toque outra vez num volume mais baixo. Com esse processo, seu gato aprenderá que o som de um bebê chorando não precisa ser temido e é só mais um ruído de fundo que ele pode ignorar.

Além dos objetos novos, mudanças no dia a dia vão acontecer, muitas vezes antes mesmo de o bebê chegar. Contudo, os gatos se dão bem com a rotina. Nas semanas que antecipam a chegada do bebê, é comum a mãe tirar licença do trabalho. Embora seja tentador usar um pouco desse tempo para dar mais atenção a seu gato do que o costume, isso não é aconselhável, pois nesse caso a rotina dele sofreria ainda mais mudanças quando o bebê chegar e você inevitavelmente ficar mais ausente. Em vez disso, antes da chegada do bebê, tente definir horários em que dará a seu gato a oportunidade de interagir com você: podem ser momentos em que seu parceiro ou outro membro da família também está em casa, para que, quando o bebê chegar, você possa continuar dedicando esses mesmos horários ao gato. Se a mãe for a principal cuidadora do animal, por exemplo, responsável pela alimentação, higiene e outras tarefas, ajuda se elas forem aos poucos transferidas para outro membro da família antes da chegada do bebê. Assim, a previsibilidade e a regularidade que o gato adora serão mantidas. Além disso, incentivar a independência com o uso de brinquedos e comedouros interativos ajudará a manter seu gato fisicamente ativo e de bom humor quando você dispuser de menos tempo para brincar com ele nas fases iniciais dos cuidados do bebê.

Todas as transformações na casa relacionadas à chegada de um novo membro — os objetos, a decoração da casa e a criança — provocam mudanças no cheiro do seu lar, cheiro este que teve contribuições do seu gato, que esfregou o focinho nos móveis, molduras das portas e curvas das paredes. É importante restabelecer esse cheiro familiar: isso vai ajudar seu gato a se sentir mais seguro e mais protegido em meio a essas mudanças. Você pode fazer isso coletando o cheiro do seu gato (Habilidade Fundamental 7) e esfregando-o nos novos objetos e nas áreas recém-decoradas. Lembre-se: o cheiro pode ser coletado usando uma luva de algodão para acariciar as áreas das glândulas no focinho do animal. Se não tiver uma luva, você pode usar qualquer pedaço de pano de algodão fino — como um lenço limpo —, garantindo que o pano toque várias vezes as áreas das glândulas faciais. À medida que seu gato detectar o próprio cheiro nos objetos do bebê, ele não deve se incomodar com a presença deles e pode até mesmo contribuir para espalhar o cheiro esfregando o focinho neles por conta própria. Nós não conseguimos sentir esses odores, pois nosso olfato não é tão bom quanto o do gato. Então, não se preocupe por estar "sujando" os objetos novos. Se você tiver mais de um gato, é importante fazer isso com todos, pois o cheiro da casa será compartilhado, formado a partir de contribuições de cada bichano.

Como os gatos são animais muito orientados pelo olfato, também é importante acostumá-los a alguns cheiros novos que virão com o bebê. Antes do nascimento, comece a experimentar alguns cremes para assaduras e outros produtos para bebês na sua pele, para que seu gato se habitue a eles. Assim, seu gato vai aprender que esses odores não lhes trazem consequências e, desse modo, achá-los menos incômodos quando o bebê chegar. Um cheiro que não podemos fazê-lo experimentar antes é o do próprio bebê. Se você tem amigos com bebês, é aconselhável pedir emprestado um cobertor ou roupa para deixar que seu gato cheire, lembrando-se de recompensar o comportamento positivo ou indiferente em relação ao cheiro. O comportamento indiferente é igualmente importante pois não queremos que o gato aprenda que todas as recompensas vêm quando ele fica próximo do bebê. Também pode ser que seu parceiro consiga trazer do hospital para casa um cobertor ou roupas com o cheiro do seu próprio bebê e deixar o gato investigá-lo, pouco antes de você chegar em casa com a criança.

Herbie marcando com o próprio cheiro a quina do novo berço, depois que esfreguei seu cheiro no móvel.

Com inúmeras mudanças acontecendo, é importante que seu gato ainda ache que todos os seus recursos estão seguros e acessíveis. Se ele vive com vários gatos, a perturbação que sente com a chegada de um bebê pode fazer surgir tensão entre os gatos, mesmo entre aqueles que antes pareciam tolerar uns aos outros. Portanto, é aconselhável fornecer recursos a mais para todos, como mais camas, locais para se alimentar (mas não mais comida!) e caixas de areia — usar as caixas fechadas também pode ajudar a aumentar a privacidade dos seus gatos e, junto, a sensação de segurança deles. Se alguns desses recursos estiverem em locais que um bebê que engatinha poderá acessar, considere adicionar outros em locais que estarão fora do alcance do bebê quando chegar a hora.

Da mesma forma, pode ser bom oferecer mais locais elevados de onde seu gato poderá observar o que está acontecendo, como prateleiras, e permitir que ele acesse os peitoris das janelas. Mais tarde, uma grade para bebês que ele possa pular, ou com uma portinha para gatos, permitirá que o gato decida quando ficar perto do bebê: mais uma vez, isso deve ajudá-lo a aprender a se sentir à vontade com a nova circunstância. Isso é particularmente importante para gatos que costumam ficar nervosos na presença de pessoas, pois um bebê tende a trazer muitas visitas para a casa. Se seu gato puder decidir se deseja interagir com as pessoas, ele vai se sentir mais à vontade e, como consequência, terá mais chance de interagir. Embora esses acréscimos possam não parecer um adestramento formal, eles ajudam o gato a aprender que as coisas e o espaço dele não estão sob ameaça de invasão.

À MEDIDA QUE OS BEBÊS CRESCEM, TORNAM-SE MUITO MAIS ÁGEIS e ativos. É importante preparar seu gato para isso. Bebês e crianças pequenas nunca devem ficar com gatos sem supervisão. Assim que atingirem uma idade em que consigam entender, crianças devem ser ensinadas a interagir com gatos da forma adequada. No entanto, com certeza haverá momentos em que seu filho tentará tocar o gato com curiosidade e de maneira desajeitada. Para se preparar para isso, você pode ensinar ao gato que cutucar e segurar com gentileza o pelo e corpo dele do jeito como os pequenos fazem não é algo a ser temido. Você também pode tentar envolver os dedos no rabo dele ou tocar com um dedo esticado. Comece tocando de forma bem suave, e dê uma recompensa imediatamente depois. Se o gato ficar incomodado com isso, comece a dar a recompensa junto do toque, usando-a como uma distração. Quando ele se sentir à vontade assim, mude o momento da entrega da recompensa para logo depois do toque — este torna-se então um anúncio de que a recompensa virá. Com o tempo, você deve aumentar a pressão ao tocá-lo.

Você também vai precisar ampliar a tolerância do seu gato a esses tipos de toque, incentivando outras pessoas da casa a fazerem o mesmo. Tocá-lo desse modo deve envolver apenas uma pequena proporção do total diário de interação física do gato com as pessoas. Com isso, ele vai ter menos chances de se estressar demais com a manipulação um pouco mais imprevisível ou incomum feita por uma criança, como uma mãozinha que ocasionalmente segura em seu rabo ou pelo — nem vai sentir medo de futuras interações. Logicamente, também deve-se ensinar às crianças mais velhas a maneira correta de tratar os gatos com gentileza.

OS GATOS SÃO TÃO POPULARES HOJE EM DIA QUE É FÁCIL IGNORAR as dificuldades que muitos deles têm para interagir com as pessoas. É uma habilidade que cada gato tem que aprender por si, e para alguns é mais difícil, talvez por serem naturalmente medrosos ou porque não foram tratados com a gentileza adequada quando filhotes. Como os gatos têm fama de serem um tanto egocêntricos e voluntariosos, é fácil presumir que nada pode ser feito pelo gato que some logo que avista alguém que ele não conhece. Além disso, tal comportamento acaba se perpetuando sozinho, pois o gato nunca vai conhecer as pessoas que escolheu evitar — daí ouvirmos com tanta frequência coisas como "Quero morar com meu namorado, mas meu gato o odeia — o que devo fazer?". Como vimos neste capítulo, este é exatamente o tipo de problema que o adestramento simples pode resolver (desde que o namorado esteja disposto a cooperar, é claro).

Reuben e Cosmos se conhecendo
melhor de maneira segura, tranquila e controlada

CAPÍTULO 5

Gatos e outros gatos

Não há dúvida de que os gatos têm um grande apelo hoje em dia, tanto que muitos donos querem — e têm — mais de um. Não é incomum para gatos viverem em casas acompanhados de outros, seja um, dois ou até mais. Muitas pessoas presumem que todos eles ficam felizes na companhia uns dos outros. Porém, é comum que sofram estresse quando vivem desse modo — alguns demonstram a insatisfação por terem que dividir seu território com outro felino passando grande parte do dia fora de casa; alguns chegam a se mudar de vez. Outros tentam defender o que veem como "seu" território, considerando o "companheiro" felino como um intruso. Essa defesa varia de um comportamento sutil, como impedir o acesso do companheiro a recursos essenciais, como caixas de areia e potes de comida, até os comportamentos mais óbvios e, muitas vezes, difíceis de impedir — brigas entre os gatos e urina espalhada pela casa, duas coisas que podem causar aborrecimento e angústia consideráveis para o dono, bem como para os animais. Felizmente, adestrá-los para que se deem bem desde o primeiro dia é muito mais fácil do que tentar transformar em amor eterno uma relação de ódio já estabelecida.

Os gatos devem suas habilidades sociais um tanto primitivas ao seu ancestral, o gato selvagem. Ao contrário do lobo, que é sociável e originou o cão doméstico, os gatos descendem de um animal solitário e territorialista que tinha poucos motivos para desenvolver ferramentas comportamentais necessárias a fim de coexistir com outros gatos durante o ano todo. À medida que os gatos selvagens foram mudando os hábitos para explorar as oportunidades que a humanidade oferecia — concentração de presas maior do que qualquer coisa que teriam encontrado na natureza, além de esmolas ocasionais —, sua índole solitária teria se tornado um obstáculo. Na natureza selvagem, predadores que vivem muito próximos uns dos outros correm o risco de explorar suas presas em excesso e acabar ficando sem alimento, por isso um território seguro é tão importante para eles. Contudo, quando começamos a viver em cidades, as presas se tornaram tão abundantes de repente que havia o suficiente para vários gatos numa área limitada. Seu comportamento territorialista se tornou uma desvantagem: aqueles que conseguiam se concentrar na caça em vez de ficarem sempre atentos aos rivais era privilegiados. No entanto, até hoje eles preferem sair para caçar sozinhos — um rato basta como refeição para um gato, mas não para compartilhar. Embora muitas vezes isso surpreenda os donos, a preferência do gato em comer sem outra companhia felina, mesmo quando há o suficiente para alimentar vários gatos, vem de suas preferências pela caça solitária.

Com o avanço da domesticação, os gatos tiveram que passar a ser mais tolerantes uns com os outros, mas suas adaptações ao novo ambiente não pararam por aí. Os machos continuaram solitários, enquanto as fêmeas desenvolveram um tipo simples de cooperação para criar e proteger seus filhotes, ainda usado por gatas de áreas rurais (e alguns criadores de gatos de raça também testemunham isso). Quando a comida é abundante, as gatas mães permitem que suas filhas de um ano continuem a compartilhar o núcleo do território e a procriar lá: a amamentação e os cuidados da próxima geração de filhotes são compartilhados entre mãe e filha(s), a despeito de qual delas for a mãe biológica. Embora poucas pessoas tenham a sorte de testemunhar um comportamento tão fascinante hoje, seu legado é evidente, mesmo em gatos de estimação, no vínculo mais forte que costuma existir quando eles cresceram juntos, em comparação aos que se conheceram já adultos.[1]

Os gatos de estimação de hoje também são mais tolerantes uns com os outros porque a maioria é castrada. Isso fica mais evidente com os machos, que, em geral, são intolerantes uns com os outros se deixados sexualmente intactos. Nas colônias de gatos, os filhotes machos são expulsos por suas mães — e por qualquer adulto macho próximo — assim que exibem sinais das mudanças causadas pelos hormônios, que os transformam de adolescentes dependentes em machos competitivos. A castração impede que essas mudanças ocorram, de modo que os machos castrados antes de completarem seis meses de idade se comportam como fêmeas castradas. Assim, enquanto numa colônia onde ocorre procriação os únicos laços duradouros são aqueles entre fêmeas da mesma família, numa casa dois filhotes machos (castrados) da mesma ninhada têm tantas chances de continuar amigos quanto duas fêmeas — ou dois gatos de sexo diferente.

Gatos que se dão bem demonstram e reforçam seu afeto de maneiras variadas. Eles costumam levantar o rabo quando se avistam, embora gatos que vivem juntos há muito tempo possam dispensar essa gentileza. Podem se esfregar um no outro — alguns restringem isso à cabeça, outros se aventuram e incluem a lateral ou o rabo — ou se acomodam para descansar mantendo contato físico. Enquanto descansam, podem lamber um ao outro, sobretudo atrás das orelhas: embora isso sem dúvida ajude os dois gatos a manter o pelo limpo em locais de difícil acesso, também tem uma importância social, reforçando o vínculo entre os dois.

Embora algumas casas simulem a situação natural por abrigarem gatos da mesma família que cresceram juntos, não é o caso para a maioria. As tensões são quase inevitáveis quando vários gatos sem parentesco vivem sob o mesmo teto e precisam competir pelos mesmos recursos, sobretudo quando eles se conhecem já adultos. Não faz parte da natureza deles compartilhar camas, potes de comida e caixas de areia, e, embora alguns consigam fazer amizade com um dos outros gatos da casa, muitos não conseguem.

As origens do gato como um animal solitário e territorialista trazem outro legado infeliz: não só eles não tendem a "pensar socialmente", como o cachorro faz, como sua capacidade de comunicar qualquer intenção amigável diante de um gato desconhecido é um tanto limitada. Por serem competitivos, possuem um repertório variado de chiados, rosnados, uivos e posturas agressivas que indicam intenção de atacar quando desafiados. Também podem adotar uma postura defensiva, virando-se de lado e arrepiando os pelos na tentativa de parecerem maiores do que realmente são — uma postura muito usada em ilustrações de gatos na época do Halloween. Mas eles não têm as expressões faciais que os cães usam para se comunicar uns com os outros de forma muito sutil. Mais importante é que também não têm um sinal evidente que informe "não estou ameaçando você" ou, ao menos, um para usar com um desconhecido: o rabo para cima transmite essa mensagem, mas só é usado por gatos que já têm boas relações. Como consequência, encontros entre gatos que não se conhecem evoluem rapidamente para um duelo em que nenhum dos dois ousa recuar, porque isso seria um convite à perseguição e ao risco de ser atacado por trás. Por fim, um dos dois vai se afastar, olhando por cima do ombro o tempo todo até sentir que está fora de perigo, ou vai se virar de repente e correr como se sua vida dependesse disso.

Assim, a reação natural de um gato ao encontrar outro é vê-lo como um rival e "fugir ou atacar". E, ao contrário dos cães, eles não recorrem aos donos para saber como reagir. Portanto, não têm consciência da diferença entre um gato da vizinhança que decidiu invadir a casa e um gato novo que acaba de ser adotado pela dona bem-intencionada, que só queria lhe dar um "amiguinho para brincar". Aos olhos do gato da casa, os dois são intrusos.

Se o outro gato for mesmo um invasor vindo de fora, a dona vai querer desencorajá-lo a ficar por lá tanto quanto o gato da casa — sobretudo se as invasões fizerem um dos gatos (ou os dois) espalhar urina pela área disputada — por exemplo, em volta da portinha para gatos. Dependendo da determinação do invasor, a situação pode ser resolvida a favor do gato da casa — embora às vezes esses confrontos possam durar meses, possivelmente se restringindo à madrugada, enquanto a dona dorme.

Se o "intruso" for um novo coabitante escolhido pela dona, os dois gatos terão que se ajustar às novas regras, e é aqui que o adestramento pode fazer toda a diferença para determinar se vai haver harmonia ou discórdia (é mais difícil pôr o treinamento em prática quando o outro gato pertence a um vizinho, a menos que este esteja disposto a cooperar). Deixados à própria sorte, os dois gatos vão se enfrentar por um tempo e depois dividir a casa entre eles para que cada um tenha ao menos uma ou duas áreas onde possa descansar sem medo de ser emboscado. Uma dona atenta e compreensiva pode aceitar isso como um estilo de vida razoável e dar para cada gato tudo de que ele precisa: potes de comida e caixas de areia em partes diferentes da casa e locais para dormir separados e protegidos onde um pode relaxar bem longe do outro. Limitar-se a dobrar a quantidade de comida fornecida e limpar a caixa de areia única o dobro de vezes é garantia de desavença: um dos gatos (com mais frequência o que já morava na casa antes, mas nem sempre) vai tentar monopolizar as duas coisas por instinto.

Acrescente mais um ou dois gatos e é bem provável que ao menos um dos relacionamentos se transforme numa guerra declarada. É raro existir uma casa com gatos tendo acesso ao interior e ao lado de fora em que pelo menos um não passe metade do dia em outro lugar. No entanto, não é impossível que dois ou três gatos possam viver em harmonia, desde que tenham sido apresentados da maneira certa e suas personalidades sejam compatíveis, para começar. Como acontece com tantas questões relacionadas a gatos, é essencial que haja planejamento e paciência, e os donos que fizerem isso de forma correta podem ser recompensados com uma família tranquila e sociável tanto para os felinos quanto para os humanos.

OS PRIMEIROS PASSOS AO SE PLANEJAR O ACRÉSCIMO DE UM NOVO membro felino à família incluem avaliar com cuidado se o gato ou gatos da casa vão aceitar mais um e se a própria casa é adequada para abrigar confortavelmente um novo membro. Existem vários prós e contras a serem considerados no que diz respeito a esse tema — e em cada caso esses prós e contras são um pouco diferentes. Em geral, quando se trata de animais, nosso coração costuma falar mais alto que a razão, mas em situações como essas ser objetivo é o melhor ponto de partida para garantir a harmonia felina. Somente se os prós superarem os contras (e não necessariamente em número, mas no impacto que podem ter) é que a ideia de ter mais um gato deve ser levada a sério.

É preciso avaliar se seu gato (ou gatos) gosta de outros felinos. Pode parecer que sim caso ele já tenha convivido (em harmonia) com outro felino. No entanto, assim como acontece com as pessoas, não é só porque seu gato se dava bem com um gato específico que ele vai gostar de qualquer um. Sabemos, graças a estudos sobre a interação entre pessoas e filhotes, que é necessário que ao menos quatro ou cinco pessoas diferentes manipulem o gato durante a primeira fase da vida (dois a oito semanas), quando ele está mais receptivo a aprender sobre situações sociais, para ampliar o entendimento dele de que as pessoas são amigáveis, e não só os indivíduos específicos que o manipularam nesse período. Infelizmente, não existem estudos equivalentes sobre a interação com outros gatos em vez de pessoas, mas é razoável supor que um filhote que teve boas experiências com vários gatos no início da vida estará mais disposto a ver outros felinos de forma positiva quando for mais velho. E, além desse histórico inicial, há diversos outros fatores a serem considerados que podem ter algum impacto na capacidade de um gato ver seus semelhantes de forma positiva.[2]

Levando em conta o comportamento social daqueles que vivem livres, agora sabemos que os gatos de estimação têm mais chances de se darem bem se castrados, jovens (menos de um ano), da mesma família e nascidos de pais que demonstram um comportamento amigável em relação a outros gatos. Quanto menos dessas características se aplicarem ao seu gato atual, menor a probabilidade de ele aceitar um novo gato. Considerando todos esses fatores, a situação com mais chances de uma família com vários gatos ser feliz é aquela em que dois filhotes são introduzidos na casa ao mesmo tempo e são, ideal mas não necessariamente, provenientes da mesma ninhada. No entanto, se você já possui um gato, apresentar um filhote a um gato adulto deve ser mais fácil do que apresentar dois adultos, embora o segundo cenário seja possível se os dois gatos forem da mesma família. Em alguns casos, se a casa for grande o suficiente, apresentar dois novos filhotes, em vez de um, ao gato que já mora na casa pode ser mais apropriado, pois os filhotes costumam brincar juntos e assim incomodam menos o gato da casa.

Se você está pensando em adotar ou comprar um filhote, seja proativo em saber mais sobre os pais. No caso de filhotes adotados em abrigos, essa informação é desconhecida, sobretudo no que diz respeito ao pai, mas com criadores de felinos isso deve ser fácil de conseguir. Quando houver essa informação disponível, priorize um filhote cujos pais sejam confiantes e sociáveis perto de outros gatos: essas tendências são, ao menos em parte, herdadas. Ao escolherem filhotes de cachorros, os donos são incentivados a ver a mãe e até o pai (quando possível), mas isso raramente é considerado na hora de escolher um filhote de gato. Se quem vendeu o filhote a você não é o dono do pai, peça ao criador para colocá-los em contato para que você veja o animal ou ao menos faça algumas perguntas sobre seu temperamento e comportamento com outros gatos.[3]

Se adotar o filhote num abrigo, ele pode já ter sido separado da mãe quando vê-lo. Pergunte sobre ela, veja se é possível conhecê-la e pergunte qual era a reação dela ao ficar perto de outros gatos enquanto estava no abrigo. Pergunte sobre qualquer histórico que possam ter sobre ela. Lembre-se: gatos que têm um bom relacionamento entre eles descansam e dormem juntos, compartilham tranquilamente suas caixas de areia e potes de comida, lambem uns aos outros, brincam juntos e esfregam o focinho, o corpo e até mesmo o rabo entre si. Na hora de escolher o sexo do gato, o macho que já more na casa pode considerar uma fêmea menos ameaçadora do que outro macho, sobretudo se a idade da castração do gato da casa foi depois dos seis meses ou em momento desconhecido. Os machos castrados quando adultos, embora calmos, podem ter mais dificuldade em viver com outros gatos, em especial outros machos. Os que foram castrados até os seis meses (antes que a testosterona pudesse influenciar o crescimento do cérebro) costumam ser mais amigáveis uns com os outros.

Depois de pensar em como a idade, o sexo, a questão da castração e os pais do seu gato atual vão afetar o modo como ele lida com outro gato, avalie também as primeiras experiências sociais dele quando filhote, pois elas moldam a forma como ele vê outros gatos. Saber quantas experiências sociais positivas ele teve com gatos da mesma família e outros felinos no começo da vida, sobretudo durante o período de maior sensibilidade, entre as duas e oito primeiras semanas, fornece alguns sinais de relacionamentos positivos com novos gatos.

É importante considerar não apenas quem seu gato conheceu nesse período, como também o modo como se deram as interações, sua frequência e o ambiente em que ocorreram. Por exemplo, pense num filhote arredio que é o menor de uma ninhada de dois e tem um irmão mais forte que o afasta da comida e brinca de forma um pouco violenta demais. Agora imagine um gato invasor que more na vizinhança: mesmo que o dono dos filhotes tenha travado a portinha de entrada para evitar que o intruso voltasse para sua casa, é possível que a mãe do filhote veja esse gato pela janela e reaja de forma defensiva, bufando e sibilando — sentindo-se mais protetora do que o normal devido ao recente aumento da família. O intruso vai ser a única experiência do filhote com um gato de fora da família (ainda que através da janela), e essa experiência envolve uma criatura de pelos arrepiados assustadora que bufa. Agora ele tem menos chances de ver outros gatos de forma positiva ao encontrar um quando for mais velho.

Compare este cenário ao de um filhote criado numa casa com duas fêmeas reprodutoras que tiveram ninhadas ao mesmo tempo. O filhote não tem apenas seus próprios irmãos para interagir, como também outra ninhada e a mãe deles, que não são da sua família. Se tudo correr bem, eles têm muitas oportunidades de brincar, lamber uns aos outros e adormecer juntos. Com base apenas nessa informação, o filhote do segundo cenário tem mais chances de se dar bem com outro gato na vida adulta. Quanto mais experiências positivas com outros gatos (da mesma família/ de outras famílias, adultos/filhotes) nessas primeiras semanas de vida, maiores as chances de aceitar outros gatos quando for adulto. Lembre-se, porém, de que quando um não quer dois não brigam: o mesmo deve valer no caso do gato novo para garantir que ele tenha uma atitude positiva em relação ao seu gato.

Infelizmente, uma ótima base nas relações sociais pode ser arruinada por experiências negativas posteriores. Gatos, como outros animais e até nós, tendem a recordar experiências negativas melhor do que as positivas: o cérebro dos mamíferos é feito para ser mais sensível a eventos desagradáveis, para que possa reconhecer qualquer perigo potencial no instante em que ocorre. Por isso, é improvável que o gato esqueça qualquer experiência negativa que tenha com outro gato, e é ela que vai moldar as futuras interações não só com aquele gato em particular, mas também com outros que encontrar.

Se seu gato tem um histórico de brigas com outros felinos, é importante descobrir se ele costumava ser a vítima ou o agressor. O agressor aprende que a violência funciona para manter outros gatos afastados e vai repetir essa tática se forçado a dividir a casa com outro gato. A vítima provavelmente ficará ansiosa e nervosa perto de outros gatos e vai precisar de muito apoio para aumentar sua confiança até conseguir aceitar outro gato, se isso for possível. Para um animal assim, o processo de introdução na casa deve ser o mais lento possível. Portanto, gatos sem experiências negativas com outros felinos (atuais ou anteriores, da mesma casa ou da vizinhança) têm mais chances de viver tranquilos ao lado de um gato novo do que aqueles que têm um histórico de experiências negativas.

Por fim, vale a pena levar em conta o modo como seu gato interage com qualquer outro que conhece — pode ser com algum com quem ele vive ou que encontra por acaso (por exemplo, gatos vizinhos, se tiver acesso ao ar livre). Se ele já esteve numa hospedagem, foi ao veterinário ou participou de uma exposição, avalie como reagiu à visão e ao cheiro de outros gatos ao redor. Embora os últimos cenários possam envolver alguns elementos de desconforto não relacionados à rivalidade felina — por exemplo, ser tirado do próprio território —, uma reação negativa em relação a outros gatos (seja bufar, rosnar ou sibilar para eles) é uma indicação de que um novo gato na casa não vai ser bem-recebido. No entanto, se seu gato só ignora outros gatos, isso não precisa ser considerado negativo — diante de um felino desconhecido, ignorá-lo sugere que seu gato não se sente ameaçado, e isso é um bom ponto de partida.

Após um exame completo das características do(s) seu(s) gato(s) — em resumo, os encontros anteriores e o comportamento atual em relação a outros gatos —, você consegue ter uma boa noção se pode adotar um novo gato. Infelizmente, donos de gatos tirados da rua ou adotados já adultos em abrigos têm baixíssimas chances de conseguir essa informação. Nesses casos, a decisão costuma ser muito mais difícil de tomar, pois há poucas informações em que se basear. Quanto menos dados tiver, maior o risco de a introdução de um novo gato ser malsucedida.

Avaliar se seu gato se adequaria a viver com outro já é meio caminho andado para tomar a decisão de ter outro gato. A próxima etapa do processo é pensar se sua casa pode receber mais um felino, considerando os recursos que você pode fornecer, sua distribuição e quanto tempo você pode dedicar a cada animal.

Como já mencionamos, gatos são maníacos por controle. Eles gostam de ter acesso vinte e quatro horas por dia, sete dias por semana, a todos os recursos de que precisam na vida — potes de comida e de água, comedouros interativos, brinquedos, camas, esconderijos como túneis e caixas, locais altos como torres e prateleiras, caixas de areia e arranhadores de poste ou de chão (alguns gatos preferem arranhar na horizontal em vez da tradicional posição vertical — um arranhador plano no chão permite isso). Entrar em uma fila não é fácil para os gatos. Além disso, compartilhar a mesma caixa de areia ou dormir na mesma cama (mesmo que em horários diferentes) só funciona com aqueles que se consideram parte do mesmo grupo social. É improvável que seu gato veja qualquer felino novo como parte de seu grupo social, ao menos inicialmente; por isso, novos recursos devem ser fornecidos em quantidade suficiente para que nenhum gato seja forçado a compartilhar nada.

Se sua resposta a qualquer uma das perguntas a seguir for *não*, a probabilidade de seu(s) gato(s) aceitar(em) um novo felino é reduzida. Quanto mais você responder *não*, é menos provável que seu gato tenha a oportunidade de aprender que o novo gato não é uma ameaça.

- Posso fornecer tanto de cada recurso quanto o número de gatos na casa?
- Posso distribuir cada recurso pela casa de forma que todos fiquem bem separados uns dos outros?
- Posso colocar os recursos de uma maneira que um gato não possa bloquear o acesso de outro? Por exemplo, colocar recursos nos can-

tos dos cômodos e fornecer esconderijos, como caixas de papelão, com buracos de entrada e de saída?
- Posso dar para cada gato atenção individual de uma forma que ele goste (por exemplo, brincar, acariciar, escovar) longe dos outros gatos?
- Posso ter um cômodo inteiramente dedicado ao novo gato para o início do período de introdução?
- Posso construir uma barreira entre o cômodo que será dedicado ao novo gato e o restante da casa, permitindo que eles fiquem fisicamente separados mas ainda possam ver e cheirar um ao outro? (Se uma barreira não for possível, você pode usar uma caixa grande.)

Se chegar à conclusão de que existe uma boa chance de seu gato lidar bem com a chegada de outro, e é possível ter recursos adequados disponíveis na casa, a próxima etapa é o processo de introdução. O início da apresentação costuma ser crucial para determinar o futuro relacionamento entre eles. E nunca deve ser apressado.

O primeiro passo é criar uma área segura, protegida e exclusiva na sua casa para o novo gato ficar inicialmente. Deve ser um cômodo que seu gato atual não use com frequência, por exemplo, um quarto extra ou escritório. Você deve colocar todos os itens de que seu novo gato vai precisar (caixa de areia, pote de comida, pote de água, arranhador, cama e brinquedos) nesse cômodo, não muito próximos, e fechar a porta. Se seu novo gato não vier com os próprios pertences, compre novos: não "pegue emprestado" nada do seu gato, pois tudo terá o cheiro dele, o que pode assustar o gato novo. Além disso, você corre o risco de chatear seu gato ao privá-lo de alguns de seus "bens" preciosos. Se possível, prepare o cômodo alguns dias antes da data de chegada do novo felino, para que seu gato possa aprender que não pode mais entrar lá. Se ele cheirar, dar patadas ou arranhar a porta fechada, apenas ignore e, se isso não acontecer, atraia-o com uma brincadeira ou um brinquedo de varinha. O gato não deve associar aquela parte da casa a sentimentos negativos antes mesmo da chegada do novo gato![4]

Apresentando seu gato a uma casa nova

Gatos costumam ser no mínimo tão apegados ao lugar onde vivem quanto às pessoas que moram lá; por isso, odeiam quando seus donos mudam de casa. Ao serem transportados para fora de seu ambiente familiar, eles fazem o possível para voltar ao lugar que consideram como "lar". Por mais apegados que possam ser aos donos, eles sentem muito mais falta dos antigos lugares, ao menos na primeira quinzena — daí o conselho de não deixar um gato sair por duas ou três semanas após uma mudança de casa. À medida que o gato começa a se sentir mais seguro no novo ambiente, a atração pela antiga vizinhança diminui aos poucos.

A criação de um cômodo seguro sugerida anteriormente ao se introduzir um novo gato num lar também pode ser usada nesse caso — inicialmente confinado a um cômodo da casa nova com todos os pertences dele, seu gato estará cercado pelo próprio cheiro e, portanto, vai se sentir mais seguro e mais protegido do que ficaria se ele se deparasse com uma casa inteiramente nova. Usando a mesma técnica para acostumar dois gatos com o cheiro um do outro, você pode coletar o odor do seu gato e impregnar a casa nova com ele, esfregando-o nos móveis e nas quinas das paredes na altura da cabeça do gato antes de deixá-lo entrar em cada cômodo. Assim, conforme você apresenta a seu gato os diferentes cômodos dentro da casa nova, ele deve perceber o próprio cheiro e se sentir menos ameaçado por todas as mudanças.

É necessário ter cuidado ao trazer o novo gato para sua casa pela primeira vez. Quando ele chegar, leve-o para o cômodo, tomando cuidado para que seu gato não o veja. Coloque a caixa de transporte do novo gato num canto do quarto ou numa superfície elevada, como uma cama, e a abra. Não tente tirá-lo da caixa de transporte, pois é melhor ele aprender que sair sozinho é algo seguro a se fazer: assim ele não vai se sentir forçado e se sentirá no controle da situação. Isso vai aumentar a segurança dele e, por fim, ajudá-lo a aprender. No entanto, você pode falar com ele usando uma voz calma e suave, a uma distância curta. Se ele puser a cabeça para fora da caixa, recompense-o com um elogio e um petisco (embora talvez ele não queira comer até se sentir mais acomodado).

Se ele não estiver dando sinais de que vai sair da caixa, não se preocupe. Talvez ele precise de algum tempo de silêncio para se acalmar e aprender que não há nada a temer nesse novo cômodo. Embora os cães gostem de ser encorajados por pessoas em momentos de incerteza, os gatos podem achar incômodo ou mesmo angustiante. Portanto, se ele permanecer na caixa, saia do cômodo silenciosamente para que ele saia no próprio tempo e explore o novo ambiente. Talvez ele não faça isso até que todos na casa tenham ido dormir, então se certifique de colocar bastante comida e água. Atenha-se à rotina do gato da casa. Qualquer mudança no seu comportamento só vai alertá-lo de que algo está errado e deixá-lo nervoso.

O processo de introdução deve envolver a familiarização dos dois gatos um com o outro aos poucos, um sentido de cada vez. Portanto, precisamos considerar a audição, o olfato, a visão e o tato, nessa ordem. Esse processo em etapas, conhecido como dessensibilização sistemática (parte da Habilidade Fundamental 2), evita que a experiência seja opressiva e permite que os dois gatos aprendam devagar, processando cada informação individualmente e sentindo-se confortável com ela antes de passar para a próxima etapa. Algumas pessoas, quando veem alguém que não conhecem se aproximando, se apresentam verbalmente e só então apertam as mãos. Pode levar vários encontros até que se sintam confortáveis o suficiente para terem outras interações físicas — por exemplo, abraços, tapinhas nas costas ou beijo na bochecha. Imagine um desconhecido que, antes mesmo de dizer qualquer coisa, caminha até você e a abraça. Apressar o processo de apresentação para os gatos pode criar mal-entendidos e tensões semelhantes. Embora a visão seja um dos nossos sentidos mais utilizados e a fala o nosso maior meio de comunicação, o principal método do gato de explorar o ambiente e se comunicar com os outros é por meio do olfato e da capacidade de liberar odores de suas glândulas, como as das bochechas usadas ao esfregar.[5]

O primeiro passo para apresentar os gatos é permitir que eles cheirem um ao outro antes de fazerem contato visual. Talvez não tenhamos controlado o que eles já ouviram, como miados pedindo comida ou um deles passando do outro lado da porta. Porém, podemos criar apresentações relativamente controladas do cheiro de cada um. Só comece essa etapa quando os dois gatos parecerem estar em sua rotina — acomodados e relaxados em suas partes da casa.

Para apresentar o cheiro de outro gato, primeiro precisamos coletá-lo com um objeto que podemos dar ao outro gato. Pode ser uma luva de algodão fino usada especificamente enquanto se acaricia o gato ou um pouco de pelo da escova ou só um pequeno pedaço de pano onde o gato deitou: seja qual for, o método usado para coletar o cheiro do gato deve ser agradável para ele (portanto, pode ser diferente para gatos diferentes). O ideal é que o cheiro seja coletado da área ao redor das glândulas odoríferas do focinho, que ficam sob o queixo, na frente das orelhas e atrás das vibrissas: quanto mais vezes essas áreas tocarem o dispositivo de coleta (luva, escova, pano), maior será a concentração do cheiro coletado (ver Habilidade Fundamental 7 para mais detalhes). No entanto, comece com pouca concentração do cheiro acariciando ou escovando o animal apenas algumas vezes, ou deixando o pano na cama do gato durante uma noite. Amostras mais concentradas podem ser usadas após eles se adaptarem ao cheiro mais fraco. Depois de coletar o cheiro de cada um, troque os gatos de ambiente e ponha o meio de coleta em qualquer lugar do chão onde ele pode achá-lo.

Observe a reação de cada gato ao cheiro do outro. Isso vai dar um sinal das chances de eles se aceitarem. Se um deles bufar para o objeto com cheiro, isso sugere que ele considera o simples odor de outro gato ameaçador, e o processo de introdução deve ser realizado de forma ainda mais lenta e cuidadosa do que o normal. Se um dos gatos se recusar a se aproximar do objeto com cheiro, isso também é uma indicação de que o gato está relutante, provavelmente interpretando o odor como uma invasão inaceitável de seu território. Em qualquer um dos casos, retire o objeto com cheiro de lá e tente novamente em alguns dias. Os gatos devem aceitar o pano, luva ou escova após várias repetições, à medida que vão aprendendo que o cheiro não representa ameaça para eles. Se o gato cheirar o objeto e parecer indiferente, deu certo — ele aprendeu que o odor de outro gato em seu ambiente não traz consequências. Se os gatos brincarem com os panos, escovas ou luvas, ou descansarem ou dormirem com eles, melhor ainda.

Usei esse processo várias vezes para integrar gatos a grupos de até quatro animais numa hospedagem. Eram gatos abandonados pelos donos ou entregues por instituições de proteção animal que não tinham espaço disponível em seus próprios gatis. Eles ficavam conosco na universidade até encontrarmos um lar para todos, dando-nos a oportunidade de estudar seu comportamento e corrigir qualquer problema. Tive muito mais introduções bem-sucedidas do que fracassos (na verdade, houve apenas um gato que não consegui integrar com sucesso, e por isso ele foi para uma casa onde era o único felino). No entanto, alguns gatos exibiram o comportamento de evitar o objeto que continha o cheiro de um novo gato. Para esses poucos, o processo de introdução sempre demorava mais do que para a maioria. Lembro-me de uma gata em particular, Caragh: a primeira vez que botamos em seu compartimento um paninho com o cheiro de outro gato, liguei as câmeras da gaiola para observar seu comportamento remotamente. Depois de começar cheirando o pano, ela bufou de forma impressionante para ele, apesar de não haver nenhum gato à vista. Porém, após repetidas exposições ao cheiro, ela foi bufando menos, e pude avançar e apresentar aos poucos o gato dono do cheiro, primeiro numa gaiola vizinha e, depois, diretamente na de Caragh. Embora nunca tenha ocorrido uma agressão, estava evidente que ela não ficava feliz com aquilo — evitava o novo hóspede a todo custo e passava mais tempo na cama. Assim, o novo gato foi levado de volta à sua gaiola. Achei que Caragh só ficaria feliz sozinha e que ela não gostava da companhia de outros gatos em geral. No entanto, devido a certas circunstâncias, resolvi tentar fazer isso com ela de novo depois de algumas semanas, com um cobertor contendo o cheiro de outro gato. Dessa vez, ela não bufou. Em vez disso, após algumas horas eu a encontrei dormindo enroscada na manta. Portanto, achei que era seguro tentar apresentar o dono dela: a apresentação correu bem e os gatos compartilharam tranquilamente a gaiola durante toda a estada deles. Sem conhecermos o histórico de Caragh, como saber o que a influenciou a rejeitar a companhia de um gato, mas gostar da companhia do outro? A questão aqui é que a reação inicial a um objeto com cheiro de gato pode sugerir como serão as próximas etapas da introdução. Observe com atenção.

Cosmos fica relaxado enquanto sente o cheiro de Herbie numa luva.

O PRÓXIMO PASSO É COLOCAR UM OBJETO COM MAIOR CONCENTRAÇÃO do cheiro do outro gato no ambiente de cada um. Se não reagirem de forma positiva, retire os objetos e tente novamente em alguns dias. Se reagirem de forma positiva, ponha os objetos nas camas dos gatos para permitir que durmam sobre eles, misturando os cheiros dos dois gatos — criando um odor comum aos dois, semelhante ao compartilhado por membros de uma colônia de gatos. Talvez você descubra que os dois não aceitam o cheiro um do outro no mesmo momento; não tem problema — apenas siga o ritmo do gato mais relutante, o que é possível nessa fase, já que eles ainda não se viram.

Quando os dois se sentirem à vontade com o cheiro um do outro em sua parte da casa, é hora de introduzir o cheiro misturado dos dois a objetos dentro de seus ambientes separados. Ao fazermos isso, criamos a ilusão de que os dois gatos conhecem um ao outro, já misturaram seus cheiros e, portanto, pertencem ao mesmo grupo social (embora nunca tenham de fato se encontrado). Espalhe esse cheiro comum nos ambientes separados deles esfregando os objetos de coleta em móveis e quinas de parede na altura da cabeça dos animais. Para alguns gatos, esse processo pode ser concluído em alguns dias, mas para outros pode levar semanas.

Mais tarde, quando os dois gatos parecerem relaxados ao sentirem o cheiro misturado, é a hora de deixar que se vejam. Para evitar que interajam fisicamente nessa fase, crie uma barreira na porta do cômodo do novo gato ou entre as portas que separam duas partes distintas da casa. Se escolher a segunda opção, dê ao novo gato um tempo para explorar as partes recém-descobertas do novo lar antes de ficar cara a cara com o gato da casa. Pode-se fazer uma barreira instalando uma de rede ou tela de proteção na porta ou encaixando duas grades de bebê (a princípio fechadas com tela e presas uma à outra para bloquear patas) uma em cima da outra. Também é aconselhável deixar parte da tela completamente sólida (por exemplo, amarrando um pedaço de papelão nela) para que um dos gatos possa sair do campo de visão do outro rapidamente se estiver se sentindo ameaçado de alguma forma. Enquanto a tela está sendo instalada, é bom prender o novo gato em sua caixa de transporte e o gato da casa em outro cômodo, para que nenhum dos dois possa escapar ou ter um encontro inesperado. Ter alguém participando do processo, para que fique uma pessoa com cada gato, pode ajudar muito.

Se na sua casa for impossível criar uma barreira na porta, o novo gato pode ser colocado numa gaiola para cães grande (que nunca tenha sido usada por cães!). No entanto, o gato precisa ter tido experiências positivas com a caixa antes, com livre acesso a ela dentro de seu cômodo, uma cama, cobertores confortáveis e petiscos, para ajudar a criar emoções positivas. O gato deve entrar na gaiola por vontade própria e nunca deve ser empurrado para dentro, nem a porta deve ser fechada imediatamente assim que ele entrar. Parte da gaiola deve ficar sempre coberta com uma manta para aumentar a sensação de segurança do gato, e o ideal é que haja esconderijos dentro dela, como uma caixa de papelão ou cama no estilo iglu. Se o gato detestar ficar dentro da gaiola, a apresentação não vai dar certo: o gato novo já terá sentimentos negativos, o que vai prejudicar a percepção dele em relação a todas as outras coisas que encontrar nesse momento. Pior ainda, ele pode vir a associar a presença do gato da casa à sensação negativa de estar na gaiola. Portanto, antes de qualquer apresentação, é preciso se certificar de que o novo gato está à vontade dentro dela. Por causa da necessidade desse treinamento extra, as barreiras costumam ser mais simples de usar do que as gaiolas.

O momento do encontro dos dois gatos, separados apenas pela barreira (ou gaiola), exige uma preparação cuidadosa. O ideal é escolher uma ocasião em que algo realmente positivo esteja ocupando a atenção deles, por exemplo, na hora da refeição ou quando você estiver brincando com eles. Queremos reduzir as chances de os dois gatos se encararem — o que eles podem considerar uma postura agressiva. Então, uma situação que estimule olhadelas é melhor. Alimente ou brinque com cada gato o mais longe possível da barreira. Espalhar ração seca pelo chão ou usar um comedouro interativo pode fazer com que demorem mais para comer, prolongando o tempo em que ficarão no campo de visão um do outro, mas com a atenção em outra coisa. Lembre que comer é uma atividade solitária para a maioria dos gatos, então a distância entre os dois deve ser a maior possível, embora ainda deva permitir algum contato visual entre eles. Durante uma refeição, os gatos naturalmente têm intervalos curtos em que param de comer. Nessas pausas, é provável que se olhem. A situação perfeita é quando cada gato se sente à vontade o suficiente para notar o outro, mas volta a comer. Se isso não acontecer, feche a porta entre os gatos para obstruir a visão um do outro e tente novamente outro dia, com a porta aberta e a tela fixada, mas oferecendo um alimento de maior valor que prenda bem a atenção de cada gato; ou tente uma distração diferente, como brinquedos que estimulem o comportamento de caça. A presença de comida ou brinquedos ajuda a transformar uma percepção possivelmente cautelosa do outro gato numa percepção positiva (a parte do contracondicionamento da Habilidade Fundamental 2).

Se a qualquer momento um dos gatos se aproximar da barreira (ou gaiola) com uma postura tranquila e amigável, deixe-o prosseguir e depois recompense esse comportamento com petiscos ou elogios. Nunca force a interação. Se um dos gatos se sentir desconfortável com a presença do outro, incentive com gentileza o gato mais confiante a se afastar usando um brinquedo de varinha ou petisco, para criar uma distância maior entre eles. Se os dois parecerem à vontade, fique parada em silêncio e deixe-os se cheirarem através da barreira. Você também pode passar um barbante através ou por baixo da barreira e amarrar dois brinquedos nas pontas, de modo que cada um possa brincar com o brinquedo em cada lado, ensinando ainda mais ao gato da casa que a presença do outro ali, longe de ser uma ameaça, pode trazer recompensas. É importante que você e seu ajudante fiquem calmos o tempo todo e façam movimentos sutis: tente ficar sentada no chão e não de pé, para parecer relaxada e nada ameaçadora para qualquer um dos animais.

Há outra forma de distrair o gato da casa para que ele não encare demais o gato novo. Se seu gato for interessado em pessoas, uma tarefa útil é ensiná-lo a olhar para você quando chamado. Fazer um som chamativo, como puxar o ar através dos lábios franzidos, muitas vezes basta para um gato parar o que está fazendo e olhar para você por um segundo. Se você recompensar isso — a maneira mais eficaz é primeiro marcar o comportamento (ver Habilidade Fundamental 4) e depois entregar a recompensa escolhida — e repetir o processo de fazer o som, sempre marcando quando ele olhar para você e oferecendo uma recompensa, pode ensiná-lo a olhar para você sempre que fizer esse som. Se seu gato não o fizer, mostre para ele um petisco como recompensa logo após emitir o som, trazendo a guloseima para perto do seu rosto (mas fora do alcance do gato, evitando que ele tente roubá-la) como isca para atrair (Habilidade Fundamental 3) o olhar do gato até o seu rosto. Assim que o gato estiver olhando para você, dê a ele uma recompensa. Depois de várias repetições, você pode deixar de usar a isca; seu gato deve olhar para você ao ouvir o som (sem ver o petisco) e você deve recompensá-lo. Agora que o comportamento está sendo oferecido com segurança, é importante não recompensar toda vez que ele olhar na sua direção, para garantir que o comportamento seja mantido a longo prazo (ver Habilidade Fundamental 8).

Cosmos e Herbie brincam com brinquedos presos às pontas de um barbante, cada um de um lado da barreira.

Treinar esse sinal de "olhe para mim" é uma maneira de fazer seu gato parar de encarar o gato novo. Portanto, se ele começar a olhar para o outro gato de uma forma que possa ser considerada ameaçadora, use o sinal de "olhe para mim" e o recompense imediatamente. Não só o gato que você está treinando vai aprender que olhar para o outro e depois para você gera uma recompensa; o gato novo vai entender que olhar para o outro não significa que haverá briga nem necessidade de fugir. Do mesmo modo, você pode conseguir ensinar o mesmo truque ao gato novo — o que também vai ajudar a fortalecer o vínculo que está se formando entre você e ele.

Herbie demonstrando o sinal de
"olhe para mim" na presença de Cosmos.

Repita o processo de deixar os gatos verem um ao outro através da tela diversas vezes ao dia ao longo da semana. No início, exposições curtas e frequentes são bem melhores do que expor um ao outro uma única vez por muito tempo. Se tudo correr bem, você pode começar a deixar a porta aberta (com a tela ainda presa) por períodos cada vez mais longos, mas aumente a duração desses períodos aos poucos. Se algum dos gatos demonstrar medo — por exemplo, agachando-se —, deixe-os recuarem para um local em que se sintam seguros e tente novamente outro dia. Se um dos gatos rosnar, bufar, sibilar, cuspir ou exibir qualquer comportamento agressivo, feche a porta para bloquear o contato visual imediatamente, evitando que isso se torne um hábito. Não toque em nenhum dos gatos nessa hora, pois eles podem redirecionar a agressividade para você por ser a coisa mais próxima deles. Tente essa etapa de novo outro dia, quando eles estiverem mais calmos e num humor melhor.

Para os gatos que reagirem bem ao ouvir, cheirar e ver um ao outro, a próxima etapa é permitir que ocorra interação física. O ponto de partida deve ser a mesma configuração usada quando eles se encontraram inicialmente pela tela; por exemplo, alimente os dois gatos ou brinque com eles bem longe da porta que os separa. Em seguida, abra a tela com cuidado. Não trate isso com muita importância — aja de forma tranquila e em silêncio, como se fosse a coisa mais normal a se fazer, mesmo se estiver preocupada. Brincar com cada gato com um brinquedo de varinha depois que eles tiverem comido, ou escová-los ou acariciá-los, se eles gostarem, vai recompensar um por estar na presença do outro, ensinando-os que coisas positivas acontecem quando os dois se veem. Você pode aumentar sistematicamente o intervalo entre essas recompensas, mas não se esqueça de monitorar os níveis de excitação de cada gato. Se parecerem animados, é um sinal de que você já fez o suficiente: feche a porta imediatamente. Na próxima vez, faça uma sessao um pouco mais curta para evitar que a excitação deles volte a aumentar.

Se os gatos decidirem se aproximar um do outro durante uma sessão de interação física, permita. Se um dos gatos parecer não estar lidando bem com isso, atraia cada um deles de volta para sua parte da casa usando petiscos ou um brinquedo de varinha e feche tanto a tela quanto a porta. Você também pode utilizar uma ponteira para treinamento e pedir ao gato que parece estar menos à vontade para tocá-lo com o focinho ou a pata, dando a ele outra coisa em que se concentrar. Em seguida, use o bastão para afastá-lo do outro gato sem ter que pegar nele e restringi-lo fisicamente. Não deixe o outro gato vir atrás (consulte a Habilidade Fundamental 3 para ver mais detalhes sobre como atrair e usar uma ponteira para treinamento). Se seu gato conseguir se envolver num adestramento usando uma ponteira na presença do outro gato, é um sinal de que não está preocupado.

Faça com que essas apresentações, que sempre devem ser supervisionadas, ocorram diariamente. Com o tempo, o período que os gatos passam juntos pode ser aumentado até que a tela na porta possa ser tirada de vez. Nesse momento, você pode dar petiscos para os dois gatos quando eles estiverem perto um do outro ou brincar com os dois ao mesmo tempo.

No entanto, sempre se certifique de que cada gato tenha seus próprios recursos num espaço só para ele, pois isso ajudará muito os dois a verem que o outro não é uma ameaça aos seus "bens". Não importa se eles escolherem nunca ter contato físico um com o outro: isso só pode acontecer por decisão deles e nunca deve ser forçado. O importante é que mantenham uma postura calma e relaxada quando estiverem juntos.

Brincando com Cosmos e
Herbie separados, mas lado a lado.

Muitos gatos que vivem juntos têm um relacionamento instável, provavelmente porque não foram apresentados um ao outro com cuidado suficiente ou um acontecimento importante causou uma ruptura no relacionamento — por exemplo, quando um gato precisou por um longo tempo ficar internado na clínica veterinária. Para a maioria dos gatos é possível adaptar o processo de apresentação de um novo gato. Entretanto, nesse processo de reintrodução, em vez de confinar um gato a um único cômodo, como se fosse um gato novo na família, divida sua casa em duas áreas distintas de tamanhos quase iguais, uma para cada gato. Por exemplo, pode-se separar a casa em andar de cima e de baixo. Se os gatos têm acesso ao ar livre, não permita que os dois saiam ao mesmo tempo durante esse processo de reintrodução. Da mesma forma, se antes seus gatos precisavam compartilhar recursos como camas, potes de comida e arranhadores, distribua-os o mais igualmente possível entre eles: talvez você tenha que comprar itens novos para garantir que cada gato tenha um conjunto completo só para si. Você vai precisar de várias unidades de cada tipo de recurso quando os gatos voltarem a compartilhar o mesmo espaço, para reduzir qualquer sensação remanescente de que o outro felino é uma ameaça aos recursos; fazemos isso oferecendo tudo em abundância. Separar os gatos vai evitar que a hostilidade entre eles cresça, e dar a cada um deles seus próprios recursos e um espaço físico vai permitir que criem seus territórios individuais sem se sentirem ameaçados. É aconselhável deixá-los separados por vários dias (e em alguns casos extremos, por semanas) para ter certeza de que eles estão relaxados antes de fazer qualquer reintrodução.

Agora que cada gato se sente mais seguro e protegido em seu ambiente, você pode iniciar o processo de reintrodução seguindo as instruções de como apresentar um novo gato. Use o método de coletar o cheiro (consulte Habilidade Fundamental 7), conforme descrito antes neste capítulo, mas, em vez de trocar os odores, esfregue os objetos com o cheiro de cada gato nos pertences individuais dele. No caso dos objetos que antes eram compartilhados, isso fará com que tenham predominantemente o cheiro do gato que agora tem acesso exclusivo a eles; no caso dos novos, vai reduzir odores desconhecidos, aumentar as chances de esses objetos serem vistos de forma positiva e aumentar muito a sensação de segurança dos dois gatos.

Durante o processo de reintrodução, tente manter a rotina individual de cada gato o máximo possível. Por exemplo, se um gato costuma passar parte da noite no seu colo em frente à TV, mantenha essa rotina incluindo esse cômodo no território do gato. Você pode se ver dividida entre duas partes da casa por um tempo e talvez sinta que sua rotina foi atrapalhada desnecessariamente. Isso vai acabar sendo resolvido mais para a frente, então persista: a recompensa da harmonia felina em toda a casa vai fazer com que valha a pena! Ao ensinar a cada gato que ele não precisa mais compartilhar recursos e que a presença do outro animal é algo bom, e não ruim, dessensibilizando aos poucos um gato em relação a todos os componentes sensoriais do outro e substituindo-os por sentimentos positivos, é possível restaurar a harmonia felina e ter uma família mais feliz. Na verdade, esse processo também pode ser usado para ensinar ao seu gato que outros animais, até mesmo aqueles que os deixam naturalmente cautelosos, como um cachorro, podem ser amigos, não inimigos. Seja qual for o motivo, alguns gatos parecem muito resistentes a viver em harmonia com outros felinos ou parecem incompatíveis com certos gatos específicos, mesmo após um processo de reintrodução; nesses casos, pode ser necessário encontrar um novo lar para o gato menos sociável ou dividir a casa entre os gatos de vez (como na primeira etapa do processo de reintrodução).

Poucos gatos nunca vão conhecer seus semelhantes ao longo da vida, e nem todos os encontros serão amistosos. No entanto, como vimos neste capítulo, garantir que cada gato se sinta à vontade e seguro em seu ambiente é o melhor ponto de partida para apresentar um gato ao outro. A partir daí, expor gradualmente um ao outro, um sentido por vez sempre que possível, e criar uma associação entre a presença do outro gato e experiências prazerosas vai permitir que aprendam um sobre o outro num ritmo que conseguem aguentar. Se tudo der certo, eles não apenas vão aprender a se tolerar, mas passarão a gostar um do outro. Essa técnica também pode ser usada com outros animais, como veremos no próximo capítulo.

CAPÍTULO 6

Gatos e outros animais de estimação

Assim como gatos recorrem a instintos selvagens ao encontrar outro felino, o mesmo acontece quando encontram um animal sobre o qual não sabem muita coisa. Se o animal for pequeno e parecer uma possível refeição, a maioria dos gatos vai entrar em modo de caça, mesmo que com certa indiferença. Por outro lado, não devemos esquecer que, embora possam ser temidos predadores para ratos e pequenos pássaros, antes de serem domesticados os gatos também eram presas para predadores maiores, como lobos ou, mais recentemente, cães de rua: daí a desconfiança instintiva que têm em relação aos cachorros. Nos Estados Unidos, cerca de um quarto das famílias que possuem animais de estimação têm um ou dois felinos dividindo espaço com um canino. No entanto, a convivência não acontece de forma amigável só porque a casa é compartilhada. Como as aulas de adestramento de cães e adestradores que oferecem sessões individuais são fáceis de encontrar, é sempre possível conseguir ajuda para os donos que desejam ensinar seus cães a não perseguir, incomodar nem encurralar os gatos de estimação (não que todos os donos façam uso disso). Porém, poucos donos já pararam para pensar que seus gatos também podem ser adestrados para não terem medo dos cães. E é óbvio que podem![1]

Hoje em dia, a maioria dos gatos de estimação precisa lidar com apenas uma espécie que pode querer machucá-los: o cachorro. Já se foi a época em que gatos, sobretudo os filhotes, corriam o risco de ser pegos por raposas, cães selvagens, grandes felinos e outros carnívoros maiores. No entanto, existe uma verdade na velha expressão "brigar feito cão e gato". Embora grande parte dos cães seja maior, os gatos são, no mínimo, mais armados, com garras afiadas e dentes pontiagudos. É bom que cães evitem gatos e vice-versa, mas na prática os felinos fogem e só lutam quando são encurralados. A antipatia entre os dois animais, embora provavelmente tenha suas origens no comportamento de proteção que evoluiu antes da domesticação, talvez tenha sido apurada ainda mais pela necessidade de ambas viverem perto das pessoas. Historicamente, quando os gatos podiam procriar à vontade e a perda de filhotes era de pouca preocupação, os cães sem supervisão deviam ser um de seus principais inimigos, potencialmente responsáveis pela morte de muitas ninhadas. Isso teria reforçado a tendência do gato de se defender contra cães e até mesmo de partir para a ofensiva se houvesse filhotes vulneráveis nas redondezas.

Felizmente, outro efeito da domesticação é que temos meios de amenizar, e até mesmo reverter, essa reação instintiva. Assim como os filhotes de gato podem ser socializados para conviver com seus semelhantes e com pessoas e, sobretudo durante o segundo mês de vida, também podem ser ensinados a conviver com cães — ou ao menos com aqueles que se mostram amistosos. Não está evidente se os filhotes veem os cães como humanos de quatro patas, como gatos grandes e desajeitados ou como uma categoria à parte. Eles podem achá-los semelhantes aos gatos com quem se dão bem: Mike Tomkies, em seu livro *My Wilderness Wildcats* [Meus gatos selvagens, em tradução livre], conta como seus filhotes de gato selvagem escocês não domesticados ficaram tolerantes com seu pastor alemão Moobli, a ponto de às vezes esfregarem os focinhos. Gatos de estimação que moram com cães costumam exibir o mesmo comportamento afetuoso — levantar o rabo, esfregar a cabeça, lamber uns aos outros e dormir juntos — que normalmente seria reservado aos gatos do mesmo grupo familiar. No entanto, seja lá o que os gatos pensem que os cães são, os encontros com cachorros enquanto são filhotes parecem ter um efeito profundo em como será seu comportamento em relação a outros cães (semelhantes) no futuro.[2]

Como o filhote de gato é o mais fraco e vulnerável dos dois, é o comportamento do cão que costuma ser crucial para determinar o grau de confiança que pode se desenvolver. Já que a reação natural da maioria dos filhotes de gato é fugir ou se defender de qualquer avanço inesperado, a apresentação deve ser feita com cuidado, sobretudo se o cão já teve experiência anterior perseguindo gatos adultos — e provavelmente gostou. Será necessário ainda mais cuidado e planejamento se a mãe dos gatinhos não simpatizar com esse cachorro específico, ou com cães em geral. No entanto, o bem-estar dos gatinhos no futuro será maior se eles tiverem ao menos a oportunidade de aprender uma estratégia para interagir com cães que não seja fugir ou reagir com agressividade.

Não importa se você já tem um gato e está pensando em ter um cachorro ou se é o contrário; se precaver vai aumentar muito as chances do relacionamento entre um gato e um cachorro dar certo. Greyhounds e outras raças de cães que foram criadas para perseguir, e tiveram a oportunidade de correr atrás de pequenos animais (ou foram treinados para isso), não são companheiros adequados, pois a motivação para persegui-los muitas vezes é forte demais. Da mesma forma, cães que foram criados para pastoreio ou caça também podem ser inadequados — a maioria dos gatos vai achar estressante ser constantemente seguida e encarada.

No caso de outras raças e tipos de cães, é mais importante avaliar a personalidade individual e o comportamento geral do cão, em vez de basear a decisão puramente na raça. Muitas vezes existe tanta variação comportamental dentro de uma mesma raça quanto entre elas. Resumindo: aumentamos as chances de uma integração bem-sucedida entre um gato e um cachorro em casa se evitarmos cães que gostam de perseguir, caçar e pastorear, ou que exibem qualquer comportamento agressivo com pequenos animais. Também é aconselhável evitar cães que sejam muito barulhentos ou brincalhões (ou ao menos adestrá-los antes de apresentá-los a um gato). Da mesma forma, pode não ser justo, do ponto de vista do cão, escolher um que tem medo de gatos.

Considerações desse tipo também valem ao levarmos em conta a personalidade do gato. Um felino medroso não vai lidar bem com a chegada de um cachorro. Do mesmo modo, um gato confiante que já mostra um comportamento agressivo com cães vai tornar a vida de qualquer um deles um inferno. O ideal é que o gato que vai viver com um cão seja confiante e relaxado e não fuja facilmente, evitando instigar uma perseguição. A personalidade ideal para o cão que vai conviver com um gato é que seja calmo, quieto e igualmente descontraído. Além da personalidade, há uma série de fatores que sabemos que influenciam as chances de essas espécies se darem bem. Experiências positivas enquanto filhotes ajudarão a formar um animal tolerante. Se um dos animais tiver sido perseguido ou atacado pela outra espécie, durante essa fase inicial de socialização ou já mais velho, é provável que tenha generalizado seu medo para toda a espécie, sobretudo se não teve experiências positivas posteriores para equilibrar. Portanto, é importante coletar tudo o que puder sobre o histórico do animal que você pretende levar para sua casa, bem como considerar as situações relevantes que seu bicho de estimação já viveu.

Personalidade e experiência são importantes, mas não são os únicos fatores dignos de consideração. Os sexos do gato e do cachorro a serem apresentados parece não ter relação alguma com o relacionamento entre eles. No entanto, a idade dos animais tem — as apresentações dão mais certo se o gato tiver menos de seis meses de idade e o cachorro, menos de 1 ano; em geral, quanto mais jovem o animal, maior a chance de sucesso. Se você possui um gato filhote ou jovem e acha que pode vir a ter um cachorro, é aconselhável receber visitas que tenham cachorros calmos e gentis. Dessa forma, seu gato aprenderá desde cedo que cães não são ameaçadores, preparando-o para o momento em que você decidir trazer um para casa.[3]

INTRODUZIR UM CACHORRO NUMA CASA COM UM GATO COSTUMA ter um resultado mais positivo do que o contrário — provavelmente pelo fato de o gato já ter estabelecido seu território dentro da casa e, portanto, se sentir confiante o suficiente para lidar com a invasão. Um gato que chega a uma casa nova precisa criar o próprio território e aprender onde ficam seus recursos e os locais mais seguros. Acrescente um cachorro a essa mistura, e o gato pode demorar mais para aprender que o novo lar é seu território e é seguro, resultando num estresse desnecessário, para as duas espécies, sem mencionar a dona.

Antes de trazer o cachorro ou gato novo para casa, vale a pena fazer algumas adaptações que vão aumentar a segurança do gato (tanto a real quanto a percebida), ensinando-o a se manter seguro. Inicialmente, dê ao cão e ao gato áreas separadas dentro da casa, usando uma barreira física, como uma porta. Se o seu gato tem ou vai ter acesso ao ar livre por uma portinha para gatos, é bom dar a ele o uso exclusivo do cômodo onde ela fica, para evitar possíveis emboscadas perto da portinha. Se você não tem uma portinha para gatos e está considerando ter, é aconselhável instalá-la numa janela e não na altura do chão, para que seu gato tenha uma maior sensação de segurança ao entrar e sair de casa. Se não for possível instalá-la, mas você gostaria que seu gato pudesse sair para ficar ao ar livre, considere criar algum tipo de área elevada dos dois lados da porta, por onde seu gato sairá e entrará. Se a área elevada for ao ar livre, seu gato pode inspecionar o interior (quando a porta for aberta na volta dele), dando-lhe a oportunidade de verificar se entrar na casa será seguro antes de descer para o nível do cão. O mesmo vale para quando o gato estiver dentro de casa e pedir para sair — poder se sentar numa plataforma (uma prateleira, uma coluna ou algo do tipo) à qual o cão não tem acesso permitirá que seu gato se sinta seguro. Um gato que não se sente mais seguro nesse caso, usando seu método típico de se sentar em frente à porta e miar, não mudou de ideia sobre sair — ele apenas não se sente à vontade no chão por medo de uma emboscada ou outra atenção canina indesejada. Além disso, certifique-se de que seu gato tenha acesso exclusivo aos lugares usados para dormir, comer e beber água, e onde ficam a caixa de areia, brinquedos e arranhadores.

Se o gato for o novo membro da casa, crie um quarto só para ele, como faria ao introduzir um felino numa casa onde já moram um ou mais gatos. Se não tiver como fazer isso, tente criar uma área onde o cão não consiga entrar — isso pode ser feito reorganizando os móveis de modo que ele não tenha acesso a uma determinada parte do cômodo. Isso inclui bloquear o máximo possível a capacidade do cão de ver o gato quando ele estiver nessa área. Deixe um vão entre a mobília com largura suficiente apenas para o gato passar — não o cachorro —, ou permita que o gato tenha acesso por cima — usando prateleiras ou postes de escalada. Além disso, a área deve ter muitos esconderijos para o gato sair da vista do cachorro — juntar e colar caixas de papelão montando uma estrutura maior para ele se esconder é uma forma barata de fornecer maior segurança para o gato. Outras alternativas incluem o uso de divisórias de ambiente ou até mesmo um cercado bem grande, daqueles próprios para cachorros — o que é irônico, porque esses cercados são feitos para manter os cães dentro, não fora! Se usar o cercado, cubra as laterais com tecido ou papelão para eles não se verem. Com o tempo, pode-se ampliar o acesso do novo gato a outras partes da casa conforme ele se sentir mais à vontade com a nova rotina e o ambiente.

Se o novo membro for o cachorro, talvez você precise mudar alguns dos recursos do gato de lugar para criar áreas separadas para cada um. Os gatos costumam ter dificuldade em aceitar mudanças em seu ambiente, até mesmo as que você sabe que são para melhorar a vida deles a longo prazo. Portanto, faça essas alterações gradualmente e certifique-se de que estejam prontas antes da chegada do novo cão. Também é aconselhável pensar em como serão as coisas no futuro, quando seu cão e seu gato compartilharem toda a casa. Se permitir que o gato tenha acesso a lugares que o cachorro não alcança, ele vai perceber que sempre haverá uma forma de evitá-lo se quiser, aumentando sua percepção de segurança — e com isso sua felicidade. O modo mais fácil de fazer isso é fornecer vários esconderijos, lugares aconchegantes e locais altos fora do alcance do cão. Alguns exemplos são torres para gatos com poleiros, caixas de papelão com buracos para um gato passar, caminhas e mantas colocadas sobre móveis altos, como tampos de mesa e prateleiras. Até mesmo garantir que as cadeiras não fiquem enfiadas sob as mesas, de modo que seu gato possa usá-las para pular em móveis ainda mais altos e fora do alcance do cachorro, vai ajudar nessa sensação de segurança.

É importante que seu gato nunca sinta que precisa "correr perigo" para chegar a um lugar seguro. Se ele se sentir vulnerável, é provável que ou fique paralisado na presença do cão ou saia correndo de um lugar seguro para outro, incentivando o cachorro a persegui-lo. Por isso, acrescentar "atalhos" seguros por toda a casa vai ajudá-lo a circular pelo território se sentindo em segurança. Isso pode ser feito espalhando lugares seguros suficientes pela casa toda, de forma que o gato nunca tenha que se deslocar muito de um para o outro, ou até mesmo instalando passarelas aéreas para que ele circule entre as partes da casa sempre fora do alcance do cachorro. Para os menos aventureiros, mudanças simples como deixar um espaço apenas da largura do gato entre a parede e o sofá podem fornecer um caminho seguro até algum móvel, como uma mesa lateral, onde o gato possa pular, fora do alcance do cão — desde que o cachorro seja mais largo que o gato.

Alguns gatos que convivem com cães sempre vão precisar ter uma área só deles para não acharem que seus recursos estão sob ameaça: o cachorro roubar a comida do gato, incomodá-lo durante o uso da caixa de areia e (no caso de cães pequenos em particular) dormir em sua cama. Embora os recursos possam ser à prova de cães se ficarem fora de alcance, para certos gatos isso não é viável. Por exemplo, gatos idosos podem ter dificuldade para pular em locais elevados e, em algumas casas, pode não haver espaço suficiente para todos os recursos ficarem no alto. Não deixar o cachorro ter acesso a um cômodo ou uma parte da casa é uma forma de superar esses problemas. Instalar uma portinha para gatos na porta de um cômodo só do gato que normalmente fica fechada é uma maneira ideal de criar uma área livre de cães, dando ao gato total privacidade para comer ou usar a caixa de areia. Mas se lembre de deixar o pote de comida e a caixa de areia o mais afastados possível dentro desse cômodo. Se o cachorro for do mesmo tamanho ou menor que o gato, a portinha pode precisar ser controlada por microchip ou coleira magnética para o cão não entrar.

Barreiras parciais podem ser úteis na hora de apresentar o cachorro ao gato, e vice-versa, de uma forma controlada, complementando o uso de divisões mais permanentes da casa. Uma grade para bebês é ideal para isso — contanto que seja alta o suficiente para evitar que o cachorro salte sobre ela. Algumas dessas grades têm uma portinha de gato integrada para que o felino passe sem ser seguido pelo cão. Porém, certifique-se de que o cachorro não possa ficar com a cabeça presa na portinha, dependendo do tamanho. Se não tiver um local adequado para instalar essa grade, você pode dividir o espaço de parede a parede — por exemplo, formando um "muro" com os móveis, deixando uma brecha por onde o cão e o gato possam se ver. Mas esse espaço deve ser bloqueado por algo que impeça o acesso físico um ao outro, permitindo apenas o contato visual — um pedaço de cercadinho próprio para cachorros ou mesmo para bebês pode funcionar.

Não importa se o cachorro já mora na casa ou está chegando agora; de qualquer forma, é muito importante que ele já tenha aprendido várias habilidades básicas, que incluem realizar os seguintes comportamentos obedecendo aos comandos: "senta", "fica", "sai", "olhe para mim" e "quieto". Além disso, vai ser de grande ajuda se o cão já tiver sido treinado a ficar na gaiola. Ter um cachorro que se sente seguro e protegido numa gaiola grande significa que, se não houver como separar dois cômodos por uma barreira física (por exemplo, se sua casa for sem paredes internas), uma alternativa razoável é permitir que o gato tenha livre acesso à casa na primeira apresentação, enquanto o cão fica na gaiola. Uma alternativa — ou complemento — à gaiola é garantir que o cão se sinta confortável usando um peitoral no qual prendemos uma guia comprida e leve quando ele estiver no mesmo cômodo que o gato sem uma barreira física, o que vai oferecer maior segurança para os dois animais nas primeiras apresentações. A guia deve ser mais leve e comprida que a comum, permitindo que o cachorro a arraste atrás de si sem interromper seu comportamento e que você o conduza com segurança se necessário. Você precisa manter seu cão quieto e calmo na presença do gato; ser capaz de manter a atenção dele em você quando necessário; e, caso ele pegue qualquer um dos "pertences" do gato, fazê-lo soltar o objeto ao seu comando.[4]

Antes de apresentar um gato a qualquer coisa nova, seja outro animal ou uma situação física, é sempre importante parar e pensar se a nova experiência pode deixar o gato preocupado de alguma forma. Se houver esse risco, todas as diferentes propriedades sensoriais dos estímulos devem ser avaliadas, além de se pensar em maneiras de diluí-las ou dividi-las de alguma forma nas primeiras apresentações e associá-las a consequências positivas — os fundamentos da Habilidade Fundamental 2, dessensibilização sistemática e contracondicionamento. E as formas diluídas do estímulo devem ser introduzidas de uma forma que o gato sempre se sinta no controle, o que envolve permitir que ele observe, se aproxime e explore o estímulo no próprio ritmo e no próprio tempo — as bases da Habilidade Fundamental 1.

DEPOIS QUE O GATO E O CACHORRO TIVEREM ESTABELECIDO UMA rotina em suas partes da casa, e antes que se avistem, a primeira etapa do processo de apresentação é permitir que eles conheçam o cheiro um do outro. Fazemos isso trocando objetos que tenham o odor de cada um. Como fazemos ao apresentar dois gatos, é possível usar luvas de algodão, escovas ou um pano limpo colocado na cama do animal para coletar o cheiro de ambos (veja a Habilidade Fundamental 7 para mais detalhes). Escolha o método que melhor se adapte a cada animal, para que seja uma experiência positiva para os dois.

Quando o gato estiver relaxado, coloque o objeto com o cheiro do cachorro no cômodo dele e observe sua reação. O ideal é que o gato cheire algumas vezes e não se interesse mais. No entanto, se ele se mostrar nervoso ou assustado ou evitar ativamente o objeto com cheiro — ou pior, parecer hostil —, tire o objeto imediatamente e espere alguns dias. Tente outra vez alguns dias depois, usando o mesmo objeto, pois é provável que a concentração do cheiro tenha se reduzido, e agora seu gato pode estar mais propenso a aceitá-lo. Quando ele já não estiver demonstrando nenhum interesse óbvio pelo objeto, você pode aumentar a concentração do cheiro, por exemplo, esfregando mais o coletor de odor no cachorro ou deixando-o na cama do cão por mais tempo. Quando o gato parecer relaxado com esse cheiro, você pode colocar o objeto na cama dele, permitindo que ambos os cheiros se juntem. Isso vai ajudar a misturar os odores e ensinar ao gato que o cachorro faz parte de seu grupo social. O mesmo processo também deve ser realizado, só que ao contrário, para apresentar o cheiro do gato ao seu cachorro.

As primeiras impressões são cruciais — se o cão ou o gato ficarem assustados durante o primeiro encontro físico real, é menos provável que os encontros posteriores deem certo. Assim, a fim de reduzir as chances de um primeiro encontro ruim, as apresentações iniciais devem acontecer na fronteira das áreas do gato e do cachorro, permitindo que o gato fique na parte da casa onde se sente mais seguro, sem o cachorro invadindo esse espaço. Nessa fase, os animais devem conseguir se ver, mas não interagir fisicamente. Se a porta entre as áreas dos dois não tiver um painel de vidro, considere pôr uma tela na porta ou usar uma grade para bebês (para permitir que os animais vejam um ao outro, mas sem interagir fisicamente). Ofereça ao gato locais seguros próximos a essa fronteira — o ideal é que sejam no alto, para ele poder observar a situação. Uma caixa de papelão ou cama tipo iglu colocada no alto vai permitir que o gato se sinta seguro e, ao mesmo tempo, observar o cachorro, ganhando confiança na presença do outro. Se o gato for filhote, um esconderijo na altura do chão com uma entrada pequena pode ser mais fácil para ele entrar rapidamente, em vez de ter que escalar. Em geral, gatos se sentem seguros quando acreditam que estão escondidos e, para se sentirem assim, precisam pelo menos bloquear a causa do medo de sua linha de visão. O ideal é que o gato tenha um lugar seguro de onde possa olhar o cão de relance quando quiser.

Também é um bom plano oferecer um local seguro para seu cão, como uma gaiola com uma manta cobrindo-a por cima e nas laterais, para onde ele possa "escapar" se considerar o gato ameaçador de alguma forma. Esse deve ser o lugar seguro do cachorro. Um ajudante é essencial nessa etapa, pois você vai precisar de alguém controlando o comportamento do cão nessas apresentações visuais, assim como outra pessoa do lado do gato para dar recompensas nos momentos certos. Para aumentar as chances de seu cão se manter calmo, é aconselhável levá-lo para se exercitar antes da apresentação visual.

A pessoa que estiver cuidando do cachorro deve envolvê-lo numa tarefa calma e positiva, de modo que a atenção dele esteja em qualquer lugar que não seja o gato: pode ser um comedouro interativo, um adestramento simples usando alvo (em que o cão é ensinado a tocar a pata ou o focinho numa ponteira para treinamento ou na mão do treinador) ou simplesmente mantê-lo deitado e relaxado ao comando. Evite qualquer atividade que possa ser gratificante para o cão, mas que o gato possa achar assustadora, como brinquedos barulhentos. Seu cão deve começar usando o peitoral e a guia longa e leve: a guia está lá por segurança caso um comando aprendido anteriormente falhe e o cão precise ser afastado da porta, tela ou grade. À medida que for aumentando a sua confiança na capacidade do gato e do cachorro de permanecerem calmos na presença um do outro, você pode soltar a guia, embora seja aconselhável manter o peitoral por um tempo, para o caso de precisar restringir o cachorro com rapidez.

Você vai precisar monitorar a reação do gato e reagir de forma adequada. Se ele decidir não usar o local seguro ou quiser sair dele, é um sinal de que ele se sente relativamente à vontade com o cão à vista. Recompense-o por esse comportamento dando petiscos de alto valor ou brincando com ele — o ideal é que a brincadeira ocorra fora do campo visual do cachorro, para evitar que ele fique frustrado por não poder participar ou agitado demais ao ver os brinquedos. Evite qualquer recompensa que envolva contato físico entre você e o gato nessa fase, caso o gato se assuste com o cão e redirecione esse medo agredindo você. No entanto, você pode falar com o gato num tom calmo e gentil para tranquilizá-lo e elogiá-lo. Se ele não se sentir à vontade para sair do local seguro, não tente forçá-lo ou atraí-lo com recompensas. Não queremos deixá-lo numa posição em que possa de repente se sentir desconfortável e entrar em pânico. Cada decisão de olhar para o cachorro ou se aproximar deve ser tomada pelo gato e recompensada imediatamente (Habilidade Fundamental 1).

As primeiras sessões devem ser curtas e frequentes, para manter a empolgação do cão e do gato num nível seguro, mas as seguintes podem ser maiores gradualmente. À medida que as sessões ficam mais longas, oferecer ao gato algo positivo para fazer na presença do cachorro vai ajudar a aumentar a sua confiança. Além disso, essa confiança será reforçada se ele perceber que nada de ruim acontece quando ele tira os olhos do cachorro, mostrando que ele não precisa ficar num estado de intensa vigilância sempre que avistar o cão. Um comedouro interativo é uma boa forma de fazer isso: para conseguir pegar o alimento, o gato precisa tirar sua atenção do cão por um momento. Assim, quando consegue pegar o alimento, ele é automaticamente recompensado por parar de olhar para o cachorro.

Squidge está ocupada com um comedouro interativo enquanto Herbie observa, em segurança, atrás da barreira.

A partir dessas primeiras etapas, agora podemos oferecer experiências prazerosas para os dois animais enquanto estiverem na presença um do outro. Isso lhes ensinará que coisas positivas acontecem quando estão próximos um do outro (Habilidade Fundamental 2). Em termos práticos, o próximo passo é tirar a barreira física entre o gato e o cachorro, embora nessa fase seja aconselhável manter o cão com o peitoral e a guia (segurada pelo responsável pelo cachorro) para ter algum controle de aonde ele vai. Mantenha o cão na parte dele da casa e fique no mesmo cômodo, mas mantendo uma distância. A sua presença lá vai ajudar a encorajar o gato a entrar naquele espaço no tempo dele. Mais uma vez, o ideal é ter uma pessoa para cuidar das necessidades e do treinamento do cachorro nessa parte da apresentação, de modo que o cão tenha sua atenção desviada do gato ocasionalmente.

Não se preocupe se de início seu gato não quiser entrar no cômodo — ele vai aprender que a barreira que separava os dois não está mais lá e pode precisar de tempo para se sentir confiante o suficiente para se aproximar do cachorro sem essa proteção. Para alguns gatos, pode levar apenas minutos até que fiquem na sala com você; para outros, serão necessárias várias repetições da remoção da barreira num período de alguns dias ou até mesmo semanas. Esteja preparada para avançar no ritmo que seu gato escolher. Pegá-lo e levá-lo para a sala só vai acabar com a capacidade dele de decidir por si mesmo, podendo deixá-lo desconfortável e, assim, desfazer todas as associações positivas que ele já havia feito em relação ao cachorro. Quando o gato decidir se aventurar na sala, recompense esse comportamento com um petisco ou brincando com ele. Nessa altura, talvez seu gato volte a ficar hesitante, por isso é muito importante que o responsável pelo cão mantenha a atenção deste em qualquer coisa que não seja o gato.

Alguns felinos são muito curiosos e querem se aproximar do cachorro só para investigá-lo. No entanto, essa ousadia pode ser arriscada — o gato pode se aproximar do cão e só então perceber que não se sente à vontade e entrar em pânico. Ele pode atacar o cachorro ou fugir. Com isso, o cachorro pode ser estimulado a persegui-lo, que é o que todo esse processo deve evitar. Manter o cão numa guia leve e longa significa que você pode monitorar o comportamento dos dois animais com cuidado e afastar o cachorro preventivamente se o gato chegar perto demais. Desse modo, pode criar mais distância entre eles e reduzir as chances de o gato reagir de forma exagerada. Deixar o gato livre para andar aumenta sua percepção de segurança — gatos não gostam de se sentir fisicamente restringidos, já os cães são muito melhores para usar peitoral e guia — e também permite que ele pule em algum local no alto ou entre num lugar seguro, como uma caixa de papelão colocada lá para isso, se assim desejar. Alguns gatos podem continuar se aproximando conforme o cachorro é afastado: se isso acontecer, você pode agitar um brinquedo de varinha rapidamente pelo chão, para atrair o gato para longe do cão.

É importante nunca deixar o gato entrar na gaiola ou na cama do cachorro, pois esse é o lugar seguro dele. Se perceber que isso está prestes a acontecer, mais uma vez atraia o gato com um brinquedo de varinha. Se seu cachorro quiser brincar com um dos brinquedos do gato, faça com que o treinador do cão o envolva em algo que ele considere igualmente gratificante — uma brincadeira própria dele, um petisco mastigável ou algum treinamento divertido.

Evite atividades que deixem o cão excessivamente agitado, ativo ou barulhento, pois isso pode incomodar o gato. Atividades que acalmam o cão podem ser escovar ou acariciar; ou, se não puder dar a ele toda a sua atenção, ofereça um comedouro interativo cheio de patê de carne que ele precisa lamber para tirar. No entanto, se seu cão for possessivo com comida, é melhor evitar petiscos mastigáveis e comedouros interativos para o caso de ele se sentir ameaçado pela presença do gato.

O segredo do sucesso é que ambos devem sempre se sentir à vontade na presença um do outro, cada um ocupado com suas coisas. O objetivo não é fazer com que eles interajam fisicamente — se escolherem fazê-lo de maneira positiva, é um bônus, mas os dois devem participar dessa interação por vontade própria. Cães e gatos podem se dar bem a ponto de dormirem juntos e lamberem um ao outro. Contudo, esse comportamento em geral só ocorre se os dois foram criados juntos e viveram na mesma casa por um tempo considerável. Na maioria dos casos, o que podemos ter como objetivo é que o gato e o cachorro consigam ficar no mesmo cômodo, os dois à vontade e tranquilos na presença um do outro, cuidando da própria vida no dia a dia e dividindo o mesmo espaço.

Por isso, enquanto o cão estiver usando a guia leve e longa, controlado por seu treinador e engajado numa atividade tranquila e silenciosa, tente convidar o gato para participar de uma atividade que o agrade — por exemplo, chame-o para o seu colo para ganhar carinho, ofereça um comedouro interativo (longe do cachorro), escove-o ou brinque com ele. Se o gato não gostar de nenhuma dessas atividades, deixe-o em paz; pode ser que ele se sinta à vontade o suficiente para se ocupar na presença do cachorro ou que prefira ficar de olho no cão e, à medida que ganhar mais confiança, comece a se envolver em outras tarefas.

Cosmos está ocupado com seu comedouro interativo caseiro enquanto recompenso Squidge por permanecer calma.

Até que você tenha oferecido ao gato muitas oportunidades de ficar no mesmo cômodo que o cachorro, é aconselhável manter cada um em sua parte da casa quando não puder supervisioná-los. Depois que ambos tiverem permanecido no mesmo cômodo em muitas ocasiões, os dois sempre parecendo calmos e relaxados, deixe o cão investigar a parte da casa que pertence ao gato. Comece fazendo isso mantendo-o na guia e, se tudo correr bem, as próximas investigações podem ser sem restrições (embora ainda supervisionadas). Se eles parecerem tranquilos e relaxados, abra a barreira que separa as duas partes da casa. Se decidir manter permanentemente um cômodo só para o gato, o cão nunca pode ter acesso a ele. Mesmo que se tornem melhores amigos, não fique tentada a remover alguns dos locais seguros e esconderijos do gato — eles podem ser a base dessa amizade tão boa. À medida que os dois se integrarem, espalhe os pertences dos animais por toda a casa — isso não deve ser problema para eles, desde que seja feito aos poucos e que haja vários pertences do gato em lugares que o cão não alcance.

COMO SUA DOMESTICAÇÃO FOI UM PROCESSO MAIS LONGO E MAIS completo que a do gato, o cachorro perdeu alguns aspectos de seus instintos de caça. Mas isso não aconteceu com o gato. Pequenos roedores como hamsters e gerbils, pássaros engaiolados e coelhos nunca vão ser os melhores amigos de um gato. Em última análise, eles são semelhantes demais a seus equivalentes silvestres, que os gatos caçam motivados por puro instinto. Por sua vez, esses animais de estimação têm medo dos gatos também por instinto. Para alguns felinos, sobretudo os que são ótimos caçadores, pequenos animais engaiolados têm um apelo instantâneo e, se tivesse uma chance, o gato perseguiria e atacaria o animal quando solto. Outros gatos, embora fiquem hipnotizados ao verem, em suas gaiolas, pássaros voando ou um gerbil correndo, parecem não saber o que fazer. E há ainda gatos raros que não demonstram qualquer interesse, mas mesmo estes podem estressar pequenos roedores ou passarinhos, que por instinto reconhecem os felinos como predadores (pela aparência e provavelmente também pelo cheiro). O gato também se estressa pela frustração — um gerbil que pode ser observado o dia inteiro, todos os dias, mas nunca ser caçado, pode enfurecê-lo.

Adestrar o gato para não ver o camundongo ou hamster da família como um lanche saboroso é uma tarefa mais difícil do que treinar um cachorro para deixar o gato em paz. No caso do gato, a mudança para o modo predador parece ser desencadeada por alguns poucos elementos visuais, vários dos quais são simulados pelos "brinquedos" que encontramos nas lojas, como movimento (rápido e em linhas retas é melhor), tamanho (maior que uma mosca, menor que um rato), presença de membros (aparentemente quanto mais, melhor — alguns gatos adoram brincar com aranhas de mentira), sons curtos, altos e agudos, e textura — pelos ou penas. (Devido ao olfato apurado do gato, o cheiro provavelmente também tem um peso importante, mas ainda não sabemos muito sobre isso.) Qualquer um desses elementos é o suficiente para fazer com que os gatos corram e saltem, sobretudo se forem jovens e inexperientes, como quando os filhotes perseguem folhas caídas e sopradas pelo vento.

Os instintos de predador aparentemente incontroláveis dos gatos indicam que é improvável que eles sejam companheiros confiáveis para pequenos roedores ou passarinhos. Às vezes aparece algum relato de uma gata cujos instintos maternos a dominaram e a fizeram adotar filhotes de alguma espécie que normalmente seria sua presa, como esquilos. No entanto, esses casos são exceção. Talvez seja possível treinar um gato para ignorar qualquer animal pequeno que divida a casa com ele, mas, como um único lapso pode ser fatal, a separação física permanente costuma ser a opção mais segura.

O adestramento só pode corrigir essa incompatibilidade até certo ponto. O melhor que podemos fazer é ensinar ao gato que há na casa outras coisas mais interessantes do que gaiolas, desviando assim sua atenção. Não podemos "desligar" o seu instinto predatório, por isso os gatos nunca devem ser deixados com esses pequenos animais sem supervisão.

Porém, há algumas coisas que você pode fazer para convencer seu gato de que o camundongo ou passarinho não é tão interessante. Se ele demonstrar interesse pela casinha do animal, tente bloquear a visão do gato protegendo-a com uma cortina ou barreira sempre que ele mostrar interesse. A situação ideal para o outro animal é que a casa dele fique num local que o gato não tenha acesso. Você também pode ensinar ao gato um comportamento alternativo a observar a gaiola, como olhar para você (conforme descrito no Capítulo 5). Faça um som agudo e curto franzindo os lábios e sugando o ar. Pode ser um som que você já usa para chamar o seu gato. Nesse caso, é provável que ele se vire e olhe para você. Do contrário, o fato de o som ser uma novidade também pode incentivá-lo a se virar na sua direção para ver de onde veio o ruído. Assim que olhar para você, marque esse comportamento (ver Habilidade Fundamental 4) para que ele saiba qual é o correto, e recompense-o na mesma hora com comida. Repita isso várias vezes, espaçadas ao longo de várias sessões de adestramento, até ter certeza de que o gato sempre vai olhar se fizer esse som. Nessa etapa, você não precisa recompensá-lo toda vez que ele olhar para você, o que vai ajudar a manter essa reação a longo prazo (ver Habilidade Fundamental 8).

Com essa ferramenta à sua disposição, você pode chamar a atenção do gato sempre que precisar, mostrando-lhe, por exemplo, um brinquedo de varinha que você já tem na mão, depois que ele lhe dirigir o olhar.

No entanto, em algumas situações não haverá um brinquedo e você vai precisar afastá-lo. Ensiná-lo a vir quando for chamado (veja o Capítulo 10) vai dar a você as ferramentas para afastá-lo da gaiola sem ter que ir buscá-lo. Lembre que a recompensa precisa ser mais valiosa que ficar observando o pequeno roedor ou o passarinho, ou ele não vai se sentir motivado o suficiente para se afastar da gaiola. Além de aprender a desviar a atenção do seu gato e afastá-lo dos pequenos animais, pode ser necessário satisfazer o interesse dele por roedores e passarinhos de outras formas. Ao brincar com o gato, inclua muitos jogos do tipo predador (brinquedos de varinha; correr atrás de bolinhas; oportunidades de capturar, morder e mastigar brinquedos feitos de pelos e penas; comedouros interativos). Isso oferece uma alternativa para o comportamento predatório e deve satisfazer as necessidades do gato de uma maneira saudável e segura, ou seja, sem machucar nem estressar outro animal. Também serve para escoar a energia física e mental do gato, deixando-o mais interessado em dormir do que em ficar olhando a gaiola quando estiver à toa.

NÃO IMPORTA SE O INSTINTO FELINO É CAÇAR OU FUGIR DO animal, os gatos podem ser treinados para viver ao lado de outras espécies, desde que sejam oferecidas alternativas adequadas para empregar seus instintos de caça e desde que a segurança que o gato sente dentro de casa seja sempre ideal. Há muito tempo cães são descritos como o melhor amigo do homem, mas com a dessensibilização sistemática e o contracondicionamento, e se permitirmos que o gato controle quanto o cachorro pode se aproximar, felinos podem competir por esse posto. Não é nada inédito nos casos de cães e gatos que foram apresentados da forma adequada e ensinados a desfrutar da companhia um do outro, a ponto de dormirem enroscados na mesma cama. Alguns gatos chegam a acompanhar os cães da família nos passeios. As técnicas de dessensibilização sistemática e contracondicionamento não se limitam a ensinar os gatos sobre seres vivos — elas também são úteis para treiná-los a lidar com todo tipo de objeto que possam encontrar e com os quais não se sentem necessariamente à vontade de cara. A caixa de transporte é um deles e é o tema do próximo capítulo.

CAPÍTULO 7
Gatos confinados

É RARO UM GATO IGNORAR UMA CAIXA DE PAPELÃO. UMA CAIXA vazia, é óbvio. Assim que o conteúdo da caixa é retirado, o gato se materializa dentro dela, quase que do nada, espiando o lado de fora. No YouTube, milhões de amantes de gatos já viram Maru, um scottish fold japonês, tentando se enfiar em caixas de papelão cada vez menores: o astro felino do Twitter, @MYSADCAT (também conhecido como "the Bear"), aparece com regularidade em caixas decoradas com textos como "Hotel Catifornia".

No entanto, o comportamento não poderia ser mais diferente quando aparecemos com algo que a princípio diríamos ser parecido: a caixa de transporte. Aí os gatos somem, ou no máximo temos um breve vislumbre de um rabo desaparecendo do cômodo. Isso é um problema para quem tem gato, pois eles muitas vezes precisam ser transportados — por exemplo, para ir ao veterinário ou ficar numa hospedagem quando os donos viajam. De qualquer forma, levar o gato na caixa de transporte — não importa se a viagem é de carro, de trem, a pé ou até mesmo de avião — é o meio mais seguro e muitas vezes mais fácil de transportá-lo de um local para outro. No entanto, se seu gato não consegue nem cogitar a ideia de entrar nela, todos os seus planos de viagem serão arruinados.

Então, por que caixas de papelão são irresistíveis e caixas de transporte são abomináveis? Numa análise superficial, podemos dizer que são poucas as diferenças entre elas (as duas são um espaço confinado), logo a reação do gato é devida, de alguma forma, à experiência que ele teve com as duas.

Começando com a caixa de papelão, esbarramos na explicação por acaso, durante um estudo que não tinha relação aparente com esse assunto. A equipe de John estava examinando quais tipos de superfícies os gatos em abrigos aguardando adoção gostam de descansar, e para testar os efeitos da chuva nos móveis dos gatis ao ar livre criamos cubos abertos com as partes de cima e de baixo cobertas com o material sendo testado — carpete, por exemplo. E, sim, confirmamos que gatos não gostam de sentar em carpete molhado! (Mas não se incomodam com madeira úmida.) No entanto, se iam ou não se acomodar na superfície seca dentro do cubo não dependia do material dessa superfície, mas de como o cubo estava virado. Os gatos gostavam de descansar num espaço parcialmente fechado, mas apenas se conseguissem ficar de olho nos outros gatos, sobretudo os que estavam no mesmo gatil ou no gatil ao lado. Muitos outros estudos foram feitos depois dessa descoberta inicial e mostraram que essas caixas reduzem de forma significativa o estresse em gatos resgatados, o que gerou produtos que hoje são amplamente usados, como a caixa Hide, Perch & Go da Sociedade para a Prevenção da Crueldade contra Animais de British Columbia, no Canadá, e a casinha Feline Fort da organização Cats Protection, na Inglaterra.[1]

Por que gatos de estimação têm tanto fascínio por espaços fechados? Talvez seja compreensível um gato recentemente arrancado do próprio território querer se esconder até conhecer seu novo ambiente, mas por que um gato que está na própria casa faria isso? A resposta mais provável pode ser atribuída a dois fatores aparentemente não relacionados: o tamanho reduzido do gato e suas garras afiadas. Embora mereçam ser chamados de predadores, os gatos também têm inimigos. Antes da domesticação, os inimigos podiam ser lobos ou ursos; depois dela, essas ameaças desapareceram, mas novas surgiram, como outros gatos mais agressivos, cães de rua e até pessoas com fobia de gatos (isso para não falar das ameaças imaginárias causadas por acontecimentos inexplicáveis, como fogos de artifício). Antes de conseguirem dormir profundamente, os gatos precisam se sentir seguros e, portanto, vale a pena investigar qualquer recurso do ambiente que possa oferecer segurança, seja um canto no edredom da dona ou uma caixa de papelão. (Por esse motivo, nas épocas de fogos de artifício deve-se oferecer um esconderijo tranquilo para o gato que tem medo de ruídos altos — e a maioria tem.)

Ao contrário de muitos outros carnívoros, os gatos resistem em cavar o próprio abrigo. Texugos, lobos, raposas e cães têm garras grossas e cegas que oferecem tração quando correm e permitem escavar tocas. Os gatos, sejam grandes ou pequenos (exceto o guepardo), possuem garras afiadas que atuam como principais armas de caça e, quando não há necessidade de usá-las, ficam retraídas para preservar a afiação. Esse equipamento de caça especializado, portanto, os impede de cavar de verdade. Ao ar livre, eles precisam procurar fendas naturais ou buracos cavados por outros animais: os equivalentes selvagens do gato doméstico no Norte da África preferem as tocas abandonadas das raposas-do-deserto. Espaços fechados já prontos na natureza, com formato e tamanho certos, são raros e ficam distantes entre si, então vale a pena os gatos investigarem qualquer candidato potencial sempre que surgir uma oportunidade. Mesmo hoje, quando estão mais protegidos do que em qualquer época anterior, esse instinto ainda é forte.

Então por que os gatos fogem da caixa de transporte e desaparecem como em um passe de mágica? Elas são feitas para terem o tamanho certo para um gato, e lá dentro ele fica protegido por três lados e por cima, exatamente como uma caixa de papelão deitada de lado. A diferença é que os gatos aprendem que podem entrar e sair das caixas de papelão sempre que quiserem, enquanto que a caixa de transporte logo é associada a coisas desagradáveis — a luta com a dona na hora de ser forçado a entrar, a porta sendo fechada (que resulta na sensação de estar preso), a instabilidade experimentada quando a caixa é erguida e carregada, o percurso de carro até a clínica veterinária (um lugar que tem cheiro de cachorros e gatos assustados e onde ocorrem manipulações desagradáveis) e assim por diante. Pelo que sabemos, a caixa de transporte ainda pode conter traços do cheiro do medo do gato (provavelmente liberado pelas glândulas odoríferas localizadas em suas patas), por mais que tenha passado por uma boa limpeza desde o último uso. Compare essas experiências com as de um filhote que só tenha convivido com uma caixa de transporte que fica aberta dentro de casa, usando-a como um lugar para dormir e brincar — e por isso com pouquíssimas chances de ter desenvolvido sentimentos negativos em relação a ela.

Portanto, a reação negativa é um produto do aprendizado. Não há nada intrinsecamente errado com a caixa de transporte em si, desde que tenha sido bem projetada, mas as conotações dela na mente do gato logo se tornam muito negativas. O truque para evitar que essas associações se formem é dar a cada gato a oportunidade de explorar sua caixa de transporte antes que seja usada para transportá-lo de verdade. Se o gato já desenvolveu o medo dela, essa associação terá que ser desfeita. O adestramento pode ser usado para reforçar a ideia de que a caixa de transporte é essencialmente um lugar seguro e agradável, avançando aos poucos até a fase em que se pode fechar a porta e depois erguê-la do chão, com o gato tranquilamente abrigado dentro.

Para seu gato aprender a amar a caixa de transporte, é preciso começar fazendo com que ele a considere um lugar seguro e acolhedor. Se o gato já decidiu que não gosta muito dela, as causas podem ser muitas. Uma são as características físicas da caixa de transporte: algumas são bem pequenas, e os gatos podem achar desconfortável e enervante ficar espremido num espaço apertado — seu gato deve ter espaço suficiente dentro dela para se levantar e virar. Algumas têm a tampa no teto, exigindo que o gato seja erguido ou pule por vontade própria — o ideal é que ele possa entrar andando sozinho no chão, então as melhores portas são as na altura do chão. Outra coisa que varia é quanta visibilidade o gato tem quando está lá dentro. Algumas são muito abertas — por exemplo, as de grade de metal revestido de plástico —, enquanto outras permitem que o gato fique parcialmente escondido, oferecendo visibilidade limitada através da porta de grade e fendas abertas nas laterais de plástico. Esse último tipo esconde parcialmente o gato e por isso o ajuda a se sentir seguro.

O odor da caixa de transporte pode ser irrelevante para nós, mas é de grande importância para o gato. Se ele já teve experiências desagradáveis nessa caixa específica, como se sujar de urina ou fezes, ou a associa a um destino indesejável, por exemplo, o veterinário, é provável que odores que funcionarão como lembretes da experiência ruim tenham sido absorvidos. Tais lembretes podem incluir os cheiros liberados pelas glândulas odoríferas dele — que, embora imperceptível para nós, são facilmente detectados pelo gato. Muita gente diz que os animais conseguem sentir o cheiro do medo, e nesse caso talvez estejam certas. Outros lembretes podem ser o odor remanescente de urina ou fezes, que, por mais que você limpe, os gatos ainda conseguem sentir. Até o cheiro do produto de limpeza pode ser desagradável para o gato, ainda que seja insignificante para nosso nariz. Caixas de transporte feitas de vime ou tecido têm mais chances de ficar impregnadas com esses cheiros e também são mais difíceis de limpar — logo devem ser evitadas, por mais bonitas que sejam.[2]

Paradoxalmente, depois que o gato já entrou na caixa de transporte, pode ser que ele resista para sair. Você já pode ter tido dificuldade para tirar seu gato da caixa e colocá-lo na mesa de consulta: o gato parece ter decidido que ficar ali dentro, embora não seja o ideal, é mais seguro que se aventurar na vastidão desconhecida da mesa de exames, com um cheiro estranho, na qual um rosto desconhecido vai encará-lo. O gato pode ter sido arrancado da caixa de forma impaciente, ou a caixa foi virada na tentativa de tirá-lo. Essas experiências só confirmam para ele que aquele é um lugar a se evitar a todo custo. Vamos ensiná-lo a ficar à vontade em novas situações o suficiente para sair por conta própria da caixa. No entanto, pode ser que, em certas situações, ele não queira deixar a caixa de transporte de jeito nenhum — por exemplo, numa visita de emergência ao veterinário após ter se machucado. Nesse caso, arrancá-lo de lá ou virar a caixa de transporte não só é angustiante, como também poderia piorar a dor ou o machucado. Uma caixa de transporte com uma parte superior que pode ser facilmente removida permite que o gato permaneça na parte de baixo, onde ele pode ser examinado e tirado de lá apenas se necessário.

O ASPECTO FÍSICO DA CAIXA DE TRANSPORTE NÃO É O ÚNICO problema, e nem mesmo o maior deles. Várias situações relativas a ela podem criar associações negativas na mente do gato. Em primeiro lugar, se a única maneira que você conseguiu colocar seu gato dentro dela (e possivelmente tirá-lo) foi usando a força física, então é provável que ele a veja de forma negativa — e talvez lute ainda mais a cada nova tentativa de colocá-lo lá. Portanto, elimine qualquer comportamento que envolva força. Além disso, é aconselhável começar a treiná-lo bem antes de planejar qualquer uso da caixa de transporte, como idas agendadas ao veterinário ou uma estada em uma hospedagem para gatos.

Em segundo lugar, você usa a mesma caixa de transporte para gatos diferentes, caso tenha mais de um? Ou leva mais de um animal ao mesmo tempo? Embora os gatos possam parecer se dar muito bem numa casa espaçosa e com amplos recursos, forçá-los a dividir um espaço pequeno, e do qual talvez eles já tenham medo, é pedir para dar tudo errado. Da mesma forma, se gatos diferentes usam a mesma caixa de transporte em momentos diferentes, o cheiro deixado por um gato assustado vai ser detectado pelo outro e sinalizar medo para ele.

Por fim, é provável que o objetivo da viagem tenha impacto no modo como seu gato vai encarar a caixa de transporte. Se ela só for usada para levar o animal para algum lugar que ele ache desagradável (o veterinário, a hospedagem para gatos, o tosador), ele vai aprender que ela é um aviso de que uma dessas coisas está por vir. Lembre que, no condicionamento operante, um gato que descobre que seu comportamento gera uma consequência negativa tem muito menos chance de repeti-lo — nesse caso, entrar na caixa de transporte traz recordações de um destino que ele vê como ruim. Assim, seu gato vai ficar ansioso só de ver a caixa e evitar entrar nela a todo custo, mesmo que o destino seja bom (ele não tem como saber). Podemos começar a desfazer essas associações deixando que ele tenha acesso à caixa dentro de casa no dia a dia e combinando-a com coisas positivas, como petiscos e brinquedos (use a Habilidade Fundamental 2, dessensibilização sistemática e contracondicionamento).

Da mesma forma, ser levado na caixa de transporte dentro de um veículo motorizado pode ser muito estressante — o som do motor, a estranha trepidação e os vislumbres do mundo lá fora passando em alta velocidade são profundamente angustiantes. Sem uma exposição cuidadosa a cada um desses elementos, a princípio numa intensidade bem baixa e acompanhada por recompensas de alto valor (outro uso da Habilidade Fundamental 2), os gatos podem desenvolver um pavor de viajar e acabar associando a caixa a essas viagens. Mais tarde, vão se recusar a chegar perto dela, mesmo dentro de casa.

Levando em conta todas as possibilidades de experiências prévias ruins, é provável que o adestramento seja mais tranquilo se você comprar uma caixa de transporte nova, mesmo que sua caixa atual cumpra os critérios que mencionamos. Assim, ela não suscitará associações negativas tão fortes, tornando sua tarefa mais fácil. Para gatos sem experiência com caixa de transporte, comprar o modelo mais acolhedor é um bom começo.

A caixa de transporte ideal.

Ensinar um gato a gostar de ficar na caixa de transporte e a viajar dentro dela não pode ser feito numa única etapa. O gato precisa aprender a associar uma grande variedade de informações sensoriais a sentimentos positivos, e não negativos. O segredo do sucesso é dividir as tarefas em pequenas metas alcançáveis (veja o diagrama a seguir). Dessa forma, nunca o fazemos aprender coisas demais ao mesmo tempo, evitando que ele fique sobrecarregado ou volte a temer a caixa de transporte.

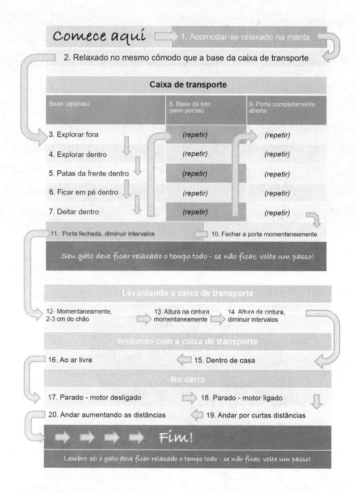

Os vinte passos para viajar numa caixa de transporte.

O mais importante para se dominar essa parte do adestramento é ensinar seu gato a relaxar no momento certo — não só quando ele está dentro dela, mas também quando está fora. É muito mais provável que ele aceite ficar preso nela se estiver relaxado. Permanecer numa caixa de transporte envolve um elemento de restrição comportamental (o gato sabe que está trancado numa caixa) e, em muitos casos, essa restrição dura muito tempo — talvez algumas pessoas bem sortudas tenham um veterinário que fica logo depois da esquina, mas a maioria precisa se deslocar por uma certa distância. Além disso, viagens de férias, visitas (com o gato) ou mudanças podem incluir distâncias ainda maiores. Se garantir que seu gato está relaxado antes mesmo de trazer a caixa de transporte, é mais provável que consiga ensiná-lo a continuar relaxado perto e dentro da caixa. Ensinar um gato a relaxar (Habilidade Fundamental 6) é descrito em detalhes no Capítulo 3, mas em suma envolve oferecer a ele uma superfície confortável para descansar, como uma manta (algo que caiba na caixa de transporte) e recompensá-lo a cada vez que ele mostra sinais de descontração, moldando assim seu comportamento até o objetivo duplo de ficar mental e fisicamente relaxado. Formas de se aproximar desse objetivo podem incluir o gato ficar de pé sobre a manta, sentado, dando voltas sobre (se preparando para deitar) ou deitado, permanecendo num estado de descanso e relaxamento enquanto deita-se sobre a manta. Avaliar com cuidado a linguagem corporal, as expressões e as vocalizações do gato, bem como a postura, antes de decidir se e quando dar uma recompensa vai ajudá-la a premiar o estado emocional de relaxamento, e não apenas o local e a postura do gato. Gatos relaxados podem piscar os olhos devagar ou fechá-los por completo, ficar quietos ou ronronar de leve. Se os rabos se moverem, será lenta e suavemente. A respiração deles fica lenta, de modo que o peito sobe e desce devagar, e, quando deitado, vira as patas para cima para que os coxins não toquem a superfície onde ele descansa.

Ao ensinar um gato a relaxar, deve-se selecionar os prêmios com cuidado para não estimulá-lo demais. Há uma linha tênue entre oferecer recompensas que o motivam o suficiente para ele se esforçar e deixá-lo entusiasmado demais com a expectativa de recebê-las — e por isso, incapaz de relaxar. Assim, manter o nível de envolvimento ideal (calmo mas interessado em você e na tarefa, conforme descreve o Capítulo 2) é crucial ao ensinarmos um gato a relaxar — queremos que ele experimente um estado emocional (relaxado) ao mesmo tempo que executa um comportamento (ficar deitado na caixa de transporte). Uma forma de evitar a agitação em excesso devido à expectativa pelas recompensas é alternar entre vários tipos — por exemplo, uma que deixe o gato calmo mas não o motive muito (carinho, por exemplo) pode ser alternada com outra que o deixe motivado mas talvez aumente o entusiasmo (por exemplo, petiscos ou brinquedos).

Embora possa parecer esforço demais ensinar seu gato a relaxar sobre uma manta quando o verdadeiro objetivo é fazê-lo aceitar a caixa de transporte, você já vai ter feito metade do trabalho pesado. Se colocar a manta dentro da caixa de transporte antes de apresentá-la, é bem provável que o gato se aventure a entrar nela, pois já terá associado a coberta a uma sensação agradável, tranquila e segura.

Se seu gato não evitou a caixa de transporte em outras ocasiões em que a viu no passado, mas também nunca entrou nela por conta própria, podemos ensiná-lo que a caixa é um bom lugar associando-a a coisas agradáveis.

O primeiro passo é botá-la numa parte da casa que seja tranquila, segura e confortável — algum lugar onde ele costuma ficar, e não onde você tentou colocá-lo na caixa antes, caso ele já tenha criado uma associação entre o local, a caixa e a falta de controle. Tire a porta e a parte de cima da caixa e coloque dentro dela a manta associada à sensação de relaxamento, antes que seu gato tenha a chance de vê-la. Impregnar a caixa de transporte com o cheiro do próprio gato (Habilidade Fundamental 7) esfregando um pano no focinho dele enquanto você faz carinho (mas apenas se ele gostar disso) e depois passando esse pano nos cantos externos, na entrada e dentro da caixa também vai fazer com que seu gato a veja como um lugar familiar e seguro — mesmo que para você ela continue sendo exatamente a mesma. Coloque objetos que ele adora dentro e em volta da caixa, e formando uma trilha até ela. Você pode pôr alguns petiscos preferidos ou uma pitada de erva-dos-gatos em cima da caixa e levando até ela. E também pode deixar o pote com a comida preferida dele dentro da caixa para que, ao seguir a trilha de petiscos ou erva-dos-gatos, ele se veja dentro da caixa com uma recompensa ainda maior — a refeição. Esse é um cenário ideal de preparar para quando você não estiver por perto, deixando-o explorar a caixa de transporte por iniciativa própria e no tempo dele.

Quando estiver por perto, você mesma oferecerá a isca — pode arrastar uma pena comprida ou um brinquedo de varinha até o interior da caixa e, em seguida, brincar com seu gato quando ele estiver lá dentro. Para mais informações sobre como atrai-lo usando iscas, veja a Habilidade

Fundamental 3. Depois que a isca tiver funcionado e a recompensa, seja ela brincadeira ou refeição, tiver terminado, ver a manta ali e senti-la sob as patas vai encorajar seu gato a se acomodar ali dentro, em vez de fugir imediatamente. Em última análise, queremos encorajar visitas prolongadas à caixa, pois é isso que o gato vai experimentar quando for colocado nela.

É PROVÁVEL QUE OS GATOS QUE TIVERAM EXPERIÊNCIAS PRÉVIAS negativas com uma caixa de transporte e os que são muito cautelosos ou ansiosos por natureza não tenham confiança suficiente para explorá-la por iniciativa própria, mesmo com iscas. Portanto, com eles é necessário usar um método de ensino diferente, que diminua o impacto da caixa, dando-lhe a chance de formar associações positivas — pelo processo de dessensibilização sistemática e contracondicionamento (Habilidade Fundamental 2). Usar a manta de relaxamento durante todo o processo vai ajudar a manter o gato abaixo do limiar de medo em relação à caixa, e você pode reduzir esse temor ainda mais se, no início, apresentar aos poucos os elementos que o compõe .

Comece o treinamento recompensando-o por exibir o comportamento relaxado sobre a manta, com a caixa de transporte a certa distância. O espaço entre a manta e a caixa vai depender da percepção que seu gato tem da caixa: se for muito negativa, as duas devem ficar o mais distantes possível — digamos, em cantos opostos do cômodo. Aos poucos, e quando seu gato não estiver fazendo uso dela, vá aproximando uma da outra. (Nunca faça isso com seu gato na manta, pois provavelmente vai assustá-lo.) Quando ele parecer relaxado sobre o cobertor, você pode marcar isso com as palavras "isso mesmo" e, em seguida, dar a recompensa escolhida (brinquedo, petisco, carinho) fora da manta. O uso de um marcador verbal lhe permite informar ao gato qual comportamento correto gerou a recompensa. A importância de dar o prêmio fora da manta nessa etapa é que assim você pode levá-la para o próximo local enquanto o gato se concentra na recompensa. Um marcador verbal acaba se tornando o aviso de que o petisco está vindo, através do processo de condicionamento clássico (ver Habilidade Fundamental 4, marcar um comportamento). Com isso, você ganha tempo para dar a recompensa e ao mesmo tempo consegue ser precisa quanto ao momento da entrega. Sempre avance num ritmo que seja confortável para seu gato, adaptando a duração da sessão ao envolvimento dele e sempre terminando num momento positivo — por exemplo, quando ele tiver exibido um bom comportamento desejado (veja a Habilidade Fundamental 9, como encerrar qualquer tarefa de adestramento).

Ao longo de várias sessões, tire a parte de cima da caixa de transporte e a esconda em algum lugar por perto. Depois vá aos poucos levando a manta na direção da caixa e, por fim, deixe-a sobre a base da caixa: com alguns gatos, conseguimos fazer isso em questão de minutos, mas com outros pode levar várias sessões de adestramento. Procure avançar até a etapa em que seu gato consegue ficar relaxado na manta sobre a parte de baixo da caixa de transporte (ainda sem a parte de cima).

Agora você pode pôr o teto de volta. No entanto, só faça isso quando seu gato não estiver na caixa. Se ele não quiser entrar nela depois que o teto foi colocado, você precisa voltar alguns passos, tirando a manta de dentro da caixa. Recompense-o por ficar sobre a manta com a caixa por perto. Lembre-se de moldar o comportamento — leve a manta mais para perto ou até para dentro da caixa, e recompense-o sempre que seu gato se aproximar mais do comportamento final desejado. No início, ele pode, por exemplo, enfiar apenas a cabeça dentro da caixa. Dê a recompensa e também quando ele puser a cabeça e uma pata dentro da caixa, depois a cabeça e duas patas, depois cabeça, patas da frente e metade do corpo, e assim por diante.

Pode ser difícil apresentar o petisco enquanto o gato estiver de frente para a caixa de transporte. Tente jogar a comida com gentileza dentro da caixa — porém, no caso de alguns gatos, o petisco passando rápido pode causar agitação, tirando-os do estado de relaxamento. Então, tente enfiar o petisco pelas fendas da caixa. Assim você entrega a recompensa no lugar certo sem agitá-lo. Dar o prêmio assim também vai encorajá-lo a entrar de vez na caixa e a permanecer lá.

Sarah recompensa o comportamento relaxado de Herbie fazendo carinho no queixo dele.

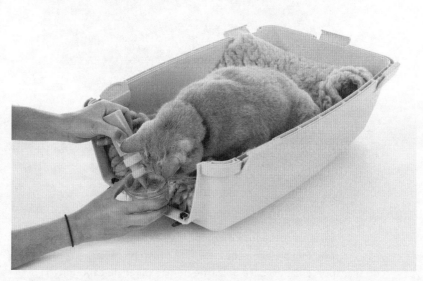

Sarah recompensa o relaxamento prolongado de Herbie espremendo um pouco de patê de carne num pote de vidro para ele lamber.

Nosso objetivo final é o gato entrar com o corpo todo na caixa de transporte e exibir um comportamento relaxado sobre a manta dentro dela. Lembre que em nenhum momento tivemos que tocar no gato para fazê-lo entrar na caixa (a menos que usemos carinho como recompensa) — é improvável que ele consiga ficar descontraído se for empurrado, mesmo que disfarçadamente!

Só pegue a porta da caixa quando seu gato já tiver permanecido dentro da caixa de transporte aberta por vontade própria durante várias sessões de adestramento consecutivas. Comece encaixando a porta e deixando-a ainda aberta quando o gato não estiver na caixa. Quando ele se sentir confortável na caixa com a porta encaixada mas aberta por cerca de cinco minutos, comece a fechá-la, inicialmente apenas um segundo por cada vez, lembrando-se de recompensar o comportamento relaxado e logo depois de abrir a porta. Em seguida, aumente de forma gradual o tempo que a porta permanece fechada.

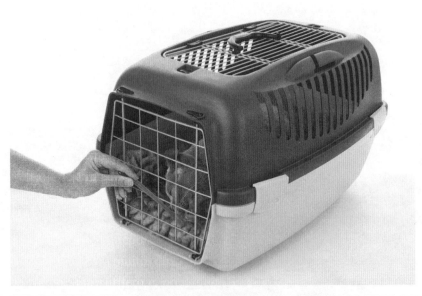

Sarah recompensa o comportamento relaxado
de Herbie agora que ele está preso na caixa
de transporte dando patê de carne numa colher de cabo longo.

É importante que o gato consiga ficar relaxado na caixa de transporte durante o tempo que durar a viagem mais longa que ele precisa fazer. Por exemplo, se a ida ao veterinário costuma durar meia hora, tente fazer seu gato chegar à fase em que consegue passar esse tempo dentro da caixa de transporte (com a porta aberta) por vontade própria em casa, e só então comece o processo de fechar a porta aos poucos. É extremamente importante que ele fique relaxado quando estiver na caixa, pois vai saber que a porta fechada significa que não pode sair se quiser. Oferecer petiscos através das fendas ou da porta é uma ótima forma de recompensa. Agora você terá um gato que fica feliz de passar um tempo na caixa de transporte em casa. Alguns gatos podem aprender a gostar tanto de ficar na caixa de transporte que surge um novo desafio: conseguir fazer com que saiam dela!

VIAJAR NA CAIXA DE TRANSPORTE REÚNE MUITOS NOVOS ELEMENTOS além de estar num espaço confinado: envolve vários tipos de movimentações — a caixa vai ser erguida do chão e levada, e haverá certa trepidação durante o deslocamento do veículo. Muitos gatos têm dificuldade em lidar com essas movimentações, por isso é muito importante trabalhá-las aos poucos. Comece se certificando de que seu gato está relaxado na caixa com a porta fechada e a mova no chão com cuidado só por alguns centímetros de cada vez, sem levantá-la.

Se o gato der sinais de que deseja sair da caixa a qualquer momento, talvez miando ou dando patadas na porta, abra-a imediatamente e deixe que ele saia. Não queremos que ele se sinta inseguro ou sem controle, pois só vai prejudicar o aprendizado. Se isso acontecer, não se preocupe, deve ser só porque seus objetivos de adestramento individuais foram um pouco ambiciosos demais: você vai precisar dividi-los em tarefas menores e mais fáceis de realizar e avançar num ritmo mais lento. Também é aconselhável reduzir o tempo de cada sessão para que elas terminem quando o gato ainda estiver gostando do treinamento.

Depois que seu gato tiver se habituado à caixa sendo movida com cuidado pelo chão, introduza a sensação de estar sendo levantado. Comece pondo a mão na alça e erguendo-a sem tirar a caixa do chão — dê logo em seguida uma recompensa para o gato. Repita várias vezes — isso vai fazer com que ele se acostume a ouvir um barulho acima dele e aprenda que esse som indica uma recompensa. Se ele continuar à vontade, levante um pouquinho a caixa sempre que segurar a alça — no começo, erga-a apenas alguns poucos centímetros do chão. Não se esqueça de dar uma recompensa ao gato depois de cada erguida da caixa e de verificar o tempo todo se ele está feliz lá dentro.

Levantar a caixa de transporte só pela alça até certa altura que lhe permita andar de forma confortável pode fazer algumas caixas balançarem e isso pode ser angustiante para o gato. Por isso, sempre que possível leve a caixa de transporte com as duas mãos para estabilizá-la. Ao longo de várias sessões de adestramento, você pode levantá-la um pouco mais até conseguir segurá-la na altura da cintura, como faria se fosse andar com ela. Certifique-se de erguê-la e segurá-la com cuidado e firmeza — ficar numa caixa e ser carregado é uma sensação estranha para gatos, que preferem ficar com os pés firmes numa superfície estável.

A próxima etapa é ensinar ao gato que não há nada a temer ao ser levado na caixa de transporte. Comece dando alguns passos, depois pare e dê uma recompensa. Avance aos poucos até conseguir fazer trajetos curtos pela casa, terminando cada um com um acontecimento positivo. Por exemplo, você pode pedir ao gato para entrar na caixa de transporte na sala, fechar a porta e levá-lo até a cozinha, onde ele vai poder sair e na mesma hora comer uma refeição saborosa. Ou pode carregá-lo para outro cômodo onde estarão alguns dos brinquedos favoritos dele, só aguardando para você brincar lá com ele.

A etapa final é levar seu gato ao ar livre dentro da caixa de transporte. Mesmo que não costume sair normalmente, em alguns momentos da vida ele terá que fazer viagens curtas; mesmo uma ida ao veterinário pode incluir quatro trajetos curtos do lado de fora — de casa para o carro, do carro para o veterinário, do veterinário para o carro e do carro para casa. Para um gato que vive apenas em ambientes internos e tem pouca experiência com atividades ao ar livre, essas viagens são muito assustadoras, então quanto mais você praticar — recompensando cada trajeto com os reforçadores que funcionam melhor com seu gato — mais fácil será para ele.

Se ele tiver acesso ao ar livre, você pode usar a caixa de transporte para levá-lo até o quintal e depois soltá-lo para brincar ou apenas explorar, se você já souber que isso é algo de que ele gosta. Quando estiver pronta para soltar seu gato da caixa, abra a porta devagar e em silêncio. Lembre-se de oferecer algumas recompensas enquanto ele ainda está na caixa — por exemplo, pedacinhos pequenos mas saborosos de comida, ou dados através das fendas ou da porta. Tente incorporar esse treinamento à sua rotina regular com o gato, praticando pelo menos uma vez por semana — dessa forma, ele tem menos chances de associar a caixa de transporte a viagens desagradáveis, pois terá feito mais trajetos que terminam com um resultado positivo do que os que acabam em algo mais assustador. No geral, esse treinamento ensina duas coisas aos gatos: primeiro, que ficar na caixa de transporte é recompensador; e, segundo, que ser levado nela termina com um destino ou resultado positivo.

O passo final do adestramento da caixa de transporte é ensinar ao gato que ele não tem nada a temer quando circula por aí na caixa. Os meios de transporte mais comuns para se levar um gato são veículos motorizados como carro ou ônibus ou um transporte ferroviário como trem, metrô ou bonde. Essa talvez seja a fase mais difícil, com a qual muitos gatos têm dificuldade. Portanto, é importante que você introduza essas viagens não só gradualmente, mas também quando o gato for o mais jovem possível. A primeira etapa é ensiná-lo que ao andar no meio de transporte escolhido ele vai ganhar muitas recompensas. Antes de iniciar, o gato já deve ficar à vontade e relaxado na caixa e quando é carregado nela, dentro e fora de casa.

Se precisar transportá-lo de carro, você já tem uma vantagem, pois tem o controle sobre quando o carro para e anda. Portanto, pode dividir o trajeto em trechos menores e mais viáveis para o gato aprender a lidar, durante o adestramento. Por exemplo, ao levá-lo para o carro pela primeira vez, o motor precisa estar desligado, para que não haja ruído de motor, rádio, aquecimento ou ar-condicionado. Basta colocar a caixa no banco do carro — o mesmo em que ele vai ficar quando você for transportá-lo — e premiar o gato. Lembre-se de monitorar o comportamento e a linguagem corporal do seu felino em todos os momentos: como sempre, você deve recompensar o comportamento calmo e relaxado. Se ele parecer desconfortável, tire-o do carro e treine mais o uso da caixa em casa antes de tentar outra vez. Um sinal de que seu gato não está aguentado mais e você está indo rápido demais nas sessões é ele parar de tocar no petisco.

Nas primeiras vezes que puser seu gato no carro, deixe a porta aberta e tire-o (ainda na caixa de transporte) do veículo depois de cerca de um minuto. Você precisa dar ao gato tempo suficiente para observar o interior do carro, mas não o deixe lá dentro por muito tempo, ou a ansiedade pode surgir. Ofereça um fluxo constante de recompensas pelo comportamento relaxado. Vá avançando aos poucos nos seus objetivos de adestramento: no começo só ficar no carro com você, de portas fechadas e com a caixa de transporte presa no cinto de segurança, com o motor desligado; depois o mesmo cenário, mas com o motor ligado. Com o carro ainda parado, deixe o gato perceber alguns dos sons e movimentos que o carro vai fazer no trânsito — por exemplo, o vaivém do limpador de para-brisa, o som da seta e a alavanca de câmbio se movendo. Não faça essas coisas uma após outra, e sim uma de cada vez ao longo de várias sessões, sempre monitorando o gato e premiando-o quando ele exibir o comportamento calmo.

O próximo passo será fazer pequenos percursos de carro. Se estiver usando transporte público, viagens curtas geralmente são o único modo de começar, pois é difícil conseguir usar o trem, ônibus ou outro meio de transporte público enquanto ele está parado. No entanto, talvez seja possível só visitar a estação de trem ou de bonde ou ponto de ônibus sem de fato viajar neles. Isso vai ajudar o gato a se acostumar com todos os sons e imagens que vêm com o meio de transporte antes de ter que experimentar o movimento deste. Se estiver viajando de carro e você costuma dirigir, é aconselhável pedir que outra pessoa o faça nas primeiras sessões de adestramento, para que você possa dedicar toda a sua atenção a monitorar o gato e dar recompensas. As primeiras viagens devem ser breves — se estiver de carro, uma volta no quarteirão ou até o fim da rua, mas se estiver de ônibus ou trem, viaje uma ou no máximo duas estações e volte. Embora não dê para controlar a velocidade no transporte público, no carro você deve ir devagar (abaixo de cinquenta quilômetros por hora). Com o tempo, vá aumentando o trajeto e a velocidade. Você só deve assumir o volante quando tiver certeza de que o gato está à vontade no carro.

Agora que ele gosta de viajar, não pare de praticar. Continue fazendo viagens regulares que terminam com algo positivo — por exemplo, uma viagem de dez minutos que termine em casa e com uma refeição saborosa ou uma brincadeira (ver Habilidade Fundamental 9). Certifique-se de que seu gato faça mais viagens (no meio de transporte de sua escolha) que incluam muitas recompensas durante o percurso e algo bom ao fim do que viagens que tenham resultados negativos (por exemplo, uma injeção no veterinário). Lembre-se de avançar no ritmo do gato, dividindo o adestramento em cada componente diferente da caixa de transporte e o meio de transporte principal em objetivos pequenos e mais fáceis de alcançar. Ao fazer isso, você vai ensinar a seu gato a continuar vendo de forma positiva não só a caixa de transporte, como também a viagem dentro dela. Isso vai proteger, em grande medida, a percepção geral do gato sobre a viagem de quaisquer incidentes negativos que possam ocorrer durante os trajetos (como enjoar na viagem — ver o quadro a seguir). Além disso, ao habituar aos poucos o gato primeiro à caixa de transporte e depois a viajar, você vai perceber que ele vai lidar muito melhor com trajetos mais longos — em caso de mudança, por exemplo.

MESMO A CAIXA DE TRANSPORTE MAIS BEM PROJETADA PODE VIR a suscitar conotações desagradáveis até para o gato mais tranquilo, mas o problema não costuma ser a caixa de transporte em si — é o que aconteceu com o animal quando ele estava dentro dela. Os gatos gostam de entrar em espaços pequenos e aparentemente confinados por instinto, porque se sentem seguros lá dentro, e graças à sua agilidade excepcional eles sabem que, se for necessário, podem escapar com rapidez. O que eles detestam — e é compreensível — é se sentir presos. Adestrar um gato para entrar por vontade própria em sua caixa de transporte é, portanto, uma questão de destacar os aspectos positivos — é um lugar confortável — e evitar que a mente do gato seja tomada por aspectos negativos — a caixa pode ser uma armadilha. Outra situação que os gatos às vezes amam e outras vezes evitam é serem tocados. Um toque pode ser agradável ou um sinal de que algo ruim está para acontecer: no próximo capítulo, veremos como usar o adestramento para aumentar a frequência da primeira postura e minimizar o impacto da segunda.

Problemas nas viagens

Se seu gato tem dificuldade para se sentir à vontade numa viagem de carro, há outras dicas que podem ajudar no adestramento. Alguns gatos...

- ... ficam assustados ao ver o mundo passando diante deles pelas janelas: protetores contra o sol ou vidros com filme podem ajudar a reduzir esse estímulo.
- ... ficam muito incomodados com o som do motor. Tocar uma melodia suave, como música clássica, pode abafar o barulho do motor.
- ... enjoam durante a viagem. Se você fez todo o adestramento conforme recomendado e seu gato ainda não se sente bem durante a viagem, é aconselhável conversar com o veterinário, que será capaz de diagnosticar se o gato sofre de enjoo de movimento e ajudar a tratá-lo. Livrar-se dos sintomas do enjoo de movimento vai ajudar muito no adestramento — um gato não consegue aprender que o carro é um ambiente positivo se o movimento o deixa enjoado. Além disso, petiscos como recompensa não vão ser nada tentadores se ele estiver nauseado. Quando ele não sentir mais enjoo, talvez seja necessário repetir parte do treinamento para que as impressões negativas a respeito do carro passem a ser positivas.

CAPÍTULO 8

Toque: insulto ou indulgência?

U M DOS PRAZERES DE SE CONVIVER COM UM GATO É A SENSAÇÃO ao deslizar as mãos por seu pelo macio. Estudos já demonstraram que acariciar gatos pode trazer vários benefícios para as pessoas, alguns psicológicos, outros físicos. No entanto, embora muitos gatos também pareçam gostar dessa interação, para outros ser acariciado pode ser uma experiência estressante. Felizmente, a maioria dos gatos de estimação (os que tiveram experiências positivas com pessoas desde cedo) pode aprender a gostar. Embora o carinho seja de comum acordo entre a pessoa e o gato, existem outras formas de interação física que podem não agradar muito — entre elas, certos cuidados com a saúde, como escovar (sobretudo em gatos de pelo longo), aparar as unhas e dar medicamentos. Porém, se o gato não se sentir confortável ao ser escovado ou contido na hora de tomar um remédio, ele pode começar a evitar qualquer situação que envolva ser tocado, ou até mesmo pessoas. O adestramento é a melhor maneira de ensiná-lo que as formas de toque necessárias para cuidar da saúde, em vez de serem indesejadas, na verdade indicam que ele vai ganhar uma recompensa e, portanto, tornam-se agradáveis por si mesmas.[1]

O toque é extremamente importante para um gatinho recém-nascido. Eles ainda são cegos e surdos quando nascem, então o tato, o paladar e o olfato são suas únicas janelas para o mundo. O contato físico com a mãe é de suma importância para a sobrevivência deles, pois ela não é apenas sua única fonte de nutrição, como também de calor — os filhotes não conseguem regular a temperatura do corpo ao nascer. À medida que seus olhos e ouvidos se abrem e eles se tornam mais independentes e autossuficientes, o tato se torna menos importante. No entanto, enquanto a ninhada continua junta, os filhotes muitas vezes se enroscam formando uma pilha, aparentemente tanto para se sentirem seguros quanto para terem conforto físico. E ainda cumprimentam a mãe fisicamente quando ela retorna, em geral esfregando a cabeça e a lateral do tronco ao longo do corpo dela (tentando convencê-la a se deitar e deixá-los mamar, já que à medida que eles crescem, a mãe torna-se cada vez mais relutante em amamentar).[2]

Na natureza, certos gatos (sobretudo machos não castrados) tornam-se solitários à medida que crescem, e seu contato com outros felinos fica restrito a brigas e acasalamento. Contudo, quando criados juntos, fêmeas e animais castrados dos dois sexos podem continuar sendo amigos, o que se reflete no tempo que passam descansando lado a lado, frequentemente lambendo um ao outro. Às vezes, esses laços se formam entre dois gatos que não se conheceram antes de serem adultos. Embora costumem surgir mais entre gatos que viveram juntos durante a vida inteira, existem muitas exceções a essa regra — afinal, são gatos!

Quando uma gata que vive em área rural se reúne com seus amigos felinos após um tempo longe, talvez depois de uma ronda por seu território de caça, ela costuma se aproximar com o rabo em pé (em alguns gatos, a ponta também pode estar curva para o lado). Os outros também levantam o rabo, e todos se esfregam, roçando as bochechas, as laterais e às vezes o rabo um no outro. Isso é uma demonstração de confiança entre eles e aparentemente serve para reforçar o vínculo que existe: muitas vezes é o gato mais novo ou menor que dá início a tal processo, revelando que a provável origem desse ritual é a forma como os filhotes cumprimentam suas mães. O contato físico é importante por si só, mas inevitavelmente todos os cheiros que acompanham um gato de suas "saídas" serão transferidos para aqueles em que ele decidir se esfregar. Não se sabe se essa transferência de cheiro tem algum significado para os próprios gatos — pode servir para criar um "cheiro da colônia" comum a todos, como se sabe que ocorre em alguns outros carnívoros, como os texugos. O que podemos ter certeza é de que nossos gatos escolhem nos cumprimentar exatamente da mesma maneira, levantando o rabo e se esfregando nas nossas pernas. Ao fazerem isso, parecem estar reconhecendo que somos maiores e o fato de que nós os alimentamos, e não o contrário.[3]

Gatos que descansam juntos costumam lamber um ao outro e, embora isso ajude na limpeza das partes mais difíceis de alcançar, é quase certo que tenha importância social, reforçando o vínculo entre eles. Pode até ajudar a restabelecer relacionamentos que ficaram um pouco estremecidos, pois esse comportamento parece ser mais intenso logo depois de uma pequena briga. Além disso, ao contrário do que acontece ao se esfregarem, os gatos adultos não restringem o hábito de lamber aos gatos maiores ou mais velhos que eles, o que sugere que lamber um ao outro é mais uma expressão de amizade entre iguais. (Também é verdade que mães lambem seus filhotes muito mais do que o contrário, mas nesse caso se trata sobretudo de cuidados com a higiene, e não fins sociais.)

Quando acariciamos nossos gatos, eles costumam tentar se ajeitar para ganhar carinho na cabeça, incluindo bochechas, orelhas e nuca. Todas essas partes parecem ser os alvos principais quando um gato lambe o outro. Por isso é razoável supor que eles acham esse carinho, ao menos na cabeça, pescoço e focinho, socialmente desejável e, logo, agradável. Os gatos de estimação também parecem gostar de ser acariciados no topo da cabeça, sobretudo na área entre os olhos e nas orelhas onde o pelo é ralo e há uma concentração de glândulas odoríferas, então talvez com isso estejam nos encorajando a pegar um pouco do cheiro individual deles (infelizmente, um exercício inútil, pois nossos narizes pouco sensíveis mal são capazes de detectá-lo). A maioria dos gatos também gosta de carinho embaixo do queixo e em volta da boca (outra área onde há produção de cheiro), mas pouquíssimos gostam de ser tocados nas costas logo antes do rabo (onde há mais glândulas, embora isso possa não ter relevância).[4]

Existem outras partes do corpo onde eles não gostam de ser tocados. As patas são não apenas muito sensíveis, como geralmente entram em contato com outro gato apenas durante as brigas; então, por uma razão ou outra (provavelmente as duas), eles tendem a puxar a pata quando tentamos tocá-la. A maioria também não gosta de ter o rabo tocado (apesar de às vezes incluírem o rabo ao se esfregarem uns nos outros), possivelmente porque isso os lembra de episódios em que prenderam o rabo em algum lugar ou alguém tentou pegá-los ao tentarem escapar (não recomendamos fazer isso). A parte mole da barriga é outro lugar onde muitos gatos não gostam de ser tocados, provavelmente porque se sentem vulneráveis a ataques quando estão de costas. Alguns podem tolerar por pouco tempo, mas em seguida recuam inesperadamente, talvez até usando as garras traseiras com um pouco de força demais. Um gato que fica relaxado ao ser tocado onde quer que seja é mais fácil de cuidar do que aquele que só aceita um breve cafuné atrás das orelhas. Escovar com frequência é uma parte importante do cuidado de qualquer gato e, se feito da maneira correta, não só é bom para a saúde do animal, como também pode fortalecer o vínculo entre ele e a dona. Os gatos removem os próprios pelos mortos quando se lambem, usando as cerdas especiais que têm na língua, mas complementar isso com a escovação reduz o risco de haver ingestão excessiva de fios, com a consequente formação de bolas de pelo no estômago. Além disso, evita que pelos mais longos e grossos fiquem embaraçados e remove sujeiras que podem ter se agarrado ao animal num passeio ao ar livre, como poeira, terra, teias de aranha, folhas e gravetos pequenos. A escovação ocasional pode fazer bem até mesmo para o gato de pelo curto que só circula em ambientes fechados e se lambe com frequência, pois é o momento ideal para checar se há ectoparasitas, feridas, caroços e saliências.

Muitos gatos gostam de ser penteados e não precisam de nenhum adestramento formal. Alguns não se importam de ser escovados na cabeça, no pescoço e nas costas, mas não gostam muito em outras partes do corpo, como barriga e patas, e outros detestam em qualquer lugar. A forma como o seu gato reage à escova depende em grande parte das experiências prévias dele com escovação e de quanto ele tolera ser manipulado. No entanto, com o adestramento, todos podem aprender a gostar. Para alguns, a sensação de ser escovado revela-se intrinsecamente gratificante por si só, ou pode ser que o gato aprenda a associar a escovação com outra recompensa, como comida, e aceite (e até goste), pois sabe que vai receber algo saboroso. De qualquer forma, depois que o gato passa a gostar de ser escovado, essa é uma excelente maneira de passar o tempo com ele, permitindo-o ficar relaxado na sua companhia.

A ESCOVAÇÃO É ESSENCIALMENTE UMA FORMA DE TOQUE, POR ISSO é bom avaliar o quanto seu gato tolera ser tocado antes mesmo de pegar a escova. Como vamos usar os dedos para simular o toque da escova antes de usá-la de verdade, é aconselhável verificar, com a ponta dos dedos, se o gato se sente confortável ao ser tocado no focinho, no topo da cabeça e na nuca, antes de iniciar qualquer adestramento. Além disso, os gatos só costumam se lamber quando estão relaxados — portanto, se esperar até que seu gato esteja relaxado para apresentar a escova, ele vai estar mais receptivo. Você também pode usar a manta onde ensinou seu gato a se acomodar e relaxar (consulte a Habilidade Fundamental 6).

Existem escovas de formatos, tamanhos e tipos variados; é aconselhável usar uma escova com cerdas macias quando se está começando a ensinar o gato a ser escovado. O mesmo vale para aqueles que já não gostavam de ser escovados e também para os que têm uma pele muito sensível ou pelagem fina. Por exemplo, Herbie era um asiático, com uma camada única de pelos. Ele só era escovado com uma escova de cerdas macias, pois isso bastava para penetrar a pelagem sem irritar a pele. Já Cosmos é um pelo curto doméstico com uma camada dupla padrão, e seu subpelo fino torna-se particularmente espesso no inverno. Com ele, uso uma escova de cerdas de metal com pontas de plástico e, mesmo com ela, Cosmos gosta de ser escovado com mais força do que Herbie gostava. As escovas que não têm plástico revestindo as pontas de metal devem ser evitadas, pois podem arranhar a pele. Da mesma forma, não use pentes ao começar a ensinar um gato a ser escovado, pois são propensos a arrancar mais pelos do que as escovas.

Antes de começar, pode ser aconselhável "enchê-la" com o cheiro do seu gato, para que ela tenha um cheiro familiar e, assim, seja menos assustadora. Faça isso usando a Habilidade Fundamental 7 para coletar o cheiro do seu gato num pano e, em seguida, esfregá-lo na escova, que não deve ser vista pelo gato.

Para os filhotes, uma escova de dentes macia é ideal para começar, pois ela não é grande demais. Além disso, quando a passamos no pelo do filhote fazendo movimentos curtos e retos, é provável que consiga imitar a língua da mãe, o que ajuda a formar associações positivas com a escova desde a primeira experiência.

Quando escovamos nossos gatos, devemos tentar imitar o movimento deles de lamberem uns aos outros. Alguns podem até lamber a sua mão ou o seu braço enquanto você os escova: provavelmente estão retribuindo o favor. Esse comportamento é um sinal muito positivo, pois mostra que o gato tem um bom vínculo com você e está gostando da escovação por si só.

Se o seu gato não acha o ato de ser escovado prazeroso, a melhor coisa que você pode fazer é ensiná-lo que isso anuncia a chegada de recompensas. Ao mesmo tempo, você deve se certificar de que o gato sempre se sente no controle da situação. Com o tempo, ele deve começar a sentir prazer na sensação de ser escovado, por associação.

Comece colocando a escova perto de você no chão e deixe seu gato investigá-la se ele desejar. Se ele o fizer, mesmo que seja apenas cheirando-a brevemente ou olhando na direção dela, recompense-o por isso (ver Habilidade Fundamental 1) — lembre-se: se usar comida como prêmio, porções bem pequenas bastam, mas certifique-se de que seja um alimento de valor elevado o suficiente para ser uma guloseima de verdade. Nessa fase, não queremos que a escova invada o espaço pessoal do gato, fazendo-o pensar em recuar caso não se sinta à vontade — em vez disso, ela deve ser colocada a uma distância confortável dele, que permita ao gato se aproximar se tiver vontade. Assim, ele está decidindo se vai investigar a escova. Se seguir esse conselho, seu gato se sentirá mais no controle da situação e provavelmente vai progredir mais rapidamente nos objetivos de adestramento.

Antes de iniciar qualquer adestramento,
Cosmos tem a oportunidade de investigar a escova.

Quando seu gato estiver investigando com confiança a escova ainda no chão, comece uma brincadeira de alvo usando-a. Essa brincadeira consiste em ensinar o gato a segui-la, como se faria com uma ponteira de treinamento (veja a Habilidade Fundamental 3). Lembre-se de recompensá-lo com frequência e de esconder a escova antes de dar as recompensas, pois isso torna o aprendizado mais eficiente — colocar a escova atrás das suas costas é uma boa maneira de tirá-la da vista do gato. Uma seringa ou bisnaga de plástico contendo patê de carne pode ser uma excelente recompensa por essa tarefa, pois você pode segurá-la atrás das costas com uma mão e trazê-la rápida e facilmente para o gato lamber no momento adequado.

Depois que o gato seguir a escova por alguns passos, tente segurá-la parada na altura do focinho dele e ver se ele o esfrega nela espontaneamente. Se ele fizer isso, esconda a escova só depois de ele terminar (mas você pode marcar o comportamento quando ele acontecer) e, em seguida, recompense-o. A maioria dos gatos dóceis, não habituados à escova de pelos, exibe o comportamento de se esfregar relativamente rápido (na primeira ou segunda vez que interage com a escova). No entanto, outros podem demorar mais até sentirem confiança, em geral porque já tiveram experiências prévias negativas, ou talvez tenham sentido dor ou desconforto devido ao pelo embaraçado, ou porque foram fisicamente contidos ao serem escovados e, portanto, se sentiram presos. Isso não deve ser um problema para o adestramento, desde que os avanços sejam feitos no ritmo do seu gato.

Se depois de várias sessões o gato não estiver se esfregando na escova espontaneamente, segure-a na altura do focinho dele, coloque os dedos entre a escova e o gato e acaricie onde ele mais gosta usando os dedos, NÃO a escova. Embora ele perceba o carinho como uma recompensa, é aconselhável também premiá-lo com outra coisa (por exemplo, um petisco) assim que o carinho acabar, pois ficar muito perto da escova pode fazer com que apenas o carinho seja menos gratificante do que o normal. Contudo, ao associar essa ação ao petisco, o gato logo vai se sentir à vontade sendo acariciado enquanto você segura a escova. Você pode aos poucos afrouxar os dedos em torno da escova para que algumas das cerdas toquem o pelo do gato, dando a ele a oportunidade de se esfregar nela.

Quando ele se sentir à vontade ao se esfregar na escova, comece a gradualmente passá-la nas bochechas, testa e nuca na direção do pelo, com movimentos suaves e lentos. No início, tente escovar apenas uma vez antes de dar a recompensa, depois avance aos poucos até conseguir passá-la várias vezes antes de entregar a recompensa (usando assim a técnica da dessensibilização, vista na Habilidade Fundamental 2). O patê de carne numa seringa ou bisnaga de plástico é uma recompensa ideal para essa fase do adestramento, pois pode ser dado e consumido rapidamente, permitindo que você mantenha o ritmo conforme for aumentando o número de passadas a cada escovação.

A limpeza mútua é um sinal de que seu gato se sente à vontade com o processo de escovação. Observe que, nessa etapa, apenas os dedos de Sarah, não as cerdas revestidas de plástico, tocam o pelo de Cosmos.

A ordem na qual você apresenta a escova e a recompensa deve ser sempre a seguinte: dê o prêmio só depois de esconder a escova, para que seu gato aprenda que esta anuncia a chegada da recompensa (Habilidade Fundamental 5, toque-remoção-recompensa). Se você apresentar as duas ao mesmo tempo, talvez ele mantenha a atenção apenas na comida. Embora possa parecer que ele não liga de ser escovado, talvez seja só porque a comida o distraia. Sem a comida, pode ser que ele volte a não gostar de ser escovado, mostrando que não aprendeu que a escovação pode ser uma experiência positiva. Portanto, escove, remova a escova, entregue a recompensa, remova a recompensa, reintroduza a escova e assim por diante.

Como sempre, lembre-se de progredir no ritmo do seu gato. Se a qualquer momento ele se afastar ou der sinais de que não está mais à vontade, ou se ficar agitado demais, faça um intervalo e só comece outra sessão de adestramento quando ele estiver relaxado outra vez. Sessões breves e frequentes têm muito mais chance de sucesso do que uma sessão de adestramento prolongada.

Você pode se sentir tentada a escovar o gato inteiro de uma vez, mas para a maioria dos gatos isso é demais — geralmente, quando dois gatos lambem um ao outro, eles se concentram em regiões específicas, em vez do corpo inteiro. Portanto, deixe seu gato guiá-la e limite cada sessão de escovação a algumas poucas áreas do corpo dele. É aconselhável sempre começar com algumas escovadas no focinho e na região da cabeça antes de passar para outras partes, pois isso imita o modo como os gatos se cumprimentam e, por isso, é a forma mais aceitável, do ponto de vista do gato. Ao escová-lo por curtos períodos ao longo de várias sessões, você vai conseguir escovar mais partes do seu gato do que se tentasse tudo de uma vez. Além disso, ele sempre vai se sentir no controle, o que faz com que toda a experiência seja positiva. Sempre há exceções, e certos gatos adoram ser escovados e a deixam fazer isso tranquilamente por mais tempo do que apenas alguns minutos. É lógico, se tiver um gato assim, prolongue a escovação.

Conforme for progredindo, avance para diferentes partes do corpo do gato seguindo a ordem de preferência dele. Por exemplo, depois de conseguir escovar o focinho, é uma boa ideia estender até os ombros e as costas por algumas escovadas. Ir direto para a região da barriga talvez seja pedir por um desastre, já que se trata da área mais vulnerável do gato, e só devemos começar por essa área quando o gato se sentir à vontade sendo escovado em todos os outros lugares.

Para alguns gatos, aparar as unhas é uma parte essencial dos cuidados com a higiene. Embora muitos consigam manter suas garras em ótimas condições sem ajuda, os que vivem em ambientes fechados (e também os idosos ou com menos mobilidade), podem precisar de ajuda para mantê-las num comprimento confortável. O primeiro passo para aparar as unhas é ensiná-lo a relaxar enquanto você as estende. A forma certa de estender as garras é pressionar de leve a pata do gato usando seus dedos indicador e polegar: a garra deve ficar visível entre as duas partes de pele peludas que normalmente a protegem. Em geral, o gato fica mais à vontade se isso for feito com ele deitado no chão ou, para os que gostam, deitado em seu colo (a Habilidade Fundamental 6, ensinar a relaxar, vai ajudar). Há vários objetivos de adestramento a serem alcançados (veja o quadro a seguir) antes de introduzirmos o cortador de unhas. Só por esse motivo, sem mencionar que os gatos costumam ser muito sensíveis ao toque em suas patas, já se trata de uma atividade que pode demorar um pouco mais para treinar do que outras tarefas relacionadas à saúde.

Cosmos sendo escovado com cuidado.

Depois de algumas escovadas, Cosmos é premiado com comida dada numa seringa como recompensa por ficar tranquilo durante a escovação.

Metas de adestramento para se preparar para aparar as garras:

1. Tocar a pata dianteira com seu dedo indicador
2. Tocar a pata dianteira com seus dedos indicador e polegar por 1-2 segundos
3. Tocar a pata dianteira com seus dedos indicador e polegar por 2-5 segundos
4. Levantar a pata dianteira do chão/colo por 1-2 segundos
5. Levantar a pata dianteira do chão/colo por 2-5 segundos
6. Levantar a pata dianteira e esticá-la por 1-2 segundos
7. Levantar a pata dianteira e esticá-la por 2-5 segundos
8. Pressão leve e momentânea no dedo com a pata levantada por 1-2 segundos
9. Pressão leve e momentânea no dedo com a pata levantada e esticada por 1-2 segundos
10. Pressão leve e prolongada no dedo com a pata levantada por 2-5 segundos
11. Pressão leve e prolongada no dedo com a pata levantada e esticada por 2-5 segundos
12. Pressão momentânea no dedo para revelar a garra (por 1-2 segundos)
13. Pressão prolongada no dedo para revelar a garra (por 2-5 segundos)

Usar como recompensa um patê de carne dado na seringa funciona muito bem na tarefa de aparar as unhas, lembrando de seguir esta sequência: toque — remova o toque — ofereça a recompensa — deixe o gato comer a recompensa — remova a seringa — reintroduza o toque. Brinquedos e jogos não são recompensas adequadas nessa tarefa, já que queremos que o gato fique tranquilo e relaxado, sem encorajá-lo a dar patadas. Quantas repetições fazer para cada meta, o ritmo em que você vai avançar nelas e por quanto tempo praticar cada meta específica vão depender muito do seu gato (1-2 e 2-5 segundos são apenas uma referência). Guie-se pelo comportamento e pelo envolvimento dele e, certamente, também pelo nível de relaxamento. Durante essa tarefa, queremos que o gato se mantenha calmo e descontraído o tempo todo.

Herbie está aprendendo que ter a pata pressionada de leve para revelar sua garra indica que ele vai ganhar um petisco.

Depois que seu gato conseguir ficar relaxado ao ter todas as garras de uma pata reveladas, apresente a ele o cortador de unhas. Se o gato já teve uma experiência prévia negativa com um cortador, talvez valha a pena usar um modelo de aparência diferente (e de preferência novo, pois não vai ter algum cheiro que lembre o uso anterior). Como com a escova, apresente o cortador perto de você, mas não no espaço pessoal do gato, e deixe que ele se aproxime e investigue. Você pode recompensá-lo com um petisco por isso. Em seguida, progrida no treinamento fazendo movimentos suaves com o cortador para que ele toque de leve a garra do gato (com o cortador fechado nessa fase).

Antes de usar de verdade o cortador, é aconselhável acostumar o gato com o som que ele faz, pois às vezes isso pode alarmar ou assustar o animal. A dessensibilização sistemática e o contracondicionamento (Habilidade Fundamental 2) são cruciais no treinamento do cortador de unhas. Cortar macarrão cru emite um som semelhante ao de garras sendo cortadas, por isso faça seu gato ouvir esse som, inicialmente à distância para não deixá-lo ansioso. Após cada exposição, recompense-o para que ele aprenda que o som indica que vai ganhar um petisco saboroso. Por meio desse aprendizado — um exemplo de condicionamento clássico —, ele vai interpretar o som do cortador como algo positivo. Você vai saber que ele aprendeu ao vê-lo se virando para você depois de ouvir o som, do mesmo modo que faz quando espera comida — certos gatos miam, alguns ronronam, alguns dão voltas e outros apenas olham para você. Inicialmente, realize essa parte do adestramento separada do treinamento de tocar na garra.

Cosmos está aprendendo que o cortador não traz consequências negativas.

Sarah tira o cortador da pata de Cosmos e o recompensa com comida usando uma pinça.

Assim que ele estiver à vontade com os dois componentes (toque e som), você pode juntá-los, mas aos poucos. Pratique cortar "de mentira" as garras — você chega a aplicar pressão numa unha com o cortador, mas na realidade não corta. Se fingir cortar umas três ou quatro vezes entre cada vez que aparar de verdade uma unha (cada corte, seja verdadeiro ou de mentira, deve ser recompensado), você conseguirá manter a associação entre o cortador e a recompensa, no caso comida. É aconselhável aumentar o tamanho ou a qualidade da recompensa quando for cortar de verdade — por exemplo, uma porção maior de patê de carne dada na seringa ou a porção de sempre acompanhada de um petisco seco.

Não tenha como meta cortar todas as garras do seu gato de uma vez só: deixe o comportamento dele guiá-la. Numa única sessão, talvez você consiga cortar apenas uma unha com tranquilidade: não considere isso uma derrota. Sessões curtas ao longo de vários dias — e um gato feliz — são muito melhores do que tentar cortar todas as unhas numa sessão e terminar com um gato aborrecido. Se não tiver certeza de como ou quanto cortar as garras do seu gato, procure a opinião de um especialista.

Nunca dá para ter certeza de quando você vai precisar medicar seu amigo felino. Há remédios preventivos de uso regular, como tratamentos contra pulgas e vermes, mas também há aqueles que não temos como prever e são necessários para cuidar de machucados ou doenças. Medicar o seu gato não precisa ser estressante para nenhum de vocês dois, se ele for treinado com antecedência, realizando um adestramento simples e repetindo-o de vez em quando para que o animal não se esqueça.

Talvez você se pergunte por que gastar tempo praticando se pode simplesmente esconder um comprimido na comida ou segurar seu gato até ele engolir o remédio. Esses truques costumam funcionar temporariamente, até que o gato perceba e comece a engolir a comida e cuspir o comprimido (uma demonstração perfeita de como eles conseguem aprender rapidamente quando sentem necessidade). Já se você tiver que contê-lo, ele vai passar a resistir cada vez mais a cada tentativa.

Além disso, a única vez que um gato é manipulado da forma necessária para dar um remédio é quando já está doente. Nessas ocasiões, é bem provável que ele já esteja sentindo algum grau de desconforto ou dor, então vai associar a manipulação (e o tratamento) a isso. Por isso é aconselhável começar a treiná-lo quando ele estiver bem de saúde e puder aprender a associar a manipulação e o tratamento a algo positivo. Ensiná-lo a aceitar medicamentos através de brincadeiras e diversão é uma excelente habilidade que vai valer para a vida toda.

Alguns remédios que precisam ser engolidos podem ser convenientemente dados com o uso de uma seringa, a qual permite administrar líquidos ou comprimidos triturados com facilidade. Algumas cápsulas podem ser abertas e o conteúdo em pó misturado com alimentos ou líquidos, que também podem ser ministrados com a seringa. No entanto, recomendamos que você busque a orientação do seu veterinário antes de manipular qualquer medicamento.

Como muitas das nossas tarefas de adestramento incluem o uso de recompensas na forma de patê, dado numa seringa ou colher, seu gato já deve ver isso como um evento positivo. Ao escolher um alimento para pôr o medicamento, certifique-se de escolher um patê de sabor forte mas saborosa, para disfarçar o gosto do remédio. Comece oferecendo a seringa ou colher várias vezes só com a comida saborosa escolhida, sem o remédio, e só depois acrescente. Continue oferecendo a comida sem medicamento várias vezes entre cada dose com o remédio, para não desfazer a associação entre receber a comida na seringa ou colher e ganhar um alimento muito saboroso.

Se estiver usando uma seringa, lembre-se de não pressionar o êmbolo muito rapidamente nem pressioná-lo enquanto o gato estiver lambendo — só aperte bem devagar por um ou dois segundos para que saia um pouco de comida na ponta e, em seguida, ofereça-a para o gato, deixando-o lamber no ritmo dele. Quando ele se sentir confiante com esse procedimento, comece a aplicar pressão no êmbolo bem devagar, para que saia um pouco mais do alimento enquanto o gato ainda está lambendo (tome cuidado para não assustá-lo). Faça sessões curtas, para que seu gato sempre queira mais, em vez de precisar parar porque ele perdeu o interesse e foi embora.

Pode acontecer de seu gato lamber a seringa ou colher no início, e depois se recusar a comer mais. Isso pode estar acontecendo porque ele sentiu o gosto do remédio: mesmo que não seja repulsivo, pode ter alterado o sabor da comida o suficiente para o gato perder o interesse. Uma maneira de contornar isso é dar uma recompensa após cada lambida: essa recompensa pode ser uma comida ainda mais saborosa, como um pedacinho de peixe ou frango, ou algo que seu gato valorize muito, como brincar com um brinquedo ou uma festinha carinhosa. Lembre-se de que alguns gatos gostam de atenção, elogios e carinho como recompensa; se for o caso, limite a quantidade desse tipo de recompensa durante uma sessão de adestramento, imediatamente após ele ter aceitado uma parte do alimento contendo remédio. Acrescentando uma recompensa por lamber a seringa ou colher, você deve aumentar a quantidade do conteúdo da seringa ou colher que o gato come antes de receber a recompensa. Essas várias repetições vão ensinar ao gato que lamber o conteúdo da seringa ou colher antecede alguma coisa que ele adora.

Se o veterinário disser que o remédio não deve ser triturado e colocado numa seringa com alimento pastoso, seu gato vai ter que tomá-lo inteiro. Em geral, os gatos não gostam disso, mas, se treinar alguns passos simples, feitos com bastante antecedência e de preferência quando o gato não estiver doente, você garante que a experiência vai ser muito menos desagradável para o gato. Escolha um momento em que ele esteja relaxado e descansando para começar — use a manta do seu gato para ajudá-lo a permanecer calmo e relaxado o tempo todo.

> ### Garantindo que a manta permaneça associada ao relaxamento
> Quanto mais você usar a manta de relaxamento do gato (Habilidade Fundamental 6) em outras tarefas de adestramento — por exemplo, treiná-lo para aceitar um remédio —, mais provável que a manta comece a perder sua associação, porque, durante o treinamento dessas tarefas, o gato pode se sentir um pouco desconfortável. Por isso é muito importante continuar moldando o comportamento do gato para ele se manter relaxado sobre a manta e fazer isso em outras tarefas, mesmo que não pretenda utilizá-la — isso vai preservar a capacidade da manta de ajudar seu gato a relaxar. Lembre-se de que modelar um comportamento envolve recompensar todas as vezes que o gato se aproxima do objetivo: nesse caso, nosso objetivo é o relaxamento. Assim, recompensamos qualquer mudança de postura que indique que ele está se acomodando para descansar, bem como qualquer comportamento que mostre sua descontração.
>
> Se ensinar seu gato a relaxar na manta e depois exercitar uma tarefa nova e possivelmente assustadora, ele vai parar de associar a manta ao relaxamento. Logo, podemos pensar nas nossas sessões frequentes de recompensar o comportamento relaxado sobre a manta como uma forma de recarregar o potencial de relaxamento do cobertor.

O primeiro objetivo do adestramento é conseguir pôr uma mão em volta da cabeça do gato, com o polegar e o indicador nas laterais dos lábios superiores. Essa posição será necessária para abrir a boca dele quando ele precisar tomar um comprimido. A rapidez com que você vai atingir esse objetivo e quantas metas intermediárias devem ser traçadas para atingi-lo dependem muito de quanto seu gato gosta de ser tocado. Por exemplo, se ele não for muito chegado, comece com o objetivo de só tocar o topo de sua cabeça e recompense-o enquanto ele se mostrar calmo. Se você já sabe que o gato gosta de ser tocado nessa região, um primeiro objetivo ideal pode ser fazê-lo aceitar sua mão ali.

Quando o gato se sentir confortável com sua mão no topo da cabeça dele, o próximo passo é ensiná-lo a ficar à vontade com seus dedos da outra mão tocando de leve a mandíbula inferior dele. Para a maioria, isso é uma sensação nova, portanto é importante avançar lenta e suavemente, mas com determinação. É provável que seu gato sinta falta de confiança com isso e talvez se afaste. Ofereça várias recompensas após cada toque. Se ele recuar, dê tempo para que se acalme e relaxe antes de tentar novamente.

O próximo objetivo é ensiná-lo a baixar a mandíbula inferior ao ser tocado. Então, assim que isso acontecer, mesmo que seja muito pouco, já dê a recompensa. A maioria dos gatos não gosta de abrir a boca para ser examinado — a melhor forma de mudar isso é praticar regularmente, em sessões curtas (no começo, basta tocar a mandíbula uma ou duas vezes em cada sessão), e oferecer recompensas. Quando sentir que a mandíbula do gato se afrouxou ligeiramente ao tocá-la, use ambas as mãos para abri-la de leve, por uma fração de segundo, antes de soltar e recompensar. Vá fazendo isso mais vezes ao longo das sessões até conseguir manter a boca do gato bem aberta por um ou dois segundos. Em geral, eles não gostam de abrir a boca por muito tempo, então tente tornar esse processo o mais rápido e positivo possível.

Ensinando Herbie a deixar segurarem sua cabeça mantendo-a parada como parte do aprendizado de como tomar um comprimido.

Se notar que seu gato está tentando se desvencilhar, solte-o: você exigiu demais dele em muito pouco tempo. É aconselhável tentar algo um pouco mais fácil na próxima sessão de adestramento.

Em seguida, pratique manter a mandíbula do gato fechada por um segundo — é provável que ele feche a boca depois de você abri-la. Você vai precisar fazer isso depois de pôr o comprimido na boca do gato, para ajudá-lo a engolir o remédio. Lembre-se de ensiná-lo dando pequenos passos.

A etapa final é fazê-lo aceitar o comprimido. Quando ele estiver se sentindo à vontade ao deixar a boca aberta por alguns segundos com você, avance para segurar um comprimido entre seu polegar e o indicador da mão que vai usar para baixar a mandíbula (pode ser necessário usar seu dedo médio para abrir a mandíbula inferior). Encontre a posição mais confortável para você e seu gato. Não tente colocar o comprimido na boca do gato ainda, só pratique abrir a boca como antes, com a diferença de que agora você está segurando um comprimido. Embora possa não parecer um grande passo, para o gato pode ser.

Herbie aprende a manter a calma enquanto tem sua boca aberta.

Quando seu gato se sentir à vontade com um comprimido sendo segurado diante dele, tente colocar o comprimido no fundo da boca do animal e, em seguida, feche a boca dele com cuidado, conforme foi praticado. O segredo para fazê-lo engolir o comprimido é colocá-lo o mais fundo possível na boca. Alguns comprimidos têm gosto ruim, e os gatos usam a língua para trazê-los para a frente e cuspir. Colocar o comprimido o mais fundo possível aumenta as chances de o gato engolir o comprimido em vez de cuspi-lo; empurrar o comprimido usando o seu dedo indicador pode ajudar. Assim que perceber que o gato engoliu, reforce esse comportamento muito bem e de forma generosa dando uma recompensa de altíssimo valor. Use algo saboroso e também de consistência úmida, como carne com molho, pois esse tipo de alimento estimula o gato a engolir bastante, evitando que o comprimido fique preso na garganta. Além disso, você pode esfregar ou coçar o pescoço (mas apenas se seu gato gostar), pois isso também incentiva a deglutição.

Se o gato conseguir cuspir o comprimido, ainda é importante dar uma recompensa, já que ele abriu e fechou a boca conforme você pediu. Tente manter a calma e a paciência, pois o gato vai reagir de forma adversa a qualquer movimento repentino ou violento e vai estar menos disposto a repetir o procedimento no futuro. Não repita a tarefa de imediato; dê ao gato algum tempo para relaxar e tente de novo num momento de tranquilidade.

Herbie gosta de ser coçado sob o queixo como recompensa por aceitar o comprimido — essa ação também o incentiva a engolir.

Toque: insulto ou indulgência?

Um pouco de patê de carne na seringa funciona como uma recompensa de alto valor para Herbie, assim como encorajá-lo a engolir após aceitar tomar o comprimido.

Além dos comprimidos, os tipos mais comuns de medicamentos para gatos são colírios, gotas para aplicar no ouvido e medicações *spot-on* para aplicar na nuca. Os princípios por trás do treinamento do gato para aceitar espontaneamente esses medicamentos são iguais aos dos comprimidos.

A primeira tarefa é dividir o objetivo final em etapas pequenas e sucessivas, e isso começa com imitações do remédio (a parte da dessensibilização sistemática da Habilidade Fundamental 2), quando o gato é recompensado ao aceitar sem medo (a parte do contracondicionamento da Habilidade Fundamental 2). Embora nunca se deva dar remédios para os gatos quando eles não precisam (e, portanto, o adestramento não pode envolver a administração do medicamento de verdade), todas as outras etapas que levam a esse objetivo final podem ser praticadas e ensinadas com o uso de recompensas. Essas etapas incluem ser segurado de um modo específico (com colírios, manter as pálpebras abertas; com conta-gotas para o ouvido, manter a orelha externa dobrada para trás para revelar o canal auditivo; com medicações *spot-on*, repartir o pelo na região da nuca) e experimentar novas sensações (por exemplo, administrar uma medicação *spot-on* requer aplicar o medicamento líquido diretamente na pele do animal — podemos simular isso com um pouquinho de água).

Lembre-se de deixar seu gato investigar qualquer objeto usado para aplicar o remédio antes de tentar colocá-lo no corpo do animal ou perto dele (Habilidade Fundamental 1). Permitir que o gato veja e explore o recipiente do medicamento antes de usá-lo dá a ele certa sensação de controle. Em seguida, recompense o gato após encostar o recipiente nele como você faria quando for de fato administrar o medicamento, com o remédio fechado na sua frente. Isso deve fazer o gato ter muito mais chances de aceitar a situação quando você medicá-lo.

Experiências de adestramento positivo como essas devem aumentar a confiança e a tolerância do gato em relação a ser manipulado e tomar o remédio de verdade. No fundo, o adestramento voltado para a saúde, e na verdade qualquer adestramento feito com gatos, não tem o objetivo de ensiná-los a ser obedientes e a fazer tudo que mandamos. Em vez disso, os treinamos para cooperarem espontaneamente e confiarem em nós quando apresentamos novas experiências. Sempre devemos fazer tudo dentro dos seus limites e ajustar nossas expectativas para se adequarem a eles, em vez de pedir ou esperar demais dos gatos, ou vamos ficar desanimados, achando que fracassamos e despertando ansiedade, medo ou frustração nos nossos felinos.

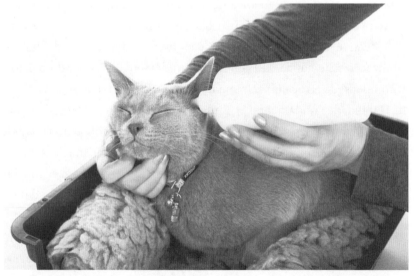

Herbie aceita tranquilamente a sensação do bico da garrafa.

Portanto, o segredo para um treinamento bem-sucedido de todas as tarefas relacionadas à saúde é dividir cada uma em pequenos passos possíveis, evitando que o gato se sinta incomodado. Os diferentes aspectos do adestramento podem ser divididos em objetivos menores, que são treinados antes de juntarmos todas essas sensações. Por exemplo, você pode trabalhar separadamente a visão, o som e a sensação de ter um equipamento médico tocando o corpo do gato, e juntar esses aspectos quando o animal estiver à vontade com cada etapa. Faça várias sessões curtas todo mês. Deixar para fazer o adestramento apenas quando não puder mais evitar só vai aumentar a pressão sobre você, que se sentirá tentada a apressar as fases para realizar os objetivos do adestramento, com poucas repetições. Infelizmente, é bem mais fácil criar uma associação negativa do que uma positiva; portanto, paciência e muita prática são fundamentais. Às vezes, experiências negativas são inevitáveis, mas se você garantir que vai haver muito mais experiências positivas do que negativas, através do treinamento frequente, é bem menos provável que as negativas tenham um efeito de longo prazo no modo como seu gato reage a você.

Progredindo de forma gradual mas sistemática, no ritmo de cada gato, você vai perceber que essa filosofia de adestramento pode ser usada com sucesso para acostumá-lo a se sentir à vontade com os tipos de cuidados envolvendo a saúde, desde algo trivial, como a escovação, até casos mais específicos como injeções de insulina para gatos diabéticos e inalação de remédios para gatos asmáticos. Esse adestramento também vai ajudar a formar uma base sólida para o treinamento que abordaremos no próximo capítulo — estendendo a aceitação dos cuidados com a saúde em casa para o consultório veterinário.

CAPÍTULO 9

Fugir, lutar ou paralisar?
Gatos não levam o estresse numa boa (especialmente visitas ao veterinário)

OS GATOS CONFIAM EM SEUS INSTINTOS PARA MANTER distância dos problemas. Infelizmente, o que eles veem como "problema" às vezes pode ser algo para o próprio bem deles. O melhor exemplo talvez seja a visita ao veterinário. Para um gato que não recebeu adestramento, a ida ao veterinário pode ser algo assustador. Ele precisa aguentar ficar na caixa de transporte, viajar de carro e, muitas vezes, também tem que esperar numa sala barulhenta cheia de pessoas, gatos, cães e talvez outros animais não só desconhecidos para ele (considerando o estado de espírito do gato naquele momento), como também potencialmente ameaçadores. Em situações inéditas, o limiar de aceitação da imprevisibilidade no gato é muito reduzido. É quase garantido que qualquer atenção recebida de qualquer ser humano ou animal desconhecido seja indesejável. Mesmo que a atenção não esteja diretamente voltada para o gato, a movimentação constante de pessoas e animais desconhecidos passando pela caixa de transporte, aliada à impossibilidade de recuar até uma distância segura, vai gerar cada vez mais ansiedade.

Uma vez dentro do consultório, o gato encontra a chance de sair da caixa de transporte. Contudo, ao se deparar com a vastidão da mesa de consulta, que tem cheiro estranho e talvez também repulsivo por causa do desinfetante (lembre que o olfato do gato é muito mais sensível que o nosso), em geral ele percebe que a coisa mais segura a fazer é continuar dentro da caixa — na verdade, pode paralisá-lo. Além disso, numa extremidade da mesa está o veterinário, alguém de quem o gato talvez tenha medo não só por um, mas por dois motivos. Primeiro, o animal talvez não conheça aquele veterinário em particular, e pessoas desconhecidas, sobretudo em locais novos, podem ser assustadoras para um gato. Ou o gato pode conhecer o veterinário e se lembrar de que as experiências anteriores foram de dor ou desconforto, o que formou uma associação negativa na mente dele. De uma forma ou de outra, o pobre gato a essa altura já está muito preocupado e nervoso. Se não sair da caixa espontaneamente, o veterinário pode puxá-lo para fora: por mais gentil que ele seja, a perda do controle físico e a incapacidade de se esconder só fazem o gato se sentir desamparado — sua resposta ao estresse atingiu a potência máxima. Assim, no momento que precisar passar pelo exame médico, ele pode ficar paralisado de medo, lutar desesperadamente para retornar à proteção da caixa ou se esconder debaixo de um armário. Até mesmo os gatos que não gostam da caixa podem de repente passar a considerá-la sua melhor opção diante dos cuidados veterinários desconhecidos ou desagradáveis.

Talvez esse problema nunca acontecesse se tivéssemos alguma maneira de informar a nossos gatos que a visita ao veterinário é para o bem deles — seja imediatamente (por exemplo, cuidar de um machucado ou problema de saúde) ou no futuro (tomar uma vacina para protegê-lo de doenças). Os gatos vivem muito hoje em dia, e a ideia de aguentar agora para se beneficiar depois está além da compreensão deles (na verdade, já é bem difícil para muitos de nós ser racional diante desse tipo de dilema). Portanto, é infrutífero e, no fundo, até contraproducente desejar que eles confiassem um pouco mais em nós. Seria muito melhor para eles, e para nós no longo prazo, aceitar que talvez tenhamos que ensiná-los que certas situações — sobretudo as que vão causar uma reação negativa, mesmo sendo para o bem deles — são, na realidade, boas, e até um pouco prazerosas. O caminho para fazer isso é, obviamente, através de um adestramento simples, reduzindo os estímulos gerados pelo veterinário e pela manipulação, pelos procedimentos e equipamentos que ele utiliza, até chegarem numa intensidade que o gato consegue tolerar, e associando os mesmos estímulos com consequências prazerosas — dessensibilização sistemática e contracondicionamento (Habilidade Fundamental 2).

Ao contrário dos cães, os gatos contam com um grupo básico de ações instintivas quando se sentem ameaçados. Os cachorros, que são intensamente sociais, costumam se voltar para os donos em busca de conforto — às vezes se esconder atrás de outro cão também serve, mas o princípio é o mesmo. Os gatos preservam um forte sentimento de autossuficiência herdado de seus ancestrais selvagens, e, como na natureza estes tinham muitos inimigos — entre eles a humanidade —, a maioria ainda tende a fugir de qualquer coisa que vejam como uma ameaça. Se muitos gatos parecem ter uma reação exagerada diante de novas situações, objetos e animais, isso é compreensível dada a sua evolução. Ao reagirem a uma centena de alarmes falsos, os gatos selvagens perdem um tempo que poderiam usar na caça, porém toda vez, depois que acaba a interrupção, eles podem retomar sua vida do ponto em que pararam. Quando um gato selvagem deixa de reagir a um perigo real uma única vez, ele pode não ter outra chance. Os gatos de estimação acabam se acostumando com algumas coisas — por exemplo, sons como toques de telefone que não geram nenhum resultado relevante para eles. Mas, se pressentirem algum perigo, podem ir para o outro lado — exagerando ainda mais na reação (lembre-se de que esse processo é conhecido como sensibilização). Qualquer gato que se lembrar de forma negativa dos encontros anteriores com o veterinário (seja devido a dor, medo ou os dois) vai ter muito menos chances de se acostumar e pode, na verdade, até se sensibilizar, de modo que as visitas seguintes vão ser estressantes, mesmo se ele não experimentar nenhuma dor na hora.

ASSIM COMO O RATO FOGE DO GATO, O GATO PREFERE FUGIR do perigo. Às vezes, o "perigo" vem do puro instinto — por exemplo, o primeiro encontro com um cachorro grande que odeia gatos. Em outras ocasiões, a percepção de "perigo" vem de algo que o gato aprendeu — digamos, ao ver um estetoscópio, se as experiências anteriores dele ao ser examinado por um veterinário não foram agradáveis. Em ambos os casos, a reação do gato é simples e padronizada: mantenha distância de onde o problema parece estar. O que o gato faz em seguida depende em parte da personalidade dele e em parte da gravidade que ele vê na ameaça. Num extremo, ele pode conseguir se soltar do veterinário, correr para o esconderijo mais próximo (em geral a caixa de transporte) e se recusar a sair. No outro extremo, ele pode andar pela mesa veterinária e, em seguida, parar e virar a cabeça para examinar a ameaça de uma distância que pareça segura, enquanto continua preparado para retomar seu plano de fuga.[1]

Às vezes, o gato percebe que fugir não é uma opção, talvez porque está sendo fisicamente contido, prática comum durante um exame médico, ou porque não vê um lugar seguro para onde correr. Ele pode decidir enfrentar a fonte do perigo, rosnando, bufando, sibilando e até mesmo arranhando e mordendo. Gatos que se sentiram ameaçados muitas vezes no passado podem até ter um breve rompante de agressão como primeira reação, tentando fugir só depois de terem dado um aviso doloroso. Gatos assim raramente são os preferidos na clínica veterinária! No entanto, é importante lembrar que essa agressividade é causada por medo (e possivelmente por frustração, já que não conseguiram escapar), não por raiva — e com certeza não por maldade.

A terceira opção é paralisar. Presume-se que, ao ficar imóvel, o gato espera enganar o "inimigo" tentando não ser notado ou pelo menos não parecer ameaçador. Alguns mamíferos são especialistas nisso: os coelhos, por exemplo, às vezes se "fingem de mortos" na frente do predador se acharem que fugir é inútil, na esperança de enganar o agressor até que ele se distraia por um momento, dando à vítima uma breve oportunidade de escapar. Com gatos de estimação, paralisar é algo menos comum e, quando ocorre, em geral é considerado uma reação ao estresse repetido, ou seja, crônico. Essa aparente incapacidade de se mover costuma ser chamada de *desamparo aprendido* (ver o quadro a seguir). Por exemplo, certos gatos odeiam ficar enjaulados, mas, ao perceberem que nada do que fizerem vai adiantar para escapar, eles mudam para o desamparo aprendido caso tenham ficado confinados várias vezes ou por muito tempo — por exemplo, depois de muitos dias ou semanas internados. Um gato nesse estado pode parecer relaxado, mas na verdade ele está tudo, menos descontraído.

O segredo é ficar atento às sutilezas da linguagem corporal do gato. A posição das patas dianteiras é um dos principais sinais para distinguir entre o relaxamento verdadeiro e o aparente quando um gato está deitado. Gatos realmente relaxados enfiam as patas sob o peito, virando-as de forma que os coxins não toquem o chão, ou as esparramam enquanto deitam de lado. Os gatos que estão tensos "descansam" com as patas dianteiras visíveis na frente deles e todos os quatro conjuntos de coxins em contato com o solo, prontos para saltar a qualquer momento. Gatos com estresse crônico podem até fechar os olhos, dando a impressão de que estão "dormindo", mas as orelhas contraídas, os músculos tensionados e as pálpebras bem apertadas denunciam seu verdadeiro estado de vigilância. Além disso, quando um gato tenso é abordado, dá para ver seu corpo se abaixar e ficar ainda mais perto do chão, restringindo a visibilidade das patas; os olhos e pupilas podem se dilatar ou as pálpebras podem se fechar com força, o pescoço se contrai, trazendo a cabeça para mais perto do corpo, as orelhas parecerem achatadas e o rabo ficará firmemente colado ao corpo. Um gato assim está fazendo o possível para evitar o contato físico com quem se aproxima.

Qualquer que seja a reação, alguns segundos depois de perceber o perigo, o coração do gato estará acelerado e a quantidade de adrenalina (epinefrina) em sua corrente sanguínea vai subir. Esse hormônio é conhecido por aumentar as sensações de medo e estimular o aprendizado de associações negativas. Portanto, não é um bom momento para começar ou mesmo continuar com o treinamento; caso contrário, o gato pode fazer as associações erradas.[2]

Do ponto de vista do adestramento, um gato estressado, seja por tensão temporária ou crônica, não vai aprender muita coisa útil. Na verdade, é mais provável que ele desenvolva formas de reduzir o medo, a ansiedade e a frustração por conta própria, fugindo, paralisando ou tornando-se agressivo; nenhuma dessas opções é boa para o gato no longo prazo, e menos ainda para o relacionamento dele com você. Deve-se observar quatro aspectos:

1. Nunca tente treinar um gato que ficou estressado há pouco tempo: a atenção dele ainda estará na ameaça percebida (seja real ou imaginária), e não na tarefa que você deseja que ele aprenda.
2. Para ajudar a aliviar a tensão do gato, dê a ele espaço, silêncio e um lugar para se esconder.
3. Um gato que se aborreceu há pouco tempo vai avisar quando seus níveis de estresse caírem o suficiente para começar o adestramento saindo do esconderijo.
4. Treinar usando recompensas é a melhor maneira de reduzir e, por fim, eliminar as percepções que seu gato tem de ameaças que são mais aparentes do que reais — digamos, a entrada do veterinário no consultório, o cheiro de uma gaiola de hospital ou ser imobilizado para um exame médico.

O estresse faz mal para os gatos, certo?

Usamos a palavra "estresse" para descrever uma experiência consciente de tensão mental ou emocional: os gatos vivenciam algo semelhante? É impossível entrarmos no mundo emocional dos gatos, mas sabemos que eles são capazes de vivenciar algo semelhante à ansiedade (uma sensação geral de medo), bem como o medo mais direto (e óbvio) de algo que está bem diante deles. Além disso, pesquisas recentes mostraram que os gatos sentem frustração, outra forma de estresse, quando algo que desejam é inalcançável (ou seja, escapa) ou quando suas expectativas não são atendidas. Também vem se tornando cada vez mais evidente que o estresse prolongado pode não apenas fazer um gato se comportar de maneira estranha, como também contribuir para problemas de saúde como cistite e dermatite.[3]

Portanto, a pergunta que precisa ser feita é: se o estresse é tão ruim para nós — e para os gatos e todos os outros mamíferos —, por que não foi eliminado pela evolução? A resposta é que ele é, na realidade, essencial para a sobrevivência e só se torna um problema quando é contínuo. Infelizmente, por conta da agitação da vida moderna de hoje, o estresse se tornou cada vez mais comum nos gatos (assim como nos outros animais domésticos e nas pessoas).

(continua)

> **O estresse faz mal para os gatos, certo?** *(continuação)*
>
> A resposta ao estresse em si é um mecanismo vital para se livrar de problemas rapidamente. Parar para pensar "Quanto isso é perigoso? Será que é mesmo perigoso?" gera um atraso crucial de um ou dois segundos, o que pode ser fatal. Portanto, a maioria dos animais (e seres humanos) depende de um conjunto inato de reações que os afastam dos problemas o suficiente para terem chance de respirar e poder avaliar a situação.
>
> O nosso corpo — e o dos gatos — têm dois mecanismos diferentes para reagir ao perigo, um mais rápido do que o outro. Assim que a ameaça é percebida, o hipotálamo, uma estrutura na base do cérebro, é ativado, fazendo as glândulas suprarrenais (ligadas aos rins) liberarem o hormônio adrenalina (epinefrina). Isso prepara o corpo para lidar com a ameaça imediata: o coração dispara e a respiração fica mais rápida e profunda, bombeando energia e oxigênio para os músculos em preparação para a reação, como correr e salvar a própria vida ou lutar, se a fuga for impossível.
>
> Se o perigo persiste ou se repete (por exemplo, um gato fica preso ou perdido), um segundo sistema é ativado, liberando um hormônio diferente, o cortisol, também pelas glândulas suprarrenais. Isso acelera a liberação de glicose no sangue, reduzindo a fadiga e também diminuindo o inchaço após qualquer lesão. As atividades não essenciais, como digestão de alimentos, são suprimidas, voltando ao normal assim que a ameaça passa e a quantidade de cortisol no sangue se estabiliza.[4]
>
> Tudo isso deve ajudar qualquer animal — incluindo nós mesmos — a reagir de forma adequada a uma ameaça repentina mas transitória. No entanto, se a ameaça persistir surgem problemas sérios. Se o cortisol continuar entrando na corrente sanguínea, acaba por suprimir o sistema imunológico e deixa o gato mais suscetível a infecções, sem falar em doenças autoimunes.
>
> Os gatos variam na forma como mostram que estão com estresse crônico. Alguns ficam muito ativos, possivelmente andando e miando sem parar; outros tornam-se retraídos e aparentemente sem reação. A reação exibida depende de cada gato, de como ele vê o contexto em que se encontra e se está sentindo ansiedade, medo ou frustração. Ajudar um gato com estresse crônico exige mais do que apenas adestramento e, portanto, está fora do escopo deste livro.[5]

Felizmente para a maioria dos gatos de estimação, as idas ao veterinário não precisam ser cheias de medo e ansiedade. À medida que aumenta nosso conhecimento sobre gatos, nos últimos anos estamos vendo movimentos para mudar a maneira como eles são tratados em muitas clínicas veterinárias, com programas sendo implementados para ajudá-los a se sentirem mais confortáveis. Um exemplo é o programa Cat Friendly Practice. Mas, por mais amigável que a clínica veterinária seja com os gatos, treiná-lo para lidar com uma ida ao veterinário vai permitir que ele receba os melhores cuidados médicos da maneira menos estressante possível. Por exemplo, quanto mais seu gato aceitar ser manipulado pelo veterinário, menos precisará ser contido — um grande benefício, porque a contenção excessiva é desagradável para o gato e para a equipe veterinária, e pode ser angustiante para você vê-lo tão assustado. Além disso, sem a contenção excessiva, o veterinário pode ficar mais confiante de que qualquer reação negativa do gato durante o exame está relacionada a dor ou desconforto causados por machucados ou doenças, e não medo, ansiedade ou intolerância (frustração) por estar sendo manipulado e examinado. Assim, ele pode ter mais confiança no próprio diagnóstico.[6]

É fácil ver que ir até a clínica veterinária abrange inúmeras habilidades essenciais e muitos exercícios de adestramento que abordamos nos capítulos anteriores (ou seja, conhecer pessoas novas, entrar e viajar na caixa de transporte, ser tocado por você e por desconhecidos, e nos cuidados com a saúde em casa). Por isso, antes de iniciar o treinamento para a manipulação veterinária, é importante que seu gato já tenha dominado esses exercícios de adestramento, já que estes formarão a base sólida para aprender que uma visita à clínica veterinária não é nada a ser temido.

NUNCA É DEMAIS ENFATIZAR QUE OS GATOS NÃO APRENDEM DIREITO quando estão estressados. Eliminar ou diminuir ao máximo as coisas no veterinário que deixam seu gato irritado facilita na hora de treiná-lo para uma consulta. Embora muitas dessas coisas possam estar sob o controle da clínica veterinária, é importante que você esteja ciente do que elas são, para poder escolher a melhor clínica para você e seu gato e fazer o melhor uso dos serviços disponíveis.

Minimizar a exposição a outros animais na sala de espera evita que qualquer estresse que seu gato possa estar sentindo se agrave. É possível evitar cães optando por clínicas exclusivas para felinos ou pedindo permissão para aguardar com seu gato numa parte da sala de espera onde não haja cães. Se você não tem uma dessas opções, encontre o lugar mais tranquilo da sala de espera ou pergunte à recepcionista se é possível esperar no carro e ser avisada quando o veterinário estiver pronto para recebê-la.

Recursos amigáveis ao manejo de gatos numa clínica veterinária

Sala de espera

- Áreas de espera exclusivas para gatos
- Clínicas exclusivas para gatos
- Áreas elevadas para colocar as caixas de transportes
- Separação entre as caixas de transporte de cada gato
- Balcão de recepção com lugar elevado para colocar a caixa de transporte
- Petiscos para gatos disponíveis

Consultório

- Consultório exclusivo para felinos
- Superfície antiderrapante na mesa de consulta
- Exame realizado dentro da parte de baixo da caixa de transporte
- Toalhas disponíveis para o gato fazer um ninho e se esconder durante o exame
- Petiscos para gatos disponíveis
- Manipulação cuidadosa e gentil da parte de toda a equipe

Internação

- Alas somente para gatos
- Gaiolas acima do nível do solo
- Esconderijo oferecido dentro da gaiola veterinária

Os gatos se sentem mais seguros no alto; então, coloque a caixa de transporte numa prateleira ou local elevado, ou a mantenha no seu colo. Da mesma forma, eles sentem mais segurança quando estão parcialmente escondidos, então leve um tecido ou manta que ele já conheça e o espalhe na caixa, de forma que seu gato possa escolher se quer ou não ficar à vista. Se você aumentar a sensação de segurança do gato e reduzir sua exposição a outros animais, ele vai ter mais chances de permanecer calmo e verificar se a própria segurança não está em perigo.

A melhor maneira de evitar que o gato sinta medo na sala de espera é já tê-lo exposto a ela em circunstâncias positivas. Acumular experiências positivas pode ajudar seu gato a encarar as visitas futuras como não ameaçadoras: quanto mais experiências positivas ele tiver, maior será a proteção contra uma experiência negativa. Uma maneira de formar experiências positivas é perguntar aos funcionários da recepção se você pode levar seu gato para a sala de espera por um curto período durante os momentos mais calmos — isso vai permitir que o gato experimente a sala de espera quando ela está menos assustadora, ensinando-o que essas visitas não são automaticamente seguidas de (ou seja, não anunciam) acontecimentos negativos.

Ao dar ao gato a oportunidade de aprender associações positivas, é importante que ele permaneça em sua zona de conforto o tempo todo e seja recompensado enquanto estiver nesse estado emocional. Como seu gato vai estar dentro da caixa de transporte na sala de espera, a interação física, como fazer carinho, pode ser difícil — não dá para fazer muito mais do que passar alguns dedos pela porta para acariciá-lo sob o queixo ou atrás das orelhas. No entanto, é fácil dar recompensas na forma de comida pelas aberturas da caixa, assim como a chance de brincar com ele — um brinquedo de varinha pode ser usado com a varinha fora da caixa de transporte e o brinquedo dentro.

Sua primeira visita à sala de espera pode durar apenas alguns minutos — longa o suficiente para seu gato observar o ambiente, mas curta o bastante para ele continuar calmo e se sentir no controle. As visitas posteriores podem ir aumentando de duração, desde que o gato permaneça tranquilo e relaxado. Quantas visitas são necessárias até que seu gato tenha uma impressão positiva da sala de espera depende muito de cada gato — um filhote confiante e sociável sem experiência anterior (ou ao menos sem experiências negativas) com a clínica veterinária pode precisar só de uma ou duas visitas para formar essa associação. No extremo oposto, um gato menos confiante com lembranças ruins do veterinário pode precisar de mais visitas para passar da associação negativa para uma positiva. Da mesma forma, é provável que tal gato consiga aguentar somente visitas curtas no início e leve mais tempo para se sentir à vontade o suficiente para que as visitas durem mais. Portanto, começar esse adestramento desde filhote é o ideal. Os veterinários ficam muito gratos quando encontram um gato feliz e confiante nas visitas seguintes, ao contrário do típico gato medroso que ameaça arranhar e morder.

Ampliando a ideia de formar associações positivas com a sala de espera, você também deve tentar expor seu gato ao máximo possível de contatos positivos com a equipe veterinária. Por exemplo, pode pedir aos funcionários da recepção que deem um petisco para ele através da porta da caixa de transporte. Isso vai ajudar a evitar que os encontros mais negativos (por exemplo, uma vacinação) atrapalhem a percepção positiva do gato. A maioria das pessoas (compreensivelmente) leva o gato ao veterinário apenas quando há algum problema ou quando o animal precisa de cuidados preventivos, como doses de reforço da vacina. Como essas são as únicas experiências para a maioria dos gatos, e todas provavelmente incluíram algum tipo de desconforto e dor, fica fácil entender por que eles começam a temer as idas ao veterinário — todas apresentaram algo negativo.

As clínicas de prática mais humanizada devem estar dispostas a ajudá-la a fazer seu gato relaxar enquanto aguarda o atendimento. Hoje muitas oferecem ao gato a chance de ser atendido por um enfermeiro veterinário para uma avaliação básica da saúde, onde há manipulação cuidadosa, brincadeiras e petiscos são oferecidos para o gato ter a oportunidade de formar experiências positivas. Algumas até oferecem visitas de familiarização em que não se realiza nenhum exame — o gato apenas tem a chance de explorar o consultório no próprio tempo, formando uma associação do ambiente e sobretudo da equipe veterinária com recompensas, como petiscos, brincadeiras e carinho (se o gato desejar). As clínicas costumam oferecer essas visitas especificamente para os filhotes, para permitir que os gatos façam associações positivas desde pequenos. No entanto, não tenha medo de perguntar se eles podem estender essas visitas ao seu gato adulto se ele precisar de adestramento para relaxar quando vai à clínica. Eles devem reagir de forma positiva ao seu pedido, pois vão gostar da sua postura proativa de ajudar o gato: no fundo, o trabalho da equipe vai ser mais fácil se seu gato for receptivo à ideia de ser examinado e tratado.[7]

ALÉM DE PREPARÁ-LO PARA AS VISITAS ÀS DEPENDÊNCIAS DA clínica veterinária, também é aconselhável apresentá-lo, ainda em casa, a simulações de diversas técnicas usadas nos exames médicos. Por exemplo, podemos ensinar ao gato que ter os olhos, as orelhas, a pele e os dentes examinados indicam que ele vai receber recompensas. Também podemos praticar manter nossos gatos em pé, o que é feito na clínica e, embora não seja uma boa ideia apalpar toda a barriga do gato — deixe isso para um veterinário qualificado —, podemos ensiná-los a se sentirem à vontade quando essa parte vulnerável deles for tocada.

Ter a oportunidade de ensinar ao gato que ser manipulado dessa forma anuncia a chegada de uma recompensa na tranquilidade de casa, longe do estresse e num ritmo que o deixe confortável, vai aumentar muito a capacidade do gato de aceitar ser examinado durante a consulta. Essas experiências não serão mais novidade nem potencialmente assustadoras, mas serão conhecidas e estarão associadas às recompensas. A única diferença vai ser que, no veterinário, elas acontecem num ambiente mais desafiador, mas o ideal é que a essa altura suas visitas à clínica para praticar tenham reduzido muito a sensação de ameaça. Embora você nem sempre possa garantir que seu gato será atendido por um veterinário que já conhece e com o qual tenha formado associações positivas, o adestramento prévio em casa também deve ajudar a eliminar qualquer ansiedade nessa hora.

Os exames de mentira realizados em casa podem ser feitos na manta de relaxamento (Habilidade Fundamental 6), dentro da base da caixa de transporte: seu gato vai se sentir bem e relaxado (se você tiver feito o adestramento descrito no Capítulo 7), com o humor ideal. Além disso, encorajar seu veterinário a realizar os exames médicos com o gato na base da caixa vai dar ao animal uma maior sensação de segurança e proteção, evitando que ele se sinta exposto sobre a mesa de consulta.

Para ensinar o gato a ter os dentes e a boca examinados, comece coçando embaixo do queixo e na região das bochechas — locais onde os gatos gostam de ser tocados — e avance para tocar levemente no lábio, tirando os dedos e apresentando a recompensa da forma explicada na Habilidade Fundamental 5 (no Capítulo 3). Repita várias vezes, começando com um mero toque no lábio e então progredindo para levantar de leve um lado do lábio de cima para expor um canino superior. Se precisar segurar a cabeça do gato com a outra mão, comece a fazer isso tocando a cabeça e o lábio ao mesmo tempo. Lembre-se de que manipular de forma cuidadosa e avançar dando passos pequenos e sucessivos, sempre seguidos de recompensas, é o caminho para o sucesso.

Herbie aprende a ter os dentes examinados — começando com uma leve levantada dos lábios.

Se, a qualquer momento, a linguagem corporal do gato indicar descontentamento (por exemplo, achatar de leve o corpo, as orelhas ou os dois, virar a cabeça para longe de você) ou aumento da agitação (por exemplo, pupilas dilatadas, rabo balançando), pare imediatamente. Seu gato está dizendo que não está gostando da experiência e que o que você fez foi um passo grande demais. Espere até outro momento, quando ele estiver relaxado, e comece do início. Ao longo de várias sessões, todas de curta duração, vá avançando no adestramento até o ponto em que conseguir: afastar os lábios superior e inferior para ver os dentes na frente da boca, e puxar com cuidado a parte dos lábios que forma a curva da boca nas bochechas, a fim de ver os dentes de trás — só até conseguir olhar os dentes do seu gato por um ou dois segundos. Usando as mesmas técnicas de adestramento, forme associações positivas quando o gato tiver as orelhas tocadas e puxadas para trás para examinar o interior, quando ele tiver as pálpebras abertas com cuidado para examinar os olhos, quando ele tiver o pelo puxado com o dedo na direção oposta à do crescimento para revelar a pele e quando você puser a mão sob a barriga dele para segurá-lo de pé. Além disso, treinar seu gato para aceitar movimentos suaves da pele na barriga em troca de recompensas vai ajudá-lo a permitir que o veterinário apalpe essa região.

Uma vez que o gato fique à vontade ao ser manipulado dessa forma, é muito importante se certificar de que nem todas as ocorrências do comportamento desejado sejam recompensadas imediatamente (ver a Habilidade Fundamental 8). Isso não só vai ajudar a manter a reação de relaxamento ao ser manipulado, como também a incentivar seu gato a exibir esse comportamento calmo quando a mesma manipulação for obrigatória mas sem recompensas, o que às vezes pode ser inevitável — por exemplo, se o veterinário instruiu você a deixar o gato de jejum antes de uma cirurgia, ou se o gato está pouco à vontade para que uma brincadeira sirva como recompensa. Além disso, como ser manipulado pelo veterinário talvez seja um dos maiores sacrifícios que pedimos a nossos gatos, é muito importante dar a eles o sinal indicando que essa sessão de adestramento terminou (ver a Habilidade Fundamental 9) — então ele sabe que não precisa mais ficar parado e calmo, e que pode voltar às atividades cotidianas.

Lembre-se: nenhum desses treinamentos precisa ser especial — você pode integrar tudo isso na sua rotina diária. Faça pequenas sessões de vez em quando, nos momentos em que seu gato decidir interagir com você. Escolha ocasiões em que ele se encontre relaxado e feliz, disposto a se envolver, e o ambiente esteja calmo e silencioso. Quando o gato estiver se saindo bem com você realizando o manejo, peça a um membro da família ou a um amigo de que seu gato goste para fazer parte da manipulação, de modo que ele comece a se acostumar com outras pessoas tocando-o dessa maneira. Isso vai ajudar a ampliar a associação que você criou entre o manejo semelhante ao do veterinário e as recompensas. No entanto, certifique-se de que seu novo treinador compreenda a Habilidade Fundamental 5, toque-remoção-recompensa — esse toque só serve para anunciar a recompensa se esta vier imediatamente após o toque *terminar*. Quando você sentir que não pode entregar a recompensa imediatamente após manipular o gato, use a Habilidade Fundamental 4, marcando um comportamento. Por exemplo, com meus gatos, eu os lembro da combinação da palavra "bom" com petiscos antes de iniciar o adestramento do manejo, verificando se eles se recordam que essa palavra específica significa que vão receber algo relevante. Assim posso usar a palavra quando minhas mãos estiverem ocupadas manipulando o gato e eu precisar de mais alguns segundos até pegar os petiscos.

Vários tipos de equipamentos veterinários podem ser usados durante os exames médicos, e todos eles são desconhecidos e potencialmente assustadores para o gato. Apesar de sabermos que um termômetro mede a temperatura, um estetoscópio nos permite ouvir o batimento cardíaco e o algodão pode limpar fluidos indesejados, nossos gatos não têm ideia da intenção ou função de qualquer um desses objetos — ou mesmo que estão sendo usados para o bem deles. Quando esses objetos entram em contato com o corpo — muitas vezes em lugares estranhos —, pode não apenas ser desconcertante, como também angustiante para um animal que não recebeu adestramento prévio. Embora o algodão seja fácil de se ter em casa, estetoscópios e alguns termômetros não são utensílios domésticos comuns. Assim, às vezes no nosso treinamento precisamos ser criativos ao reproduzir as propriedades sensoriais (ou seja, visão, som, cheiro ou tato) de instrumentos veterinários usando objetos domésticos do dia a dia (parte do processo de dessensibilização sistemática, Habilidade Fundamental 2). Por exemplo, uma colher de metal pode imitar algumas das propriedades de um estetoscópio — um objeto redondo e gelado que pode ser colocado contra o peito do animal.

Tal como acontece com o adestramento para manipulação, comece com seu gato na manta de relaxamento dentro da base da caixa de transporte, para que a sessão comece com seu gato descontraído. Em seguida, coloque a colher no chão na frente do gato e deixe-o investigar — com sorte, ele vai cheirá-la. Recompense qualquer comportamento investigativo positivo (Habilidade Fundamental 1). Se o gato se comportar de forma que sugira que ele se sente confortável com a colher perto dele, levante-a e a toque de leve no peitoral do animal por um segundo, depois tire-a com cuidado e recompense seu comportamento tranquilo. Inicialmente, certifique-se de que o objeto esteja na temperatura ambiente antes de tocar no gato, pois se estiver frio o animal pode ter mais dificuldade para tolerá-lo. Se ele estiver preocupado com a colher de alguma forma, apenas deixe-a no chão por mais tempo, permitindo que ele se acostume com ela, e recompense qualquer comportamento tranquilo, mesmo que seja apenas olhar na direção dela.

Sarah mantém Herbie de pé com uma colher tocando o peitoral dele, imitando um estetoscópio.

Para procedimentos que envolvem colocar objetos contra o corpo do gato, como um termômetro ou uma lanterna usada para examinar o canal auditivo, nunca é aconselhável nem adequado tentar recriar esses procedimentos em casa — eles só devem ser realizados por um veterinário qualificado. No entanto, quando se mede a temperatura de um gato, ele em geral deve ficar de pé com a cauda levantada para inserir o termômetro no reto. Para nossa sorte, podemos treinar nosso gato a ficar em pé com o rabo erguido. Assim, embora não seja possível imitar todos os procedimentos em casa, podemos pelo menos pensar em quais posições nossos gatos ficam contidos e se é seguro e viável ensiná-los em casa. Você pode praticar essas técnicas antes que ele precise ir ao veterinário.

QUANDO ENTRAR NO CONSULTÓRIO, ABRA A PORTA DA CAIXA de transporte do seu gato e espere para ver se ele sente confiança suficiente para sair espontaneamente. Se ele sentir, reforce esse comportamento com a recompensa escolhida; interação física ou comida são preferíveis a brincadeiras nessa fase porque o gato está prestes a ser manipulado e não queremos agitação. É importante recompensar as ações voluntárias do gato para sair da caixa (Habilidade Fundamental 1). Não é a mesma coisa que usar as recompensas como iscas (Habilidade Fundamental 3) para encorajá-lo a sair: embora possam funcionar para tirar o gato de dentro dela, as iscas vão monopolizar a atenção do gato enquanto ele sai, e ele vai estar concentrado demais em obter o que você oferece para perceber o que está acontecendo ao redor. O gato vai parar para observar o que há em volta quando não houver mais iscas, estando exposto na mesa da consulta. Se achar que o ambiente é perigoso, ele vai voar de volta para a caixa, em pânico. Um gato que escolhe sair da caixa no próprio ritmo, avaliando o ambiente conforme avança e sendo recompensado por isso, tem mais chance de repetir essa ação.

Muitos gatos não se sentem confiantes o suficiente para sair da caixa de transporte, e nesse caso a melhor opção é pedir ao veterinário para examinar o gato na base da caixa e em cima da manta que ele associa ao relaxamento (considerando que o adestramento para a Habilidade Fundamental 6 foi realizado). Dessa forma, o gato não terá que sair de onde se sente seguro e vai se sentir menos exposto graças às laterais da caixa. Para gatos muito ansiosos, colocar uma toalha e examiná-los por baixo dela, deixando expostas apenas as áreas que precisam ser examinadas, uma de cada vez, pode evitar e muito que o estresse aumente e tranquilizar o gato de que sua segurança não será comprometida.

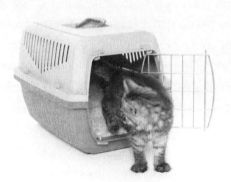

Batman, um filhote treinado por Sarah, deixa sua caixa de transporte voluntariamente.

Batman recebe um petisco por escolher sair de sua caixa de transporte.

Tolerar tomar uma injeção é uma habilidade que todo gato deveria aprender. Novamente, embora não possamos de fato aplicar uma injeção em casa, podemos ensinar ao gato que a manipulação necessária para a injeção não deve ser temida. Em geral, as injeções costumam ser aplicadas na nuca, ou, em certos hospitais, na pata traseira ou no rabo. Na maioria dos casos, segura-se o gato de pé ou agachado. Quando o alvo é o pescoço, a pele solta ao redor da nuca é ligeiramente puxada para cima com uma mão e, dependendo do gato, às vezes segura-se a cabeça ou o corpo com a outra, para imobilizá-los. No caso da pata e do rabo, geralmente se mantém o gato na posição em que ele se sentir mais confortável (de pé ou agachado), contendo-o na parte da frente e de atrás.

Como em qualquer outro adestramento, o objetivo final precisa ser dividido em pequenas etapas, ensinando-o a associar cada etapa com a recompensa, de forma sucessiva. Ser contido enquanto está agachado ou de pé deve ser praticado separadamente, e só quando o gato estiver à vontade com isso devemos acrescentar a parte de levantar a pele solta da nuca. Apenas quando ele estiver tranquilo e satisfeito com isso devemos adicionar a etapa de conter a cabeça ou o corpo, e por fim um dedo indicador ou caneta com tampa podem ser pressionados de leve na área da pele onde a injeção seria aplicada, para acostumá-lo a sentir pressão nessa região. Dar uma injeção leva apenas alguns segundos, mas, caso o gato esteja com medo, esse breve momento bastará para formar na mente dele uma associação negativa tão forte que ele vai passar a ficar ansioso em todas as futuras idas ao veterinário. Assim, se você praticar essas tarefas no dia a dia, apenas alguns minutos de cada vez, ele terá a chance de desenvolver bastante resiliência em relação aos acontecimentos verdadeiros quando acontecerem na clínica veterinária.

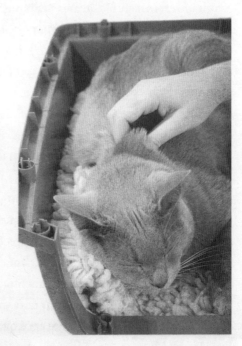

Sarah levanta a pele da nuca de Herbie ao praticar como seria tomar uma injeção.

Se você estiver numa posição em que seu gato precisa ir ao veterinário no futuro próximo, mas não tiver concluído o treinamento adequado em casa para que ele aceite o exame ou procedimento que precisa ser realizado, existe uma técnica de "distração" que pode ser usada. Isso vai evitar que a experiência pareça muito negativa e deve impedir que trabalho feito no adestramento inicial seja desfeito. Essa técnica não deve substituir o adestramento no formato de toque-remoção-recompensa (Habilidade Fundamental 5) realizado num passo a passo gradual (Habilidade Fundamental 2). Trata-se só de uma ajuda de curto prazo para as idas inesperadas ao veterinário enquanto o adestramento ainda está em andamento.

A técnica de distração envolve oferecer de forma contínua uma comida saborosa. Para isso, você deve preparar um patê de carne mais ralo e colocá-lo numa seringa, numa bisnaga de plástico ou num saco de confeitar pequeno, para conseguir dar uma pequena e contínua quantidade ao gato. Use isso como isca para mantê-lo numa posição (sentado ou de pé, por exemplo) que deseja para ajudar no manejo (Habilidade Fundamental 3). Enquanto o gato está comendo, toque uma região com a qual ele se sinta à vontade e, em seguida, avance lentamente para outra parte. O valor da comida deve ser alto o suficiente para manter o interesse do gato, que não vai se mexer enquanto você o toca. É mais difícil para seu gato aprender que a manipulação é positiva, pois a oferta contínua de alimento é tão gratificante que substitui qualquer associação feita entre manipulação e comida. É por isso que não recomendamos depender exclusivamente desse método para todas as idas ao veterinário. Use-o apenas nas visitas inesperadas e imediatas, quando você não tiver conseguido completar o adestramento em casa.

Para passar da técnica de distração para a recompensa pelo toque (Habilidade Fundamental 5), tudo o que precisamos fazer é tirar a comida aos poucos durante o toque e oferecê-la imediatamente depois. Isso pode ser feito segurando a seringa com comida perto do gato, mas sem empurrar o êmbolo para dar o alimento até que tenha ocorrido o toque. Gradualmente, você pode avançar para uma situação em que apresenta a seringa cheia de comida somente após o toque. Assim, a comida não será apenas uma simples distração, mas ensinará ao gato que a manipulação gera resultados positivos e, portanto, é uma experiência que vale a pena. Obviamente, você também pode optar por outras formas de comida como recompensa, tais como pedacinhos de frango cozido ou petiscos industrializados.

Garantir que seu gato não se sinta intimidado pelas idas ao veterinário traz muitos benefícios. Elas são essenciais para mantê-lo com uma ótima saúde, mas ele não tem como saber disso, e você não pode se dar ao luxo de ter uma atitude do tipo "o que acontece no veterinário fica no veterinário". Talvez você consiga esquecer as dificuldades que seu gato passou durante o exame, e o veterinário pode tratar o episódio como só mais um dos perigos esperados do trabalho, mas seu gato não vai esquecer tão facilmente.

Felizmente, é possível realizar em casa muitas técnicas de adestramento com esse fim. Então, ao também escolher uma clínica veterinária menos tradicional, que busca minimizar o estresse dos pacientes e segue as práticas do manejo amigável de felinos, você consegue ensinar ao gato que ir ao veterinário pode ser tão bom quanto comer frango. Não importa quais serão as preocupações com a saúde do seu gato no futuro, ele será capaz de manter a calma diante de novas intervenções veterinárias.

Grande parte deste capítulo se concentrou nas técnicas de adestramento que ensinam o gato a ficar calmo e parado enquanto passa por procedimentos veterinários — quando costuma haver algum objeto tocando o corpo do animal por pouco tempo. No entanto, em outras circunstâncias, eles podem ter que lidar com objetos tocando seu corpo por muito mais tempo — por exemplo, ao usar um peitoral. Uma situação assim exige que você ensine seu gato a se mover com calma, mesmo sentindo algo estranho tocando seu corpo. Já na hora de chamar o gato para entrar em casa, queremos treiná-lo não só a se mover, mas a se mover rápido! Estes exercícios são o foco do próximo capítulo, que aborda o adestramento necessário para que seu gato possa aproveitar a vida ao ar livre com segurança.

CAPÍTULO 10

Gatos soltos: o imenso ar livre

O MELHOR PARA O BEM-ESTAR DE UM GATO É VIVER SEMPRE dentro de casa ou ter acesso ao exterior? Esse assunto continua gerando debates acalorados no mundo todo. Manter os gatos confinados em ambientes fechados permanentemente é um hábito popular em áreas urbanas em várias partes do mundo. No entanto, sobretudo em áreas rurais, ter acesso ao ar livre, seja usando uma portinha para gatos ou deixando-o livre para entrar e sair, é mais comum. Talvez uma das razões de não existir consenso sobre qual estilo de vida é melhor para o gato seja que cada opção tem as suas vantagens e desvantagens, e o modo como elas são avaliadas pelos donos depende muito das condições de vida de cada um. Se você acha que gatos merecem certa liberdade para passear, adestrar seu gato pode ajudar a minimizar alguns riscos inerentes à vida ao ar livre.[1]

Por que a vida ao ar livre é tão importante para um gato? Existem três motivos básicos possíveis para um gato sentir necessidade de sair. O primeiro é procurar um companheiro do sexo oposto com a intenção de acasalar — isso não deveria se aplicar à maioria dos bichos de estimação de hoje, que são castrados. O segundo é caçar — embora muitos gatos pareçam muito motivados a tentar, só alguns conseguem ter sucesso. Em geral, gatos de estimação bem alimentados se empenham pouco e são ineficazes ao caçar, e muitos demonstram pouco interesse. É razoável, portanto, perguntar por que os gatos de estimação de hoje precisam sair. Porém, dada a oportunidade, muitos gatos passam bastante tempo ao ar livre. Então, precisamos propor um terceiro motivo, e o mais plausível é que se trate de uma necessidade instintiva de manter um território, uma área que o animal conheça bem e considere como dele. Além disso, do ponto de vista do bem-estar felino, é evidente que eles gostam de muitos aspectos da vida ao ar livre — correr a toda velocidade, subir em árvores, tomar sol, rolar na terra, explorar de uma forma geral e investigar os arredores.[2]

Gatos são animais curiosos e exploradores e, por mais fácil que seja tratar esse comportamento como trivial e sem importância, hoje sabemos que a coleta de informações é uma necessidade biológica, sobretudo para animais inteligentes como eles. Isso pode não ser totalmente essencial à sobrevivência de gatos de estimação, mas com certeza foi importante para seus ancestrais selvagens, que eram caçadores especializados e precisavam prever onde era mais provável encontrar uma presa e sobreviver. Não há dúvida de que coletavam parte do conhecimento necessário diretamente enquanto caçavam — por exemplo, lembrando-se de lugares onde haviam sido muito bem-sucedidos no passado. O tempo todo absorviam informações sobre seu território de caça, detectando e memorizando detalhes relevantes à medida que se deslocavam — por exemplo, rastros de cheiro deixados por ratos que tinham passado algumas horas antes. Gatos de estimação, mesmo os que não caçam, sentem o mesmo impulso de explorar e coletar informações que seus antepassados sentiam — e isso, embora hoje não seja essencial para sua sobrevivência, parece ser muito importante para o bem-estar deles.

Quando precisavam caçar para viver, o sucesso dependia não só de serem capazes de localizar uma boa presa, como também de serem os primeiros a encontrá-la. Para um caçador solitário como o gato selvagem, a maior concorrência teria vindo de outros membros da própria espécie. Assim, além de coletar informações sobre a presa, um gato selvagem — na verdade, qualquer predador bem-sucedido — precisaria reunir o máximo de informações possível sobre o paradeiro de seus rivais. Na natureza, os predadores tendem a ficar dispersos e raramente se encontram cara a cara. Em vez disso, eles se rastreiam farejando o cheiro uns dos outros. Durante os poucos milhares de anos desde que foram domesticados, os gatos passaram a viver muito mais próximos do que seus ancestrais e, assim, podem conhecer seus vizinhos felinos de vista, mas monitorá-los pelo cheiro parece ter continuado como prioridade, a julgar pelo tempo que passam farejando os arredores quando estão ao ar livre. Talvez você tenha visto seu gato esfregando o focinho no portão ou esguichando urina num arbusto —exemplos de como marcam seu território.[3]

É razoável supor que nossos gatos de estimação ainda sintam necessidade de manter o controle sobre o que acontece a seu redor, embora isso não seja mais essencial para muitos. Somente algumas gerações se passaram desde a época em que todos os gatos precisavam caçar para sobreviver (ou seja, antes da criação de uma ração comercial para gatos que fosse completa do ponto de vista nutricional), muito pouco tempo para a evolução ter eliminado as técnicas básicas que permitiam que a caça fosse bem-sucedida. Assim, embora possam não entender *por que* sentem necessidade de patrulhar a área ao redor da casa do dono, os gatos ainda se sentem obrigados a fazê-lo, se puderem. Quando estão lá fora, muitos gatos observam vagamente às idas e vindas das presas em potencial, pois, ao contrário de seus ancestrais selvagens, eles estão muito bem alimentados, seja qual for a hora do dia ou da noite. Além disso, ainda se sentem motivados a tentar impedir outros gatos de entrar em pelo menos parte do território que consideram seu, mesmo que essa proteção não tenha mais utilidade, já que todos os recursos essenciais para a vida do gato estão dentro, e não fora, da casa dos donos.

Quando eles saem, há sempre o risco de que sua natureza territorialista gere brigas com outros animais, gerando ferimentos e consequentes infecções, sobretudo se seu gato encontrar com algum macho não castrado ou vacinado. Mas o maior risco, e o mais comum, vem do homem: o *Carrum destructus*, ou o veículo motorizado. O encontro com um veículo costuma ser fatal. Outros riscos do mundo exterior parecem ser específicos de cada país ou mesmo região. Por exemplo, em certas partes dos Estados Unidos, a vida ao ar livre expõe os gatos a predadores como coiotes e onças-pardas que seus primos europeus não têm chances de encontrar. Entretanto, o risco é muitas vezes avaliado não só pensando no gato, como também em outras espécies — evitando que os gatos saiam de casa, muitos donos sentem que protegem a vida selvagem, como pequenos mamíferos e aves nativas.[4]

Os riscos associados à vida exclusivamente em ambientes fechados tendem a ser de natureza mais psicológica, ao menos a princípio. A falta de espaço físico e sua complexidade podem causar frustração, tédio e até ansiedade. Por exemplo, apartamentos com conceito aberto e minimamente mobiliados parecem bonitos para nós, mas podem deixar os gatos sem lugar para se esconder ou escalar e oferecem poucas oportunidades de exploração. Viver todos os dias num ambiente sem possibilidades de brincar/caçar, explorar e ficar sozinho pode levá-los ao estresse crônico, que enfraquece o sistema imunológico. Portanto, o risco psicológico de viver apenas em ambientes fechados impacta negativamente também a saúde física. Além disso, os gatos que costumavam sair encaram muito mal o confinamento, e alguns podem nunca aprender a lidar com a vida exclusivamente dentro de casa, sobretudo se o espaço interno for pequeno e desinteressante. A companhia de outro gato raramente é a solução: se dois gatos que vivem dentro de casa não se dão bem, as oportunidades de evitarem um ao outro tornam-se muito limitadas. Se forem forçados a compartilhar uma casa, pode ser que se machuquem. Confinar num ambiente fechado vários gatos que antes conseguiam escapar uns dos outros saindo de casa acaba gerando níveis extraordinários de tensão.[5]

No entanto, existe uma terceira forma de lidar com gatos, pouco explorada até agora, que talvez possa minimizar os riscos ao bem-estar que as duas outras opções de estilo de vida oferecem. Ela envolve deixar o gato ter acesso ao exterior, mas de uma maneira que permita um nível maior de supervisão e monitoramento do que o acesso livre simplesmente (algo mais parecido com o modo como lidamos com cães hoje em dia). A dona pode optar por controlar os horários em que seu gato fica ao ar livre, deixando-o dentro de casa quando escurecer ou quando ela quiser sair. Gatos podem ficar longe de problemas se forem treinados para voltar ao nosso comando, exatamente como um cachorro (bem-comportado). E, para termos um controle ainda maior do animal ao ar livre, eles podem aprender a nos acompanhar em passeios longe de onde passam carros e a usar peitoral e coleira: nem todos os gatos gostam, mas muitos aceitam depois de algum treinamento.

Gatos com acesso restrito ao exterior muitas vezes parecem se sentir frustrados por não saírem quando querem, miando insistentemente e dando patadas na porta, mas podem ser treinados para se contentar com isso. Pesquisas mostram que eles são mais felizes quando não só podem prever o que está para acontecer, como também quando têm uma sensação de controle da situação, duas coisas que se perdem quando o gato não consegue abrir a porta por conta própria nem tem ideia de quando ela será aberta. O adestramento pode fazer com que aceitem o acesso restrito ao ar livre, reduzindo assim sua frustração e seu estresse.[6]

Além disso, o crescimento recente e contínuo das tecnologias voltada para os animais de estimação nos proporcionou muitos equipamentos para aumentar a segurança do acesso ao ar livre. As portinhas para gatos ativadas pelo microchip de identificação implantado nas costas do gato garantem que apenas seus felinos possam entrar em casa, o que permite que ele saia sem a ameaça de ter o próprio território interno invadido. Há ainda outros modelos de portinhas de gato com sensores de luz que fazem com que ela trave quando escurece, e elas permitem que seu gato entre sem deixar que os que já estão do lado dentro saiam. Existem inúmeros modelos de coleiras rastreadoras e dispositivos que se prendem à coleira feitos especialmente para ajudar a localizar o gato — alguns até a alertam se ele sair da área que você determinou como segura. Essa tecnologia, embora atraente para nós, é estranha para o gato, e para maximizar o potencial dela pode ser necessário realizar algum adestramento — por exemplo, talvez seu gato precise aprender a ficar parado perto da portinha enquanto o microchip é lido, a não se deixar intimidar por certas luzes e barulhos emitidos por ela, e que uma coleira um pouco mais pesada do que o normal não é desagradável.

Portanto, há muitas maneiras de os gatos aproveitarem certos benefícios da vida ao ar livre, algo que eles ainda buscam instintivamente, com menos riscos. No entanto, para colocar esse estilo de vida em prática, é necessário fazer um adestramento preliminar.

Eu vivi a devastação de perder um gato num acidente de trânsito e, como consequência, passei muito tempo pondo em prática algumas das tarefas de adestramento descritas neste capítulo.

Cosmos veio morar comigo junto com seu irmão Bumble, da mesma ninhada, quando eram filhotes. Os dois eram grandes amigos e passavam muito tempo fora de casa juntos, perseguindo folhas ao vento, subindo em árvores e desaparecendo em aventuras mais distantes. Quando Bumble morreu atropelado, fiquei arrasada — nunca os tinha visto se aventurar perto da rua. Minha reação automática foi manter Cosmos dentro de casa para sempre, como a única forma segura de evitar que ele tivesse o mesmo destino — e foi o que fiz, pelo menos no início. Apesar de eu passar mais tempo brincando com Cosmos dentro de casa e investir em todo tipo de diversão para gatos, ele não hesitou em deixar evidente para mim que aquilo não era aceitável. Afinal, estava acostumado a sair de casa todos os dias. Durante semanas, ele passou quase todas as noites ora andando de um lado para o outro no parapeito da janela ou em frente à porta da varanda, onde ficava a portinha dele, ou atacando a porta alucinadamente com patadas, e intercalava as duas coisas com miados de tristeza. Meu coração e minha cabeça entraram em conflito. Cosmos não estava feliz, logo eu não estava feliz — precisava encontrar uma estratégia para que nós dois voltássemos a ficar bem. Passei muito tempo conversando com amigos e colegas (veterinários, especialistas em comportamento, adestradores de animais e pesquisadores da área de bem-estar animal) sobre minhas opções, analisando todos os riscos e benefícios em relação a mantê-lo dentro de casa, deixá-lo sair de novo, ou até mesmo encontrar um novo lar para ele.

Depois de refletir muito, decidi que o melhor plano de ação seria deixar que ele tivesse acesso restrito ao ar livre — permitindo que ele saísse apenas quando eu estivesse em casa e acordada. Durante esse acesso não supervisionado ao exterior, eu queria que Cosmos ficasse o máximo de tempo possível na segurança do meu jardim, mas não poderia restringi-lo fisicamente, por exemplo, instalando cercas à prova de gatos em volta do jardim, pois é uma área comum compartilhada por outros moradores. Seguindo esse plano, senti que conseguiria minimizar o risco de ele se machucar sem deixá-lo preso. Havia muitas coisas a fazer para colocar esse plano em prática. Primeiro, eu precisava ter certeza de que Cosmos conseguisse prever o acesso ao exterior, para que ele soubesse quando teria permissão de sair e quando não teria, ajudando-o a controlar sua frustração por não poder sair quando quisesse. Também queria incentivá-lo a ficar perto de casa, de preferência dentro ou perto do jardim quando estivesse ao ar livre, e ensiná-lo a voltar quando eu chamasse. Inesperadamente, sem querer também consegui ensinar Cosmos a passear comigo, o que me ajudou a controlar por onde ele se aventurava fora do jardim, sem acabar com sua liberdade. Dessa forma, ele voltou a ficar livre para explorar os arredores: farejar, rolar e até subir correndo numa árvore!

Hoje, anos depois da morte de Bumble, Cosmos pode aproveitar seus passeios diários ao ar livre. Sua rotina inclui sair logo de manhã cedo, e quase nunca preciso chamá-lo de volta antes de ir para o trabalho, pois ele aprendeu o horário em que isso acontece e, na maioria das vezes, volta pela portinha antes mesmo de eu estar pronta para sair. É lógico, eu recompenso esse comportamento com muitos elogios e sua porção de ração seca, junto com petiscos diferentes, distribuídos em diversos comedouros interativos. Depois que volto do trabalho, deixo Cosmos sair de novo. Como a hora de dormir varia um pouco, eu ainda o chamo de volta à noite. Ele chega tão rapidamente que preciso garantir que a porta esteja aberta e pronta. É lindo ver como o adestramento tornou o ato de vir correndo para casa algo tão gratificante para ele — acho que ele gosta tanto de voltar quanto de ganhar a comida ou o elogio e carinho que dou no final. Nos fins de semana, Cosmos pode ficar mais tempo fora, pois eu estou mais em casa. Ele passa grande parte do dia no jardim — rolando na terra, dormindo no depósito de lenha, escalando as árvores do jardim e mastigando erva-dos-gatos.

Antes da morte de Bumble, eu raramente via Cosmos no jardim — ele sempre estava longe. Passar um tempo com ele ali, entretendo-o com galhos, folhas e brinquedos de varinha, praticando chamá-lo de volta com petiscos saborosos e até mesmo brincando de esconde-esconde com guloseimas o fez perceber que ficar perto de casa é divertido — parece que ele não precisa mais de seus longos passeios, quando ficava longe de casa durante grande parte do dia e se aventurava em locais distantes, a julgar pelos galhos, sementes e teias de aranha que eu costumava encontrar em seu pelo. Hoje em dia, ele não quer perder nada do que acontece perto de casa ou a chance de ganhar um petisco. As únicas ocasiões em que Cosmos sai do jardim por mais tempo costumam ser quando ele decide me acompanhar nos passeios com minha cachorrinha Squidge. Embora o acesso irrestrito ao exterior nunca seja completamente isento do risco, encontrei uma maneira de minimizá-lo de um jeito que me deixa confortável o suficiente para permitir que Cosmos tenha acesso ao ar livre.

TALVEZ O PRIMEIRO PASSO SEJA PENSAR SE VOCÊ GOSTARIA DE USAR uma portinha para gatos. Muitos donos não veem necessidade de treinar seu gato para usá-la, acreditando que seus animais aprendem facilmente por conta própria. É algo que deve ser ensinado de uma forma ou de outra, pois para o gato enfiar a cabeça num buraco aparentemente fechado não tem nada de instintivo. O fascínio pelo lado de fora costuma ser tão grande que os gatos estão dispostos a dar patadas e empurrar a portinha com a cabeça até aprender a abri-la o suficiente para sair. A recompensa é ficar ao ar livre. Portanto, se seu gato gostar muito de sair, é provável que ele repita isso várias vezes. Porém, nem todos aprendem tão facilmente que a portinha também abre para o outro lado e que podem voltar para a casa por ela. Na verdade, talvez o que consigam aprender é que, se miarem do lado de fora, você vai abrir a porta para eles, evitando que aprendam a voltar pela portinha. Contudo, no caso de outros gatos, aprender sozinhos por tentativa e erro pode levar muito tempo, e alguns podem ser medrosos demais para tentar empurrar a cabeça contra um pedaço de plástico estranho. Para esses gatos, e para os filhotes e adultos que não têm experiência com essas portinhas, o adestramento vai garantir que usá-la seja uma experiência positiva e que seja utilizada tanto para sair quanto para entrar em casa.

A melhor época para iniciar o adestramento com a portinha do gato é antes de instalá-la, para que você comece a treinar apenas dentro de casa. Se sua portinha já estiver instalada, pode ser uma boa ideia criar uma portinha improvisada, só para o treinamento. Corte um buraco do mesmo tamanho numa folha de papelão bem resistente e prenda na tampa de uma lixeira ou use a portinha de uma caixa de areia do tipo fechada que vem com porta — pode ser qualquer coisa, desde que seja seguro e simule grosseiramente a situação em que seu gato precisa empurrar uma portinha para passar por uma pequena abertura.

No caso de filhotes e gatos pequenos ou tímidos, fazer o animal empurrar a portinha com a cabeça talvez dê certo trabalho, mas existem alguns truques que podem ajudar. O primeiro é manter a portinha totalmente aberta — você pode controlá-la ou, se tiver dificuldade para segurar o petisco e a portinha ao mesmo tempo, mantenha-a aberta com um pedaço de barbante colado nela. Recompense seu gato por qualquer comportamento investigativo (Habilidade Fundamental 1). Se ele não inspecionar a abertura da portinha espontaneamente, você pode atraí-lo (Habilidade Fundamental

3) balançando um brinquedo de varinha na frente ou pondo petiscos em volta da abertura. Quando o gato se sentir à vontade ao comer ou pegar um brinquedo na abertura, é hora de ensinar a ele que passar pela abertura é uma experiência agradável. Você pode jogar petiscos através dela, segurar um petisco e passá-lo pela abertura ou arrastar um brinquedo por ela para incentivá-lo a ir atrás. Se seu gato tiver o costume de tentar agarrar petiscos na sua mão, talvez seja melhor usar os tipos mais compridos, em forma de palito, ou um dos utensílios sugeridos para fornecer comida, como uma seringa com um alimento pastoso. É improvável que o gato passe pela abertura na primeira vez, então se lembre de recompensar todas as vezes em que ele se aproximar do objetivo final. Por exemplo, quando ele passar as vibrissas e o focinho pela abertura, quando enfiar só a cabeça, depois a cabeça e uma pata levantada e assim por diante. Quando ele tiver passado o corpo inteiro, pare de recompensar as tentativas hesitantes e premie apenas quando ele atravessar a abertura. Não se esqueça de fazê-lo praticar em ambas as direções para simular sair e voltar para casa.

Herbie é atraído com um petisco para atravessar a abertura da portinha.

Herbie ganha um petisco por enfiar a cabeça e metade do corpo através da abertura.

O próximo passo é soltar a portinha e ensinar seu gato a empurrá-la com a pata ou a cabeça, dependendo da preferência natural dele. Alguns consideram a passagem da portinha aberta para a fechada muito difícil, mas podemos ajudar segurando-a para que fique parcialmente aberta, com barbante ou um pregador de roupa, certificando-se de botar o pregador do lado que o gato não está empurrando, para que ele ainda possa passar. Certos animais precisam que uma isca passe pela portinha para atraí-los, enquanto outros atravessam ao verem a isca do outro lado.

Todas as portinhas fazem algum ruído — não há exceções — quando são abertas e fechadas. As que destravam por microchip ou ímã fazem barulho quando o mecanismo de trava abre ou fecha. Alguns gatos não ligam, mas os mais sensíveis podem achar os sons um pouco estranhos no início. Para eles, seria recomendável incluir a dessensibilização (usando a Habilidade Fundamental 2).

Pratique essas duas tarefas (acostumar seu gato ao barulho da portinha e passar por ela quando estiver parcialmente aberta) várias vezes até que ele tenha confiança em passar pela abertura. No início, se você estiver usando um petisco para atraí-lo, pode colocá-lo bem perto da portinha para ele enfiar a cabeça e comer o petisco e, em seguida, recuar para permanecer no mesmo lado onde começou. Conforme você for, aos poucos, afastando o petisco da portinha cada vez mais, o gato vai perceber que precisa passar pela abertura para pegá-lo.

A etapa final é tirar o pregador ou a mão que está mantendo a portinha aberta e praticar com ela fechada. Seja paciente, pois os gatos costumam demorar para progredir nesse exercício.

Se você já praticou tudo isso dentro de casa com uma portinha de gatos improvisada, agora é hora de instalar a porta verdadeira e praticar de novo com ela. Com tempo, paciência e muitas recompensas, seu gato logo vai aprender a usá-la.

Se tiver uma portinha que funcione com microchip ou ímã, seu gato precisa aprender a ficar parado por alguns segundos enquanto o scanner lê o chip ou os ímãs funcionam e destravam. Comece o treinamento com a portinha no modo destravado e, apenas quando seu gato tiver dominado por completo seu uso, altere as configurações para travar. Como mencionei antes, é recomendável dessensibilizar o gato em relação ao barulho antes (Habilidade Fundamental 2: o ruído pode ser emitido com o controle manual) para que ele não se assuste. Quando ele estiver tranquilo com o som, é hora de ensiná-lo a ficar parado tempo suficiente para que a portinha seja destravada.

Quando eu estava ensinando Cosmos e Bumble a usar uma portinha desse tipo, Cosmos tinha uma tendência a ser impaciente e dava patadas até ela se abrir. Por isso, não precisei ensiná-lo a ficar sob o scanner. Ele aprendeu rapidamente que o bipe anunciava que a portinha ia se abrir, não as patadas insistentes, e esse comportamento acabou diminuindo com o tempo. No entanto, ensinar a Bumble era bem diferente. Não importava quanto tempo ele ficasse sob o scanner comigo dando petiscos para mantê-lo na posição certa, nunca ouvíamos o bipe informando que a leitura fora feita. Não demorei para perceber que o microchip de Bumble havia escorregado do meio das escápulas até quase o ombro — uma posição completamente errada para o scanner conseguir detectar! Como acontece com todo adestramento de animais, você precisa ser criativa em certas horas. Como eu não conseguia mudar a posição do scanner (os scanners nos modelos mais novos de portinha para gatos têm um alcance mais amplo e leitura de 360 graus), teria que mudar a posição do microchip — mas fazer uma cirurgia não era uma opção. Em vez disso, ensinei Bumble a levantar a pata da frente, e assim ele mexia a escápula o suficiente para o scanner ler o chip. Como fiz isso? Coloquei um adesivo no canto superior da portinha, na frente do lado onde ficava o chip, e ensinei Bumble a tocá-lo como se ensina um gato a tocar num alvo (veja a Habilidade Fundamental 3), mas com a pata em vez do focinho. Comecei o treinamento colocando o adesivo no chão e recompensando qualquer investigação que ele fizesse (com o focinho ou a pata), depois moldei seu comportamento de modo que ele só ganhava recompensas ao usar a pata, e então aos poucos passei o adesivo do chão para a parede e, em seguida, para a portinha. Por causa do uso constante, não demorou muito para o adesivo na portinha se desfazer, mas o comportamento já tinha sido tão reforçado — primeiro pelos petiscos e mais tarde pela possibilidade de entrar em casa quando quisesse — que não precisei substituí-lo. Bumble aprendeu que não era o adesivo que importava; era levantar a pata ao parar junto da portinha. O momento mais engraçado foi um dia em que recebi uma visita que exclamou: "Tenho certeza de que seu gato acabou de acenar para mim pela portinha" — Bumble só tinha levantado a pata para que o chip fosse lido e ele pudesse entrar para jantar!

Quando o gato tiver se acostumado a usar a portinha, ele estará pronto para ficar ao ar livre. O próximo desafio é fazê-lo voltar para casa quando você quiser. Ensinar a vir quando chamado não é útil só nesse caso: serve tanto para gatos que vivem em ambientes internos quanto para os que têm acesso ao exterior. Muitos donos sabem como é passar meia hora enlouquecido correndo pela casa e procurando embaixo de cada cama e cada móvel sem conseguir encontrar o gato, com medo de que ele tenha saído de casa ou ficado preso dentro de um armário, para, no final, encontrá-lo deitado e todo esparramado debaixo do edredom. Ensiná lo a vir quando chamado pode evitar esses momentos de ansiedade.

Para funcionar com gatos ao ar livre, as recompensas precisam ser muito atraentes — o exterior costuma ter muitas distrações (e muitas vezes é estimulante demais). Os gatos têm espaço para correr e brincar e oportunidades de caçar, além de cheiros e imagens empolgantes para explorar, para não falar nos ruídos imprevisíveis e na possibilidade de interações sociais. Portanto, suas recompensas devem ser ainda mais interessantes, para que o gato acredite que vale a pena deixar as maravilhas da vida ao ar livre e voltar para você. Brincadeiras agitadas com brinquedos de varinha e petiscos muito valiosos, como frango e camarão cozidos, costumam ser ideais.

Já ouvi muitas pessoas dizerem: "Tentei ensinar meu gato a vir, mas ele só se vira, olha para mim e continua com o que quer que esteja fazendo!" O problema é que, se você simplesmente chamá-lo, ele pode não perceber que você quer que ele venha até você. É provável que chame a atenção dele (a maioria dos gatos sabe seus nomes), mas, como pronunciamos seus nomes com frequência, ele pode não perceber que ouvir o próprio nome é um convite para se aproximar. Portanto, é necessário usar uma nova palavra ou um sinal especial para ele saber que deve se aproximar.

Pode ser qualquer palavra que você queira, mas vai ter mais chances de funcionar se ela não for usada em outros momentos de interação com seu gato. Palavras como "vem" ou "aqui" são boas opções — são curtas e objetivas. No início do treinamento de chamada, seu gato não vai saber o que essa palavra nova significa, então você vai precisar ensiná-lo.

Comece o adestramento dentro de casa onde for mais provável que o gato preste atenção em você. Escolha um momento em que ele queira interagir com você — por exemplo, quando ele estiver acordado e alerta, com fome ou querendo brincar. Fique na altura dele, sentando-se no chão a apenas um ou dois metros do gato. Quanto mais perto você estiver, menor será a distância que ele terá que percorrer e, portanto, maior será a chance de sucesso. Depois de se posicionar, chame o nome do gato para conseguir ter a atenção dele e mostre a recompensa. Se sua recompensa for atraente o suficiente, o gato vai se aproximar para investigar. Quando ele estiver ao seu lado, dê a ele o prêmio.

Se seu gato não vier, talvez seja necessário incentivá-lo usando a técnica da isca (ver a Habilidade Fundamental 3). Depois de dizer o nome do gato para chamar sua atenção, estique o braço na direção dele, apresente a isca (comida, brinquedo num barbante ou ponteira para treinamento) e deixe que ele a investigue. Em seguida, chegue a isca para mais perto de você. Recompense-o quando ele for até você. Quando seu gato estiver fazendo isso com confiança, use o comando para ele vir. Diga a palavra depois do nome do gato e assim que ele começar a vir na sua direção. Talvez você ainda precise da isca nesse momento do treinamento, mas ao longo de várias repetições poderá parar de usá-la, pois seu gato terá aprendido que, ao ouvir o comando, ir até você gera uma recompensa. Esta por si só deve ser suficiente para incentivar seu gato a ir até você. Lembre-se de não se limitar à mesma recompensa sempre — na verdade, mudar introduz um elemento surpresa que vai estimulá-lo ainda mais a descobrir o que ele vai ganhar.

Após várias sessões de adestramento de apenas poucos minutos, seu gato deve vir até você sempre que ouvir a palavra escolhida como sinal. Dependendo da personalidade e motivação do seu animal, ele pode trotar imediatamente ou aproximar-se no tempo dele. Se ele sempre parecer se demorar, encontre um petisco mais empolgante. Passar a fazer uso da recompensa intermitente (Habilidade Fundamental 8) também ajudará a acelerar a vinda dele ao ser chamado. Mas o importante é que ele vá até você ao ouvir o seu sinal. Nessa fase, aumente a distância entre vocês dois para vários metros. Depois que seu gato cobrir essa distância, tente ir para outra parte da casa onde ele possa ouvir sua voz, mas não a veja. Depois de recompensá-lo por vir até você, sempre dê a ele a oportunidade de se afastar caso esse seja o desejo dele. Dessa forma, estamos ensinando que só queremos que ele venha para podermos vê-lo — que vir até nós nem sempre vai atrapalhar a diversão dele. Não queremos que ele pense que vir até você significa algum tipo de restrição, mas sim algo muito saboroso ou divertido. Isso é importante se você pretende progredir no treinamento até poder chamá-lo quando ele estiver ao ar livre.

A próxima etapa é levar para o lado de fora o que foi aprendido no interior. O ideal é começar bem perto de casa — no seu quintal, se você tiver um. Assim como o começo do treinamento com uma distância bem curta entre seu gato e você e no momento em que ele estava com fome, sendo carinhoso ou querendo brincar, faça o mesmo do lado de fora. Conforme for avançando as etapas do adestramento ao ar livre, mude o local de onde você chama o gato, dentro do quintal, tanto se afastando quanto se aproximando da casa. É muito importante usar apenas as recompensas mais raras e atraentes. Quando seu gato vier até você, recompense-o e deixe que ele volte a explorar livremente.

Quando o treinamento evoluir, com seu gato indo do quintal até a entrada de casa, comece a dar as recompensas na soleira da porta, progredindo aos poucos para dentro de casa em vez de fora, associando assim a recompensa a ficar do lado de dentro. Dessa forma, você evita que se crie uma situação em que o gato não venha quando você estiver dentro de casa.

É muito importante chamar seu gato quando não for necessário que ele entre em casa, para ele aprender que vir até você nem sempre significa o fim do período ao ar livre. Siga essa rotina tanto durante o adestramento quanto depois que o comportamento de vir quando chamado estiver estabelecido. Se o final inevitável da sessão for ficar preso num ambiente fechado, pode ser que a associação entre o comando para voltar e a recompensa perca força. Assim, intercalar os momentos em que você precisa que o gato fique dentro de casa com momentos em que você só deseja que ele apareça brevemente vai ajudar a manter o comportamento confiável e com chances de acontecer novamente. Para muitos gatos, o ato de correr até você aos poucos vira uma recompensa em si. Uma vez que o comportamento esteja estabelecido, você pode variar quando dar uma recompensa e quando não dar: isso mantém seu gato mais interessado na tarefa, já que ele nunca saberá quando vai ganhar um petisco. Mas só avance até essa etapa quando conseguir fazer com que seu gato apareça sempre que for chamado. Se em qualquer momento ele parar de atender a seu chamado, volte ao início do adestramento e recompense-o cada vez que ele atender ao seu chamado.

Sarah pratica chamar Cosmos ao ar livre.

Embora esse treinamento não seja uma maneira infalível de fazer com que o gato sempre volte para casa quando estiver do lado de fora, sem dúvida ajuda e ao mesmo tempo oferece diversão e permite que você passe um tempo com seu animal. A maioria dos donos brinca com os gatos dentro de casa, mas poucos o fazem ao ar livre — isso pode incentivar nossos gatos a ficarem mais perto de casa, pois eles percebem que vale a pena permanecer onde possam nos ouvir caso uma recompensa esteja por vir.

Agora que seu gato sai pela portinha e volta quando chamado, talvez você decida que a portinha deve ficar fechada em determinados horários para aumentar a segurança — por exemplo, você pode querer mantê-lo dentro de casa à noite. Se o gato aprender os horários em que pode ir lá fora, é menos provável que ele peça para sair em outras horas. As tentativas insistentes de sair de casa não só podem ser irritantes para você como dona, como esse comportamento não é ideal para o bem-estar do gato. Sentir frustração e não conseguir aliviá-la pode, no longo prazo, deixá-lo infeliz. Por sorte, através de processos de aprendizagem simples, os gatos conseguem aprender muito rapidamente o sinal que indica se ele pode ter acesso ao lado de fora ou não. A sua primeira tarefa é decidir quando deixá-lo sair e seguir essa rotina nas primeiras semanas de adestramento. Talvez deixar seu gato sair antes de ir para o trabalho e depois de retornar, ou, caso fique em casa durante o dia, num período em que você está livre ou até mesmo no quintal. Se não tiver uma portinha para gatos e precisar abrir a porta da casa, chame-o (da mesma forma que o chamaria se ele estivesse do lado de fora) e, quando ele se aproximar, abra a porta para ele sair — isso já funciona como uma recompensa por si só, então não precisa oferecer petisco ou brincadeira. Se você tiver uma portinha que pode ser travada, chame-o da mesma maneira, mas destrave a portinha apenas quando ele puder vê-la fazendo isso.[7]

É muito importante ignorar todas as tentativas do seu gato de convencê-la a deixar que ele saia em outras horas — isso significa não só manter a porta fechada e trancar a portinha para gatos, como também ignorar todas as tentativas dele de sair, como atacar a porta ou a portinha de gato com patadas, miar sem parar ou até mesmo rodear seus pés com insistência, se esfregando em você enquanto ronrona alucinadamente. O motivo para tais comportamentos serem ignorados por completo (o que é difícil muitas vezes) é que o gato pode ver a atenção que você dá a ele nessas horas como algo positivo, mesmo se você estiver dizendo "Desculpe, gatinho, você não vai sair agora". Lembre que a atenção vista como positiva, seja qual for a sua intenção, reforça qualquer comportamento que tenha vindo antes dessa atenção, tornando mais provável que ele se repita.

Você pode dar muita atenção ao seu gato quando ele não puder ir lá fora, desde que não seja na hora em que ele está pedindo para sair. Faça isso distraindo-o com outras tarefas para estimular o cérebro e o corpo dele e evitar sua atenção se volte para o exterior. Pode ser uma brincadeira, uma refeição num comedouro interativo, escová-lo, fazer carinho ou realizar o treinamento de outra tarefa — o que despertar uma reação dele na hora. Logo seu gato vai aprender que só pode sair em horários específicos determinados por você e, como consequência, vai esperar por esses horários.

Um alerta: se o seu gato já teve acesso total ao lado de fora ou algum acesso esporádico e imprevisto, talvez ele passe por uma fase inicial em que vai pedir para sair de forma ainda mais intensa do que pedia antes de você começar a treinar essa tarefa específica. Isso é conhecido como *explosão de frustração* e é bem documentado na literatura sobre adestramento. Trata-se simplesmente de uma reação intensificada por um comportamento desejado que foi frustrado. Essa fase pode ser difícil de suportar, mas é muito importante não ceder. Se fizer isso, tudo que vai conseguir é ensiná-lo a fazer um verdadeiro escândalo para você deixá-lo sair, criando a situação oposta da que você pretendia. Em vez disso, seja forte e só deixe seu gato sair nos horários predeterminados.[8]

Quando ele tiver assimilado o adestramento, comece a apresentar uma sinalização visual que indique quando a porta será aberta ou a portinha, destrancada. Ter esse tipo de sinal dá um pouco mais de flexibilidade nos momentos em que você quiser dar acesso externo ao gato, sem deixá-lo frustrado. O sinal deve ser fácil para o gato enxergar, por isso é melhor colocá-lo diretamente na portinha ou numa porta que leve até ela, na altura do gato. Pode ser algo simples, como um X desenhado num pedaço de cartolina — escolha uma cor que faça bastante contraste, para ser fácil de o gato ver — colado na porta ou portinha quando ela estiver fechada. Se você sempre se lembrar de tirar esse símbolo ao abrir a porta ou a portinha, seu gato logo vai aprender que a presença do símbolo significa que o acesso externo está proibido e a ausência do símbolo, que o acesso externo está livre. Os gatos são muito maníacos por controle e, ao darmos a eles algum meio de prever quando terão acesso ao lado de fora, podemos ajudá-los a se sentirem um pouco mais no controle e, em última análise, mais felizes.

O comportamento de Herbie mostra que ele aprendeu que o sinal colocado na portinha significa que ele não pode sair.

O IDEAL SERIA QUE TODOS OS GATOS QUE TÊM ACESSO AO EXTERIOR usassem uma coleira com identificação para que fique claro que eles têm dono e não são de rua, e para que a dona possa ser contatada em caso de necessidade. As coleiras com fecho de segurança são recomendadas porque evitam que o gato fique preso pela coleira se ela agarrar em algum lugar, uma vez que qualquer tensão fará com que ela se abra.

Embora a maioria dos gatos lide bem com o uso de coleira, alguns lutam com unhas e dentes na hora de colocar uma — em geral aqueles que nunca usaram coleira quando filhotes. Felizmente, o treinamento com recompensas usando a Habilidade Fundamental 2, dessensibilização sistemática e contracondicionamento, pode fazer até o gato mais resistente usar uma coleira. Comece colocando-a no chão, dando ao gato a oportunidade de investigá-la (Habilidade Fundamental 1). Qualquer exploração que ele faça, mesmo que só farejar um pouco, deve ser recompensada. Em seguida, você pode tentar botar a coleira no chão, formando um círculo, e colocar um petisco no meio dela. Com sorte, o gato vai levar a cabeça até o círculo para pegar o petisco. Se ele não fizer isso, não tem problema — aumente o valor do petisco ou coloque-o fora do círculo, mas ainda perto da coleira, e ao longo de várias sessões de adestramento tente alcançar o objetivo de pôr o petisco dentro do círculo.

Herbie pega um petisco de dentro da coleira.

Quando seu gato aceitar ganhar um petisco de dentro da coleira no chão, erga a coleira e segure-a aberta e esticada. É muito improvável que um gato enfie a cabeça espontaneamente numa coleira de imediato (mas, se ele fizer isso, não se esqueça de recompensá-lo), por isso precisamos incentivá-lo um pouco e ensiná-lo que esse comportamento vai gerar uma recompensa. Podemos fazer isso usando uma isca (Habilidade Fundamental 3) e premiando o comportamento desejado. Em uma das mãos, segure a coleira toda aberta e, com a outra, passe um petisco por dentro da abertura, afastando-o lentamente do seu gato e com isso incentivando-o a pôr a cabeça através da coleira para ganhar a recompensa. Nesse caso específico, pode ser mais fácil usar a isca como recompensa, em vez de outro alimento diferente, pois você estará com as mãos ocupadas segurando a coleira e a isca. No início, é provável que ele enfie a cabeça parcial ou totalmente na coleira sem de fato tocar nela. Depois de conseguir a recompensa, ele vai tirar a cabeça. Usando uma colher com algo bem saboroso, como pedaços de carne no molho ou uma seringa com patê de carne, você pode aumentar o tempo de entrega da recompensa, incentivando seu gato a manter a cabeça dentro da coleira.

À medida que seu gato aprender que manter a cabeça dentro da coleira gera mais recompensas, você pode mover cuidadosamente a coleira para que ela fique apoiada no pescoço dele, na posição pretendida. As próximas etapas envolvem repetir esse processo, mas com a coleira um pouco mais apertada a cada vez, de modo que o gato precise forçar a cabeça no buraco da coleira, passando a se sentir confortável com a sensação da coleira em volta das orelhas e do pescoço. A etapa final inclui apertar a coleira uma vez ao redor do pescoço até ficar da largura certa. Ela deve ser apertada o suficiente para evitar que o gato a arranque com as unhas, mas você ainda deve conseguir colocar um dedo sob a coleira com conforto, verificando que não está apertada demais. O tempo para concluir esse processo depende muito do seu gato, mas a maioria se sente à vontade usando a coleira após duas ou três sessões de adestramento, a menos que sejam muito medrosos.

Um petisco colocado estrategicamente atrai Herbie,
que passa a cabeça por dentro da coleira.

Se desejar que seu gato use uma coleira rastreadora ou um dispositivo de rastreamento, ele terá que aprender a lidar com mais peso e volume ao redor do pescoço. Uma forma de ensinar isso é adicionar uma pequena caixa à coleira comum dele e, usando os princípios de dessensibilização sistemática e contracondicionamento da Habilidade Fundamental 2, acrescente peso aos poucos. Alguns desses dispositivos de localização emitem um bipe quando ligados remotamente — podemos usar isso a nosso favor e treinar nossos gatos para virem até nós quando ouvirem o bipe, do mesmo modo como os treinaríamos com um comando verbal do tipo "vem". A vantagem disso é que, enquanto o gato estiver usando a coleira, ele sempre vai ouvir o sinal, não importa quanto ele esteja longe de casa.

EMBORA MUITOS GATOS DE ESTIMAÇÃO TENHAM LIBERDADE PARA sair sem supervisão, alguns donos podem achar que o ambiente externo oferece perigos demais. Nesses casos, o acesso supervisionado ao ar livre pode ser a melhor opção. Existem duas maneiras de lidar com isso, e saber qual é a melhor depende muito da situação de cada um: o temperamento e a idade do seu gato, o tipo de ambiente ao ar livre (urbano, suburbano, rural) e o tempo de que você dispõe precisam ser levados em consideração. A primeira maneira é treinar seu gato para andar com uma coleira peitoral e guia. A segunda envolve ensiná-lo acompanhar você em passeios pelo quintal e em caminhadas mais longas sem se perder nas próprias aventuras.

Sem adestramento, pouquíssimos gatos aceitariam usar uma peitoral — os gatos não costumam gostar de nada que restrinja seus corpos e, portanto, precisam ser dessensibilizados com muito cuidado, e fazemos isso combinando o uso da peitoral com recompensas (Habilidade Fundamental 2). O treinamento com peitoral dá mais certo se começar quando seu gato for filhote, embora alguns gatos adultos consigam aprender. Gatos mais ousados parecem se sair melhor (talvez porque aceitem melhor não ter opção de fugir quando um problema se aproxima). Existem vários modelos de peitoral no mercado — alguns têm um pedaço de tecido (muitas vezes nylon ou poliéster) que se prende em volta do pescoço como uma coleira e outro pedaço que envolve o tronco, unidos por um pedaço de tecido que desce pelas costas. Outros se parecem mais com um pequeno suéter que o gato veste, com um gancho para prender a guia nas costas. Ao escolher uma coleira peitoral, o mais importante a se considerar é que o gato não consiga tirá-lo, que a peitoral não restrinja os movimentos de forma alguma e que seja o mais confortável possível. As peitorais que consistem numa peça única de tecido, em vez de várias tiras finas, costumam parecer ser mais confortáveis para o gato.

O adestramento com a peitoral deve sempre começar em casa e num momento tranquilo, em que o gato estiver relaxado. Tal como acontece com a coleira tradicional, no início a peitoral deve ser ajustada para ficar relativamente frouxa e suficientemente apertada apenas quando o gato estiver confortável e confiante para andar por aí usando-a larga. Comece o treinamento da mesma maneira que o da coleira, colocando a peitoral no chão e dando ao gato a oportunidade de investigá-la, depois segure a parte onde seu gato vai enfiar a cabeça e atraia-o com recompensas. Por fim, avance até conseguir pôr a peitoral sobre a cabeça do gato e apoiado em seu pescoço ou nas escápulas (dependendo do tipo de peitoral). Lembre-se de ter breves períodos sem petisco para que o gato fique ciente da presença da peitoral e a associe às recompensas.

No início do treinamento com a peitoral, Batman ganha um pedaço de peixe como recompensa por colocar a cabeça perto da abertura.

Batman aprende que a sensação da tira da coleira em volta do pescoço gera uma recompensa saborosa.

Dependendo do tipo de peitoral, a próxima etapa pode ser prender uma alça em volta da barriga do gato ou levantar as patas dianteiras dele e passá-las por duas aberturas na peitoral. Só avance de uma etapa para a outra quando o gato estiver calmo e confortável. Se a etapa envolver levantar qualquer membro do animal, você precisa ter praticado a associação desse movimento com as recompensas (usando a Habilidade Fundamental 5) antes de introduzir a peitoral.

Se a qualquer momento seu gato mostrar qualquer desconforto com a peitoral — por exemplo, tentar recuar para escapar ou abaixar o corpo e se recusar a ficar em pé —, pare na mesma hora o que estiver fazendo e retire a peitoral com cuidado e calma. Quando retomar o treinamento, volte alguns passos e avance para a próxima etapa apenas se o gato estiver calmo, relaxado e totalmente satisfeito. O treinamento da peitoral pode levar muito tempo e deve ser realizado em muitas sessões de curta duração. Depois que seu gato parecer à vontade com a peitoral relativamente frouxa (mas não tanto que ele possa se enroscar), aos poucos aperte as tiras, para que se ajustem ao corpo dele com conforto. Lembre-se de ser generosa ao dar recompensas, pois o gato pode precisar de certo tempo para se acostumar com essa sensação — uma recompensa saborosa oferecida na seringa pode ser útil aqui como forma de dar uma pequena quantidade de comida várias vezes. Deixe-o ter muitas oportunidades de vivenciar situações positivas, como brincar ou comer enquanto usa a peitoral: ele precisa aprender que a peitoral não restringe os movimentos e gera um resultado bom. (Fica um alerta: como muitas peitorais não têm fecho de segurança, nunca deixe seu gato desacompanhado enquanto usa esse tipo de coleira.)

Depois que o gato conseguir ficar tranquilo usando a peitoral dentro de casa, é hora de adicionar a guia. Faça isso dentro de casa e certifique-se de deixar a guia frouxa, permitindo que seu gato escolha para onde ir. A guia só é usada para manter você conectada com o gato — jamais deve ser usada para puxá-lo. Em vez disso, incentive seu gato a ir em certas direções com o uso de uma isca ou do comando para ele ir até você. Da mesma forma, se o gato vir a coleira como um brinquedo onde ele pode pular, use um brinquedo de varinha para direcionar o comportamento lúdico dele para algo mais adequado.

Antes de levar seu gato para o ar livre usando a peitoral, ele precisa se sentir confortável e ter praticado bastante dentro de casa. O exterior pode ser muito imprevisível: alguns acontecimentos serão bem aceitos por seu gato, já de outros ele vai escolher fugir instintivamente — por exemplo, encontrar outro gato ou um cachorro. Quando isso acontece, os gatos costumam buscar segurança abrindo distância entre eles e a coisa que enxergam como um perigo em potencial, se escondendo sob um arbusto ou subindo numa árvore. Um gato com peitoral e guia não pode fazer isso, o que poderia deixá-lo mais preocupado. Uma forma de contornar isso é oferecer ao gato um local que ele veja como seguro, para utilizar quando estiver passeando. Uma caixa de transporte leve ou um carrinho para animais de estimação — que parece uma mistura de caixa de transporte sobre rodas com carrinho de bebê — pode ser ideal. Se seu gato tiver acesso a um deles durante as caminhadas, poderá pular espontaneamente se sentir medo a qualquer momento. Se você perceber qualquer perigo em potencial, coloque-o no transporte, tirando-o do chão e mantendo-o longe de qualquer ameaça. Obviamente, o uso desses "refúgios" exige que você tenha treinado seu gato para vê-los como um lugar seguro antes de usá-los num passeio — isso pode ser feito da mesma maneira que o treinamento com a caixa de transporte.

Seus primeiros passeios ao ar livre com o gato de peitoral devem ser curtos e perto de casa, e devem ocorrer num horário em que o ambiente externo esteja o mais silencioso possível. Certifique-se de levar com você um estoque grande de petiscos saborosos e um brinquedo de varinha. Use-os como recompensas por um comportamento tranquilo e como distrações em situações potencialmente assustadoras. A quantidade de exercício que seu gato faz não importa nas excursões ao ar livre, então não se preocupe se ele decidir andar apenas alguns passos — talvez tudo que queira fazer seja explorar uma pequena área além do perímetro da casa. Não tem problema algum nisso, pois a oportunidade de explorar já é enriquecedora por si só. À medida que ele se acostumar a ficar ao ar livre usando a peitoral, você vai vê-lo querendo ir mais longe e por mais tempo.

ALGUNS GATOS NUNCA FICAM TOTALMENTE À VONTADE COM UMA peitoral, e, como donos, talvez tenhamos que avaliar a quantidade de treinamento necessária para superar esse desconforto e considerar outras opções. Por exemplo, meu gato anterior, Horace, e meu gato atual, Cosmos, receberam um adestramento com peitoral muito parecido. Horace não se importava em usar a peitoral e, por isso, ficava feliz de perambular pelo jardim de peitoral e guia. No entanto, embora Cosmos usasse a peitoral dele e aceitasse tranquilamente os petiscos ao usá-lo, havia diferenças sutis em sua linguagem corporal, se comparada à de Horace, que me faziam perceber que ele preferia não usar essa coleira. Mais treinamentos não fizeram muita diferença. Portanto, depois de muitos episódios em que tive que voltar com Cosmos para casa depois de tentativas parcialmente bem-sucedidas de levá-lo comigo e com minha cachorrinha Squidge nos passeios, tomei a decisão de treinar formalmente Cosmos para andar ao ar livre ao meu lado sem peitoral. Essa acabou sendo uma solução melhor. Cosmos e Horace mostram como funciona a individualidade dos gatos: às vezes precisamos adaptar nosso adestramento para atender às idiossincrasias deles, bem como ao ambiente em que estamos. Felizmente, para Cosmos e para mim, há algumas caminhadas relativamente seguras que podemos fazer no jardim que não só nos permitem evitar locais onde passam carros, como também ficam na direção oposta a qualquer rua principal (formando um circuito fechado em torno de uma área residencial sem tráfego de veículos). Existem também jardins vizinhos perto do nosso caminho. Quando encontramos alguém passeando com um cachorro, Cosmos costuma ir para os arbustos, reaparecendo assim que o cachorro se vai. Como ele sabe que existem locais seguros, não preciso levar comigo um refúgio, como uma caixa de transporte ou carrinho. Mas, se algum dia tivéssemos que estender nossos passeios a outros lugares, eu apresentaria essas coisas para ele.

Ensinar Cosmos a caminhar comigo na realidade aconteceu como uma extensão do nosso treinamento inicial de fazê-lo vir ao ser chamado. Depois que ele passou a voltar com segurança para mim vindo de diferentes lugares dentro do jardim, e das cercanias para casa, comecei a encadear várias chamadas curtas juntas. Depois de ter dado o sinal para que ele viesse até onde eu estava — "Vem" —, eu me afastava alguns passos, incentivando-o a me seguir. Praticamos isso em muitas sessões no jardim, variando as recompensas que ele recebia quando vinha. Logo comecei a notar que Cosmos me seguia espontaneamente quando eu estava do lado de fora — por exemplo, quando eu ficava indo e voltando da casa para o carro ao chegar com compras para guardar.

Então comecei a estender o adestramento da chamada para Cosmos vir até mim enquanto fazíamos pequenas caminhadas de apenas alguns minutos. Descobri que ajudava muito se eu enchesse uma das minhas bolsinhas de petiscos para cães com biscoitos para gatos, tendo à mão recompensas sempre que ele atendia ao meu chamado. É óbvio que precisei reduzir a quantidade de comida servida nas refeições dele para evitar que engordasse. Se em algum momento Cosmos parasse de me seguir, eu me virava e ia para casa (com Cosmos a reboque) para que ele não se cansasse ou achasse que vir atrás de mim não compensava mais, e em seguida levava Squidge para um passeio mais longo sem ele. Depois de muita prática, ele passou a me seguir por todo o trajeto em nossos passeios. Agora, faço isso várias vezes por semana. Cosmos mia para me avisar que estou andando rápido demais. Nossas caminhadas são, portanto, meio ditadas por ele, mas não me importo — é um prazer vê-lo curtindo o ar livre comigo, saber que ele não está se perdendo ou arrumando problemas. Squidge também não se importa, pois isso significa que ela pode andar mais — e muitas vezes consegue pegar um petisco que caiu no chão.

PORTANTO, PARA AQUELES QUE TOMAM A DECISÃO DE DEIXAR SEU gato ter acesso ao ar livre, dedicar um pouco de tempo para treinar certos comportamentos importantes vai ajudar muito na redução dos riscos. Se quiser que seu gato use uma peitoral, uma portinha que fecha à noite, um dispositivo de rastreamento, ou que a acompanhe em passeios, isso depende muito de circunstâncias individuais próprias — mas cada uma dessas coisas ajuda a reduzir os riscos de alguma maneira. Esse comportamento ensinado também pode ser útil em outros cenários — por exemplo, um gato que consegue andar usando peitoral e coleira pode ser bom para quem deseja exibi-lo em competições ou levá-lo em viagens para lugares que ele não conhece. Além disso, ensiná-lo a vir ao ser chamado sempre será útil em qualquer situação. Um gato que aprendeu a usar coisas estranhas em volta do pescoço vai conseguir aceitar muito melhor se precisar usar um colar elisabetano para impedi-lo de lamber uma ferida após uma cirurgia — o adestramento básico para usar uma coleira um pouco mais incomum já foi feito, o que torna o treinamento posterior mais rápido e fácil.

Para donos que decidem deixar seus gatos soltos sem restrições, há uma consequência — que talvez encontrem regularmente e não apreciem muito. São o resultado das excursões de caça, ou seja, presas mortas e feridas, trazidas para dentro ou perto de casa. O próximo capítulo aborda como um gato pode ser treinado para participar de alternativas à caça que provavelmente ainda vão satisfazer suas necessidades de pôr em prática esse comportamento, mas de formas mais aceitáveis.

CAPÍTULO 11

Cortinas rasgadas e corpos ensanguentados
O lado menos atraente do comportamento felino

Os GATOS SÃO VISTOS COMO BICHOS DE ESTIMAÇÃO FÁCEIS DE cuidar — não precisam de muita atenção, mas estão lá quando você precisa de um pouco de atenção felina. No entanto, como vimos, isso não é verdade. Os gatos têm necessidades psicológicas complexas. Felizmente para eles, hoje há um interesse cada vez maior no bem-estar animal, e em muitos países desenvolvidos existem leis para protegê-los, entre eles os gatos de estimação. As leis relacionadas aos gatos domésticos variam de acordo com o governo local, mas na maioria das regiões a pessoa que possui um gato tem o dever de cuidar dele. Por exemplo, a legislação do Reino Unido determina que os donos são responsáveis não apenas pelo bem-estar físico de seus animais, como também o psicológico, atendendo suas necessidades para que exibam padrões de comportamento normais. Assim, donos e cuidadores de gatos que agem com responsabilidade precisam ter uma sólida compreensão do que é um gato e também os conhecimentos necessários para garantir seu bem-estar.[1]

Um tanto problemático para os donos é o fato de que o gato de estimação com quem moramos difere muito pouco, em vários aspectos, de seus equivalentes ferais e sem dono que defendem ativamente grandes territórios (demarcando os limites com seu cheiro) e caçam para se alimentar. Quando esses comportamentos acontecem dentro de casa resultam em desespero ao ver móveis destruídos por garras, ou nojo, ainda mais quando um cadáver ensanguentado é largado no chão da cozinha. Como donos responsáveis, é nosso dever evitar que os gatos se sintam frustrados e oferecer saídas inofensivas para esse comportamento instintivo. Com um pouco de adestramento, podemos ensiná-los a redirecionar esses comportamentos para alvos considerados mais adequados ao mesmo tempo que aumentamos o bem-estar deles.

Como vimos, os cães são criaturas apegadas a hábitos, e os gatos, ao lugar onde estão. Nada é mais importante para o gato do que seu território e a familiaridade que sente nele. Dez mil anos de domesticação não diminuíram em quase nada a vontade dos gatos em preservar o próprio território, pois até pouco tempo atrás a maioria deles dependia disso para sobreviver — era um lugar onde podiam caçar, acasalar, criar seus filhotes e buscar abrigo e segurança. Mesmo hoje, os gatos de vida livre ainda defendem seus territórios ativamente contra intrusos, mas a grande distância que mantêm entre si torna difícil alertar cara a cara todos os invasores. Em vez disso, o gato usa seu complexo repertório de sinais para alertar os outros de sua presença. Nos pontos importantes ao longo dos limites do território, ele espalha urina — e, embora esse comportamento seja mais comum em machos não castrados, as fêmeas adultas o fazem. O odor da urina espalhada é bem forte e acredita-se que essa intensidade esteja relacionada ao tempo de deposição — a urina degradada na verdade tem um cheiro mais forte do que a fresca. Isso pode explicar por que muitos donos só começam a notar o cheiro de "gato não castrado" em suas casas algum tempo depois que a urina foi espalhada. No caso dos machos, acredita-se que o odor forte da urina também esteja relacionado ao condicionamento físico do animal. Portanto, é provável que seja usada para atrair fêmeas e repelir adversários. Se forem castrados antes da maturidade sexual, aos seis meses de idade, a maioria dos gatos nunca chega a espalhar urina, ao menos não dentro de casa — a não ser que estejam passando por grandes níveis de estresse ou talvez por um problema de saúde. Outros compostos químicos também são produzidos pelo gato e depositados em seu território — essas substâncias são liberadas pelas glândulas faciais e interdigitais (que ficam nas patas) e depositadas ao esfregar o focinho e arranhar. É raro os donos reclamarem da marcação facial, pois esfregar várias vezes o focinho na mesma área pode no máximo deixar uma sujeira marrom meio pegajosa.[2]

Contudo, o hábito de afiar as garras é uma questão a ser tratada, chegando a ser considerado um problema de comportamento por certas pessoas, apesar de ser completamente natural. Pode ser frustrante você providenciar um arranhador em formato de poste, e seu gato preferir o carpete da escada, o sofá, o corrimão de madeira e até mesmo o batente da porta. Para quem vive em imóvel alugado, as consequências disso podem custar caro. Até entre os profissionais há opiniões muito divididas acerca da melhor solução. A remoção cirúrgica das unhas é realizada em algumas partes dos Estados Unidos, mas é ilegal no Reino Unido e em grande parte da Europa. Nós apoiamos veementemente o uso de métodos comportamentais para lidar com o gato que arranha lugares indesejados.[3]

Para o felino, arranhar é algo instintivo, e impedir isso causaria frustração ao animal. Além disso, trata-se de um hábito e, por isso, pode ser difícil de redirecionar. Sem dúvida, eles sentem certo prazer nisso — talvez você já tenha até visto seu gato querendo brincar ou saindo em disparada, empolgado, depois de afiar as unhas. Os gatos costumam usar o mesmo local para arranhar inúmeras vezes, o que deixa uma marca visual evidente que o lembra do lugar que usou (bem como uma marca olfativa, que o nariz humano não consegue detectar). Além disso, no caso dos gatos de vida livre, os locais escolhidos para arranhar ficam distribuídos ao longo de rotas usadas de forma regular, e não na periferia do território. Então, mesmo se o gato tiver acesso ao ar livre, é provável que continue a arranhar dentro de casa, possivelmente em vários locais. Arranhar também parece cumprir outras funções além de marcar território — ajuda a manter as garras nas condições ideais e muitas vezes faz parte do alongamento após o descanso.

ALÉM DE MARCÁ-LO, OS GATOS TAMBÉM USAM O PRÓPRIO TERRITÓRIO (e até mesmo outras áreas) para caçar. Não muito tempo atrás, eles eram elogiados por sua destreza na caça. Agora, depois de apenas algumas décadas, passaram a ser demonizados e chamados de "assassinos", e até mesmo donos amorosos se chocam quando encontram pequenos "presentes" sangrentos pela casa. Quando certas populações de animais silvestres diminuem, sobretudo em habitats próximos a áreas residenciais, os gatos costumam ser acusados — e o costume do gato de trazer a presa para casa (e muitas vezes largá-la em vez de comê-la, porque a ração industrializada é mais saborosa) não ajuda em nada. Não há dúvida de que a predação dos gatos sem dono e ferais pode causar estragos em certos habitats, especialmente os isolados, como ilhas sem predadores concorrentes. Por outro lado, o impacto dos gatos de estimação na vida selvagem de áreas continentais é muito mais difícil de provar, e hoje a maioria dos ambientalistas concorda que a destruição e a fragmentação dos habitats são ameaças muito maiores do que um punhado de gatos de estimação. Mas isso não muda o fato de gatos domésticos matarem milhões de aves e pequenos mamíferos todo ano apenas no Reino Unido e nos Estados Unidos. E ainda há muitos que não matam, mas provavelmente passam parte do dia tentando.[4]

Então por que caçar é tão importante para animais de estimação bem alimentados e mimados? O primeiro motivo é o vício do gato em carne animal. Os felinos obtêm a maior parte de sua energia a partir de proteínas e gorduras, e não de carboidratos, como nós: um gato faminto literalmente digere os próprios músculos e é incapaz de impedir que seu corpo os decomponha para sustentá-lo. Além disso, não é qualquer proteína, mas especificamente proteína animal, já que a de origem vegetal não tem alguns componentes essenciais para a saúde felina — aqueles que os corpos dos cães (e dos seres humanos) conseguem produzir. E as gatas precisam ingerir certa quantidade de gordura animal, a única fonte que usam para produzir os hormônios que regulam seu ciclo reprodutivo — se não há carne, não há filhotes.

A consequência dessa necessidade por carne é que, antes de existir a comida industrializada, somente os gatos que eram caçadores mais talentosos conseguiam sobreviver aos períodos de escassez, em que era difícil encontrar presas. Há 25 gerações dos gatos domésticos atuais — aqueles que adoraríamos convencer a pararem de caçar —, somente os predadores mais ágeis e cruéis teriam deixado descendentes suficientes para se qualificarem como ancestrais. Não faz nem cinquenta anos que os nutricionistas conseguiram desvendar todas as peculiaridades dietéticas do gato e elaborar alimentos industrializados completos do ponto de vista nutricional. É por isso que muitos dos alimentos para gatos que compramos contêm uma proporção considerável de carne ou peixe.

Portanto, apesar de hoje em dia haver ampla oferta de proteína animal por meio de alimentos à base de carne feitos especificamente para eles, em última análise os gatos descendem dos mais competentes dos caçadores. Muito pouco tempo se passou, e não houve uma seleção artificial humana privilegiando aqueles menos capazes de caçar, para que o instinto predatório se reduzisse.

Quando Thomas Harris, autor de *O silêncio dos inocentes* e *Hannibal*, escreveu "Solucionar problemas é caçar. É um prazer selvagem, e nós nascemos com ele", ele estava se referindo aos seres humanos, mas essas palavras também capturam duas importantes características da experiência de caça de um gato. A primeira é a solução de problemas — caçar não é fácil; demanda tempo, destreza, esforço físico, capacidade cognitiva e requer aguda concentração sensorial. Além disso, muito é aprendido durante cada caçada — um movimento em falso e a presa é perdida. Na verdade, em geral o gato de estimação comum coleciona mais fracassos que sucessos ao caçar. Os camundongos podem desaparecer na vegetação, os coelhos se escondem em buracos, e os pássaros voam se forem abordados muito rapidamente: assim, cada tipo de presa apresenta um conjunto único de problemas. Em segundo lugar, a caça é prazerosa — o centro de recompensa do cérebro libera endorfina quando um gato ataca ou morde uma presa. Isso, juntamente com a recompensa que é a oportunidade de consumir carne, torna a caça um comportamento bastante reforçado.

Mesmo o animal de estimação mais relaxado mostra sua herança de caçador quando interage com "brinquedos": pode ser assim que nós nos referimos a eles, mas os gatos os veem como algo mais sério do que essa palavra sugere. Balançar um rato de brinquedo na frente do gato pode proporcionar horas de diversão inofensiva tanto para nós quanto para eles. É crucial notar que em geral o gato parece mais interessado no brinquedo do que no ser humano segurando a corda (ao contrário dos cães, que usam os brinquedos sobretudo como uma forma de interagir com as pessoas). Na verdade, pesquisas revelaram que gatos tratam brinquedos da mesma forma que tratam presas. Eles preferem os brinquedos do tamanho de um rato ou de um passarinho, gostam que tenham membros e sejam de pelúcia ou penas, e brincam com objetos grandes mantendo a distância de uma pata, como se temessem serem mordidos de volta. O brinquedo precisa se mexer ou se desfazer para mantê-los interessados por muito tempo e, o mais intrigante de tudo, eles brincam com mais intensidade quando estão com fome. Todas essas características refletem exatamente o que sabemos sobre o que motiva os gatos ao caçarem, e parece provável que, ao brincarem, eles pensem que o "brinquedo" é, na verdade, uma presa.

Isso levanta uma possibilidade interessante: que brincar pode ser uma maneira eficaz de atender ao desejo de caçar, tanto para o gato que só fica em casa quanto para o animal que sai, uma forma de usar a energia que poderia ser empregada caçando de verdade. Assim, ao oferecermos muitas oportunidades para eles demonstrarem um comportamento de caça, talvez possamos satisfazer suas necessidades predatórias sem que ocorra um derramamento de sangue.

JÁ ENTENDEMOS QUE OS GATOS PRECISAM MARCAR TERRITÓRIO (mesmo na ausência de adversários) para se sentir seguros — é uma mania deles. Também entendemos que precisam caçar, ou ao menos sentir como se estivessem caçando. Então, como começamos a treiná-los para realizar esses comportamentos de formas que o dono e o animal considerem aceitáveis?*

O primeiro passo para ensinar seu gato a arranhar em lugares aceitáveis é fornecer objetos adequados. Muitas vezes, os postes arranhadores comercializados por aí são curtos demais ou, quando são altos, têm prateleiras que impedem o acesso do gato: o animal precisa esticar o corpo todo ao arranhar. O gato que tenta afiar as unhas num poste desses logo aprende que não pode se esticar totalmente e, se achar que o ato de arranhar é incômodo ou insatisfatório, vai procurar outras opções. Por isso, compre um poste que seja mais alto do que o comprimento do seu gato ao se esticar. Já vimos muitos gatos pulando sobre eles com as quatro patas e o arranhando com as garras da frente e de trás num momento de êxtase. Os postes arranhadores industrializados tendem a ser feitos de corda de sisal, mas você também pode fazer seu poste arranhador usando madeira, carpete ou tecido de sisal colado à madeira (os gatos costumam preferir o lado do forro do carpete, que é mais grosso, ao mais macio). Mas nem todos os gatos afiam as garras apenas quando estão de pé. Alguns também gostam de arranhar na horizontal, e qualquer carpete recém-colocado na sua nova casa pode ser tentador. Arranhadores de papelão também são vendidos, mas você pode fazer arranhadores horizontais colando o material que seu gato gosta de arranhar numa placa de madeira. A estabilidade é um fator muito importante — qualquer arranhador que balance quando o gato estiver afiando as unhas pode assustá-lo. O arranhador precisa ter uma base grande e pesada o suficiente ou ficar preso ao chão ou à parede para oferecer bastante resistência.

Em segundo lugar, essas superfícies precisam ser colocadas nos lugares mais atraentes para arranhar dentro de casa. Se seu gato já deu sinais de estar arranhando algum lugar diferente das estruturas que você forneceu, seria uma boa ideia colocar outras superfícies para ele arranhar no local onde ele não deveria estar fazendo isso. Forneça arranhadores perto de portas que levam para fora de casa (possivelmente vistos como limites territoriais pelo seu gato), e também ao longo de rotas que ele costuma fazer dentro de casa. No caso de casas com escada, os donos costumam reclamar que os corrimões ou as escadas são alvos — esse é provavelmente um caminho muito percorrido pelos gatos. Se o animal tende a afiar as unhas ao acordar, é bom ter um local para arranhar perto do lugar onde ele mais gosta de dormir também.

O simples fato de haver como arranhar nos locais certos basta para muitos gatos, que os utilizam espontaneamente — e deixem sua marca na casa sem danificá-la. No entanto, outros precisam de um pouco de treinamento. Se seu gato está nessa segunda categoria, você pode incentivá-lo a interagir com o arranhador atraindo-o (Habilidade Fundamental 3). Uma isca ideal para essa tarefa é um brinquedo numa varinha. Mova o brinquedo rapidamente pelo arranhador, puxando-o ligeiramente para longe do alcance do gato para provocá-lo, de modo que, ao pular e atacar com empolgação, ele faça contato com o arranhador. É muito provável que o entusiasmo do gato, combinado à sensação da garra tocando o material, faça com que ele comece a afiar as garras. Se isso acontecer, mostre a ele que você está feliz oferecendo muitos elogios e outras recompensas. Um marcador verbal indicando que uma recompensa está por vir (Habilidade Fundamental 4) é ideal nessa situação, pois você não quer que seu gato pare de arranhar para receber a recompensa; em vez disso, queremos que ele saiba que vai ganhar uma recompensa assim que terminar de afiar suas garras.

Mesmo que ele não arranhe, recompense o comportamento de seguir a isca. Afinal, quanto mais ele aprender que estar perto do arranhador traz recompensas, mais tempo ele vai ficar lá e maior a chance de ele começar a usá-lo. Continue praticando com a isca de vez em quando até que você veja sinais de arranhões. Você pode incentivar ainda mais o interesse do gato coletando o cheiro dele (Habilidade Fundamental 7) e esfregando-o no arranhador. Para animais que são atraídos pela erva-dos-gatos — nem todos são, já que a reação a essa erva é determinada pela genética do animal —, você também pode espalhar um pouco da versão seca pelo arranhador. (Os gatos que ficam agitados com a erva-dos-gatos geralmente rolam sobre ela e, em seguida, chutam e agarram objetos próximos.)[5]

ARRANHAR PODE SER UM INCÔMODO PARA OS DONOS, MAS A CAÇA tem repercussões também na vida selvagem local, além de atrair a desaprovação das autoridades em certas partes do mundo. Felizmente, com as técnicas corretas, você consegue ensinar seu gato a escolher as alternativas para o comportamento de caça que você oferecer, em vez de caçar de verdade.

A predação envolve toda uma sequência de etapas comportamentais, começando por localizar e depois capturar (espreitar, perseguir, atacar), matar, preparar e comer a presa. Como algumas dessas ações já estão programadas em todos os gatos, é improvável que o treinamento consiga "desativar" a predação por completo. No entanto, ele pode ser usado para canalizar as bases do comportamento de caça para alvos aceitáveis — os "brinquedos" —, proporcionando ao gato oportunidades de agir como predador e, ao mesmo tempo, criando um "jogo" que é recompensador para o animal e o dono.

Alguns gatos aprendem sozinhos que um alvo diferente pode ser uma ótima maneira de dar vazão a seu comportamento predatório, ou seja, eles "caçam" as mãos e os pés do dono. Isso, sem dúvida, tem consequências dolorosas para o dono e pode prejudicar o relacionamento entre eles, fazendo o dono começar a ter medo do gato. Felizmente, o adestramento pode redirecionar esse comportamento para brinquedos e outras "presas" mais apropriadas.

Nosso objetivo é reduzir ou desencorajar a caça de presas vivas (e mãos e pés humanos), fornecendo ao gato jogos que são tão gratificantes, envolventes do ponto de vista cognitivo, demorados e fisicamente exaustivos quanto a caça real. Se conseguirmos ocupar o tempo que um gato destinaria à caça com jogos que não envolvam uma presa real, é provável que satisfaçamos a tendência à caça não apenas fisicamente, como também (e talvez mais importante) mentalmente. Mesmo que os instintos do gato venham à tona quando ele avistar um pássaro ou um rato, nossa esperança é que ele se sinta desmotivado demais para caçar de verdade, deixando a presa escapar. Além disso, incorporar jogos de caça à rotina traz outra vantagem: ele terá muito menos chances de engordar, ou ficar entediado ou frustrado — o que pode acontecer com gatos que não têm muito com o que se ocupar. Em alguns países, deixar um animal de estimação ficar obeso é considerado uma forma de negligência, assim como levar um animal a morrer de fome. Por isso, ensinar seu gato a se envolver em alternativas à caça adequadas ajuda a promover o bem-estar dele de várias maneiras.[6]

Um gato que não tenha outra fonte de comida precisa ter sucesso na caça pelo menos dez vezes por dia, cada uma resultando na captura de um único camundongo, para atender às suas necessidades nutricionais diárias. No entanto, para alcançar esse resultado ele vai precisar atacar inúmeras vezes — muitos fracassos para cada sucesso. Assim, embora as tentativas de capturar a presa possam ser recompensadoras em si, o grande prêmio que é pegar, matar e comer é inevitavelmente intermitente. Lembre que, uma vez que um comportamento é aprendido, é mais provável que ele seja mantido se for reforçado de forma inconstante (Habilidade Fundamental 8) — isto é, quando o gato não recebe uma recompensa toda vez que realiza o comportamento. A criação desse reforço irregular nos jogos de caça deve fortalecer, assim, a natureza recompensadora dessas brincadeiras para o gato. Portanto, ao brincar com seu gato, não permita que ele seja o "vencedor" todas as vezes. Se o jogo envolve um brinquedo de varinha com algumas penas na ponta, certifique-se de que nem todo pulo e patada do gato termine com a captura do brinquedo. Se você escondeu brinquedos ou petiscos, organize-os de forma que nem todos os esconderijos guardem uma recompensa.

Por não terem sempre sucesso ao tentar pegar as presas, gatos sem outras fontes de comida precisam passar grande parte do dia em excursões de caça. No entanto, eles gastam muito tempo se deslocando, geralmente por grandes distâncias, para locais de caça conhecidos, percorrendo um ambiente complexo no caminho. Portanto, a energia gasta antes de avistarem uma presa costuma ser grande, e essa é a principal forma de um gato de vida livre conservar seu porte atlético.

Muitos dos jogos usados pelos donos para brincar com os gatos se concentram na parte da captura, omitindo todas as etapas que levam a ela. Some isso a uma dieta contendo mais calorias do que o gato precisa, e o resultado será um animal com sobrepeso e preguiçoso, perdendo o interesse pelos jogos de que gostava. Contudo, existe uma forma de darmos a nossos gatos, mesmo os que vivem exclusivamente em ambientes fechados, uma alternativa à exploração de ambientes que eles fariam ao caçar.

PARA MUITOS DONOS DE BICHOS DE ESTIMAÇÃO, A PALAVRA *agility* traz à mente a imagem de um adestrador guiando um cachorro que passa por túneis, salta sobre barras, cruza passarelas e ziguezagueia por estacas numa competição. No entanto, não se trata de algo só para os cães, nem precisa ser competitivo. Hoje é possível comprar equipamentos de *agility* para o ar livre de tamanhos menores, próprios para gatos, mas é muito fácil fazer o próprio equipamento usando galhos como barras para saltar e caixas de papelão abertas como túneis. Varas de bambu enfiadas na grama dão estacas perfeitas para ziguezaguear, e qualquer mobília no quintal pode ser usada para treinar seu gato a pular para cima e para baixo. O objetivo do *agility* com o gato não é testar se ele pode ser obediente ou se consegue aprender bem os comandos (embora você possa ensinar sinais verbais para pular, ziguezaguear e atravessar por um túnel se desejar). Tampouco se trata de ver se seu gato é rápido ao percorrer o circuito. Ele dá ao animal uma oportunidade de se envolver fisicamente com o ambiente usando comportamentos que ele empregaria caçando — por exemplo, pular cercas ou árvores caídas e rastejar pelo mato. Além de estimular a mente e o corpo do gato do modo como ele faria durante o comportamento predatório, ensiná-lo a prática de *agility* e jogos de caça é uma boa diversão e pode aumentar muito o vínculo entre vocês dois.

Antes de começar, dê a seu gato um tempo para explorar qualquer equipamento novo (Habilidade Fundamental 1). Depois que ele se mostrar confortável com o novo circuito, é hora de selecionar seus brinquedos (Habilidade Fundamental 3) — varinhas em hastes fixas ou de arame são iscas ideais para o gato seguir nos saltos e ao ziguezaguear pelas estacas. Você também pode jogar petiscos nos túneis para incentivá-lo a ir atrás deles e, assim, aprender a usar a passagem. Conforme o gato se familiariza com o equipamento e passa a associá-lo a recompensas, note um aumento na velocidade e nas habilidades dele. Certifique-se de que as sessões de *agility* sejam curtas, principalmente se seu gato estiver acima do peso ou fora de forma, pois podem demandar muita energia e os gatos não conseguem aliviar o calor tão facilmente como os cães.

O *agility*, jogos e outros exercícios de treinamento não precisam ser feitos apenas ao ar livre: pelo contrário; na verdade, é muito bom para gatos que vivem em ambientes exclusivamente internos, pois dá a eles a oportunidade de ter alto gasto de energia e exercícios que normalmente não fariam em lugares fechados. Dentro de casa, pense em como você poderia organizar os ambientes para incentivar seu gato a se tornar mais ativo. Há móveis que estão próximos o suficiente ou podem ser movidos para que o gato pule entre eles? Você tem, ou pode conseguir, caixas de papelão para seu gato poder entrar e sair delas ou correr em volta? Você tem prateleiras por onde seu gato possa andar? Pense o que ele poderia fazer se estivesse ao ar livre numa excursão de caça.

Herbie sendo atraído para um salto.

Herbie aprende a seguir um alvo
ziguezagueando as estacas.

Repense sua casa como território de caça em potencial para o gato. Muitos donos preferem que seus animais mantenham as quatro patas firmes no chão e longe dos móveis. No entanto, os gatos foram feitos para escalar e pular e, quando deixados por conta própria, exploram e utilizam o espaço vertical tanto quanto o horizontal. Em vez de desencorajar esse comportamento natural, ofereça móveis e prateleiras que ele possa usar. Ao incentivar escaladas e saltos, você não só fornece diferentes pontos de observação como também ajuda a desenvolver o equilíbrio e a coordenação do seu animal.

Comece com dois móveis quase se tocando, de modo que seu gato só precise andar de um para o outro para ganhar uma recompensa. Aos poucos, separe-os para que o gato tenha que saltar a lacuna, aumentando o espaço até ter um espaço grande o suficiente para que ele precise pular. Ao mover objetos dessa maneira, você aumenta progressivamente a quantidade de exercício e esforço mental para chegar à recompensa. Para incentivar o gato a ir de um móvel para outro no início do treinamento, você pode usar uma isca (Habilidade Fundamental 3).

O *agility* é uma das áreas do adestramento em que considero o uso de um marcador verbal (Habilidade Fundamental 4) muito útil. Isso porque o exercício tende a ocorrer muito rapidamente e quero mostrar ao gato qual comportamento o fará receber a recompensa. Por exemplo, não posso entregar um petisco enquanto o gato está no ar, mas posso dizer "muito bem" nesse momento, e meus gatos já aprenderam que essas palavras significam que um petisco como recompensa vai vir em breve.

Depois que seu gato tiver dominado o salto entre dois móveis, comece a acrescentar outras atividades, como pular no chão e subir de volta para a mobília, ou andar em volta dela. Ensine cada tarefa em separado e, depois que seu gato estiver dominando cada uma, junte-as para criar um circuito dentro de casa.

O circuito de *agility* deve ser planejado tendo as necessidades individuais do seu gato em mente. Para aqueles que estão acima do peso, certifique-se de que as tarefas escolhidas envolvam o mínimo de atividade física, para permitir que o gato melhore aos poucos sua forma física. Disponha os objetos de salto bem próximos uns dos outros, e, para filhotes ou gatos idosos, coloque os objetos próximos ao solo e verifique se estão estáveis. Se seu gato tem problemas de mobilidade, como artrite, que tornam saltar algo doloroso ou difícil, concentre-se em tarefas menos físicas, como apenas andar de um móvel para outro, em vez de pular. Para gatos com qualquer problema de saúde, consulte seu veterinário antes de realizar qualquer treinamento de *agility*, seja em ambientes fechados ou ao ar livre.

Herbie aprende a se equilibrar durante o *agility* dentro de casa.

Assim como o treinamento de *agility* fornece uma oportunidade maravilhosa para o gato utilizar o próprio ambiente de uma maneira mais física, como faria em uma excursão de caça, os jogos de caça são uma alternativa para a sequência de comportamentos que ocorre após a localização: capturar, matar, manipular e comer. Depois de encontrada uma presa, o tempo real gasto consumindo energia na sua captura é bem pouco — um único ataque leva apenas alguns segundos — e, se o gato não tiver sucesso com o primeiro ataque, é improvável que a mesma presa ofereça outra chance, pois terá fugido o mais rapidamente possível. Portanto, os jogos de caça podem ser relativamente curtos, mas devem ser frequentes — você vai envolver mais seu gato nos jogos de caça se intercalar jogos curtos ao longo do dia, em vez de dedicar um único bloco de tempo para toda a atividade de caça do dia. Isso pode ser difícil se você não passa a maior parte do dia em casa. Felizmente, além dos jogos que exigem sua participação, existem alguns que não precisam de interação humana — eles podem entreter seu gato enquanto você está fora ou ocupada.

Os felinos de estimação costumam ser caçadores oportunistas: muitas vezes é uma presa em potencial passando por sua visão periférica que dá vida a seus instintos de caça. Podemos usar isso nos nossos jogos, induzindo-o a brincar apenas movendo rapidamente os brinquedos dentro da visão periférica dele. Os gatos têm dificuldade para se concentrar em itens estáticos que estão muito perto deles. Portanto, posicione o brinquedo a uma distância de pelo menos o tamanho do gato e, de preferência, ao lado dele. Depois, faça seu gato se interessar pelo brinquedo movendo-o da mesma forma que uma presa se moveria. Se o brinquedo for pequeno e peludo como um rato, é melhor movê-lo pelo chão, para longe do gato em linhas retas e velozmente, imitando a maneira como um rato se movimenta.

Jamais vi um rato correr em direção a um gato, mas vejo muitos donos usarem uma varinha para lançar um brinquedo na *direção* do gato. Nessas circunstâncias, alguns animais parecem se fixar na ponta da varinha, e não no brinquedo — isso geralmente ocorre porque a varinha está se movendo rapidamente e em linha reta, enquanto o brinquedo na ponta é lançado em todas as direções. Esse costuma ser o caso de brinquedos de varinha em que um objeto fica preso a um pedaço comprido de elástico. Os brinquedos de varinha com um cabo fixo tendem a funcionar melhor, sobretudo se você o mover sentada ou em pé. Como alternativa, ande arrastando o brinquedo da varinha atrás de você — com isso você também fica em forma. Frequentemente, esse tipo de brinquedo industrializado têm varinhas curtas. Se seu gato fica agitado durante a brincadeira e você está preocupada com a possibilidade de ele acidentalmente alcançar sua mão, prenda o brinquedo a uma varinha caseira mais longa, como uma vara de bambu ou até mesmo um cabo de vassoura para ter uma varinha bem comprida boa de arrastar.

Para fazer seu gato se mexer de verdade, prenda um dos brinquedos a uma vara de pescar de brinquedo, para crianças, e jogue-o, puxando a linha de volta. A linha de pesca de plástico não vai machucar a boca do gato se ele tentar mordê-la, pois geralmente o gato não a vê e acha que o brinquedo está se mexendo sozinho. Os jogos com varinha de pescar são ótimos para ambientes externos ou para um corredor longo com amplo espaço para lançar o brinquedo para longe.

Durante cada sessão, lance o brinquedo não mais do que um punhado de vezes. Isso vai garantir que a brincadeira pare quando seu gato ainda achar gratificante, deixando-o ansioso na próxima vez em que vir a vara de pescar. E também evita que o gato fique muito cansado. Eles não perseguem as presas até a exaustão — são velocistas, não maratonistas, e geralmente preferem sentar e esperar, usando sua energia na hora da captura. Assim, embora perseguir um pouco seja divertido e consuma energia, os corpos dos gatos não foram feitos para longas perseguições em alta velocidade.

Para imitar uma presa no ar, escolha um brinquedo de varinha leve — os feitos de penas são ideais. Eles costumam ser presos a uma varinha fixa ou a um arame e são melhores para mover pelo ar do que no solo — faça uma curva com a varinha no ar, talvez pousando-a momentaneamente no chão antes de deslizá-la pelo do ar de novo. Isso vai incentivar seu gato a saltar para segurar o brinquedo com as patas da frente. Como esses brinquedos provocam as ações de espreitar e perseguir da sequência de caça, que já é gratificante por natureza, não há necessidade de recompensar esse comportamento lúdico com mais prêmios como comida. Na verdade, durante essa fase da caça, os sentidos do gato estão tão concentrados em capturar o brinquedo que comer não estará em seus planos.

Sarah usa uma vara de pescar de brinquedo com Herbie.

A frequência com que você deve permitir que seu gato pegue o brinquedo é determinada pelo engajamento dele no jogo. Se ele não estiver tão confiante ou envolvido, deixe-o pegar mais vezes. Se ele estiver envolvido e conseguir pegar o brinquedo, dificulte mais a brincadeira, desafiando-o um pouco mais e não permitindo que ele pegue o brinquedo todas as vezes. Dessa forma, podemos exercitar a capacidade de solução de problemas do gato, fazendo-o pensar sobre como capturar o brinquedo. Você já deve ter visto um gato que não consegue alcançar um brinquedo de a varinha pular sobre um móvel próximo na tentativa de ter uma chance melhor de alcançá-lo.

A despeito do número de tentativas fracassadas de pegar o brinquedo, quando estiver terminando o jogo comece a mover a varinha mais devagar, imitando uma presa cansada ou machucada, incentivando o gato a diminuir a velocidade dos movimentos naturalmente e dando a ele todas as oportunidades para a captura. Assim que o gato tiver conseguido, ele terá bastante tempo para chutar, morder e segurar o brinquedo. Quando ele perder o interesse, pegue o objeto e tire-o da vista do gato.

Um brinquedo que nunca pode ser capturado de verdade é o ponto vermelho ou verde produzido por uma caneta laser, que é vendida como um brinquedo para gatos. O laser cria um pequeno ponto de luz quando apontado para os objetos e pode ser movido velozmente e em linha reta. Por isso, as canetas laser podem "ativar" rapidamente o instinto de caça de um gato, mas ele pode ficar frustrado por nunca capturar sua "presa". Além disso, alguns gatos podem se fixar em outras fontes de luz, como a do sol refletindo num relógio, depois de brincar com uma caneta laser. Portanto, elas nunca devem tomar o lugar de um brinquedo de varinha. Use-as combinadas com brinquedos que o gato possa manipular fisicamente. Por exemplo, você pode usar a luz para levar o gato até um brinquedo real no chão e, em seguida, desligar a caneta quando ele se atirar sobre o brinquedo. Nem todos os gatos se deixam enganar e vão continuar procurando o ponto luminoso.

A maioria dos gatos gosta de perseguir brinquedos, mas alguns também apreciam buscá-los, muitas vezes largando o brinquedo aos pés da dona na tentativa de incentivá-la a jogá-lo de novo. Para esses gatos, a sequência de perseguição e captura é recompensadora o suficiente para ser executada continuamente. É um mistério por que alguns gatos parecem gostar tanto desse comportamento típico dos cachorros. No entanto, mães gatas trazem presas para seus filhotes, e gatos de estimação adultos costumam levar suas presas para casa — presumimos que para comê-las num lugar que consideram seguro. Se vir seu gato carregando algum brinquedo na boca, pode "capturar" esse comportamento jogando o brinquedo assim que ele o soltar. Não importa se ele não traz o brinquedo de volta — o importante é que ele mostre que gosta de perseguir e carregar. Se você já ensinou a seu gato um marcador verbal para indicar que uma recompensa está a caminho, também pode premiar esse comportamento com o marcador verbal e dar a recompensa escolhida quando o gato chegar até você. Nunca é uma boa ideia tentar tirar à força o brinquedo da boca do seu gato. Espere até que ele decida largá-lo. Se o gato considera o brinquedo uma presa, uma mão humana tentando tirá-lo de sua boca fará com que ele cerre os dentes para não perdê-lo.

Os gatos que caçam pássaros precisam arrancar algumas das penas antes de comer a carne e as vísceras. Então, conforme vão comendo diferentes partes da ave, mais penas podem precisar ser arrancadas. Para alguns gatos, esse comportamento programado pode ser direcionado a outros itens, muitas vezes irritando a dona. Os exemplos são desenrolar o papel higiênico e arrancar pequenos pedaços de papelão das caixas. Alguns até recorrem a rasgar tecido — na verdade, uma parte comum do tratamento para o problema clínico de comportamento conhecido como síndrome de pica, também conhecida como picamalácia ou alotriofagia, em que o gato ingere itens não comestíveis, é fornecer ao animal algo que ele possa depenar. Assim, para gatos que gostam de depenar, forneça uma válvula de escape adequada pode ajudar a preservar outros itens que você não quer que sejam destruídos. Mesmo que nunca tenha visto seu gato tentando depenar alguma coisa, vale a pena oferecer um brinquedo destrutível, como um rolo de papelão, para ver se é algo de que ele gosta.

Alguns donos temem que, ao fornecer ao gato algo mais adequado para depenar, estejam incentivando o comportamento. Isso não deve ser verdade. É quase impossível eliminar o desejo de comportar-se de maneira preestabelecida — embora a prevenção física possa interromper temporariamente o comportamento, ela não elimina a necessidade que o gato sente de realizá-lo. Na verdade, o animal pode ficar mais propenso a ele, ou realizá-lo com mais intensidade, depois que acabar a contenção física. Ao fornecermos um objeto alternativo adequado para ele depenar, lhe damos uma maneira aceitável de satisfazer suas necessidades e, assim, reduzir a chance de ele realizar o comportamento em outro lugar. Alguns gatos gostam de arrancar papelão — nesse caso, ofereça caixas onde eles possam fazer isso. Outros gatos só arrancam penas — nesse caso, faça buracos num rolo de papel higiênico vazio ou de papel-toalha e os encha com penas — geralmente pego penas caídas quando saio para caminhar, já pensando em usar mais tarde no enriquecimento ambiental de gatos. Para combinar o depenar com o comportamento que vem depois, comer, também coloque comida de gato úmida ou seca dentro do rolo, cubra as pontas usando papel-manteiga com furinhos para o gato sentir o cheiro. Para quem for criativo, o céu é o limite — você só precisa evitar materiais que sejam perigosos se seu gato ingerir. Se não tiver certeza, verifique com seu veterinário.

Cosmos lutando com um brinquedo de depenar.

Ao lidarem com presas maiores, como coelhos, os gatos se deitam de lado, arranhando e chutando a presa com as patas traseiras. Você pode tê-lo visto fazer isso com um brinquedo — o comportamento pode começar com o gato em pé sobre o brinquedo e batendo repetidamente nele com as patas de trás, quase como se estivesse tentando dar partida numa motocicleta. O gato então cai de lado, puxando o brinquedo para si com as patas da frente, enquanto chuta e arranha o brinquedo com as patas traseiras. Esse comportamento parece ser reservado para brinquedos maiores e, portanto, é importante oferecê-los, bem como objetos menores e mais caçáveis. Você mesma pode fazer brinquedos grandes recheando meias velhas e depois enfeitando-as com penas. Para os gatos que gostam, um pouco de erva-dos-gatos no recheio vai proporcionar alguns minutos de muita diversão.

Em geral, os gatos não gostam de se molhar e correm para de casa quando a chuva cai. Mas nem todos são assim. Talvez você já esteja bem familiarizada com a carinha de gato alerta e duas patas que surgem assim que você relaxa numa banheira cheia de bolhas, ansiosas para dar tapinhas nos dedos dos seus pés — o fascínio do gato por algo entrando e saindo de vista é grande demais para ele resistir. Você pode incentivar as habilidades de "pesca" do seu gato oferecendo alternativas mais adequadas, como bolas de pingue-pongue e pequenos brinquedos de plástico balançando numa piscina de criança ou num balde de plástico. Acrescentar bolhas só vai deixá-lo mais animado, pois o objeto vai desaparecer e reaparecer continuamente. Um gato ousado pode até gostar de observar e tentar capturar um brinquedo que se mexe sozinho na água, como os que tem mecanismo de corda. Um alerta: certifique-se de que o recipiente com água não pode ser derrubado, e mantenha o nível da água baixo, para o caso do seu gato decidir se molhar. Para quem tem jardim, uma piscina de criança pode ser um ótimo recurso, já que folhas e pétalas caídas só vão torná-la mais atraente.

As presas dos gatos muitas vezes se escondem na vegetação rasteira, tentando se ocultar dos olhos curiosos dos felinos. Portanto, o menor farfalhar ou movimento pode deixar um gato alerta, com todos os sentidos voltados para o ponto onde ele viu ou ouviu a presa pela última vez. Podemos imitar essa acuidade sensorial por meio de jogos de caça, tanto dentro quanto fora de casa, usando somente um brinquedo e uma caixa de papelão. Para preparar a caixa, faça pequenos buracos um pouco mais largos que a pata do seu gato, em vários lugares nas laterais da caixa. Sente-se no chão com a abertura da caixa voltada para você, de forma que o gato não consiga entrar na caixa, mas possa ver o fundo e as laterais viradas para cima. Usando um brinquedo pequeno, de preferência um que esteja preso a uma varinha fixa, empurre o brinquedo parcialmente através de um dos buracos para chamar a atenção do gato. Assim que conseguir chamar a atenção dele, tire o brinquedo e o enfie parcialmente em outro buraco. Dessa forma, o brinquedo nunca fica totalmente à vista, o que fará com que o gato enfie a pata no buraco na tentativa de localizá-lo. Na verdade, nós criamos uma versão felina do famoso jogo de fliperama em que tentamos acertar toupeiras dentro de buracos. Os brinquedos que emitem sons como pios e chiados eletrônicos deixam esse jogo ainda mais emocionante e ajudam a incentivar o gato a dar tapinhas. Termine o jogo permitindo que o gato capture o brinquedo e, se ele desejar, empurre-o pelo buraco na direção dele para aumentar a diversão.

Cosmos dando patadas na água.

Jogos semelhantes podem ser feitos com um brinquedo numa varinha fixa mantida sob um tecido, fronha ou folha de jornal, que inesperadamente se revela. É preciso ter uma varinha longa presa ao brinquedo, pois o gato deve pular sobre ele enquanto ainda estiver parcialmente escondido. Alguns produtos à venda têm um brinquedo movido a bateria escondido numa bolsa ou sob um pedaço de tecido — assim, ele realiza o movimento parecido de se esconder, para momentos em que você não estiver livre para brincar. Um alerta: sempre experimente esses brinquedos pela primeira vez quando estiver por perto para poder supervisionar e se certificar de que seu gato os considera atraentes e não assustadores.

Cosmos e Sarah tentando pegar o brinquedo.

A maioria dos donos dá as refeições de seus gatos em duas porções diárias numa tigela, geralmente postas no mesmo lugar, todos os dias. No entanto, se pensarmos em como os gatos caçam, logo podemos perceber que isso é muito diferente de como eles obteriam o alimento se estivessem na natureza. Os gatos selvagens comeriam pouco e com frequência, gastando muita energia mental e física para conseguir comida e encontrando cada presa num lugar diferente, mesmo que fosse dentro do mesmo território de caça. Felizmente para nós, existem mudanças simples que podemos fazer na nossa rotina para ensinar aos gatos que alimentar-se em casa pode ser tão gratificante quanto caçar. Usando sua energia mental e física para obter a comida (que no fim das contas é mais saborosa do que qualquer presa que eles possam capturar), os gatos podem ter menos vontade (e menos tempo) de caçar.

Os comedouros interativos são uma ótima maneira de estender o tempo necessário para eles conseguirem pegar os alimentos e comer, além de manter seu gato ocupado quando você não estiver por perto para entretê-lo. Os comedouros interativos disponíveis no mercado têm formatos e tamanhos diferentes, desde bolas com buracos que podem ser enchidos com ração seca, que cai conforme o gato aprende a rolar a bola pelo chão, até labirintos de plástico em que o animal tem que puxar a comida com a pata. Comedouros interativos caseiros podem ser feitos cortando-se buracos na tampa de uma caixa de papelão e inserindo neles potinhos (de preferência de vários tamanhos) para formar uma sequência de recipientes com ração seca, de modo que seu gato possa pescar usando a pata. Potes, pequenas caixas e tubos também podem ser presos com fita adesiva ou colados diretamente no papelão dão ao gato uma variedade de alturas. Rolos de papel higiênico ou papel-toalha podem ser fixados nas laterais para criar pirâmides para que os gatos deslizem as patas para tirar a ração. Ao oferecer esses objetos a seus gatos, não tenha medo de mudá-los de lugar dentro da casa para que eles tenham que explorar para localizar a comida.

Se você ficar em casa e puder alimentar seu gato mais de duas vezes por dia, divida a porção diária dele em refeições menores e ofereça-as nos comedouros interativos várias vezes ao longo do dia. Cientistas já demonstraram que, mesmo quando usados apenas duas vezes ao dia, os comedouros interativos estendem os períodos de alimentação e o tempo total gasto para conseguir a comida em comparação com o mesmo peso de comida fornecida em uma tigela. Na verdade, você pode até transformar sua casa em um comedouro interativo gigante, escondendo pequenos potes abertos contendo alguns grãos de ração ou uma colher de comida úmida pela casa para seu gato caçar. Se por algum motivo o gato não puder usar um comedouro interativo — por exemplo, devido a problemas de mobilidade —, os comedouros automáticos programáveis à venda podem ser usados para dispersar a porção diária ao longo do dia, ajudando a imitar as refeições pequenas e frequentes que seriam feitas se os gatos caçassem a própria comida.

Em complemento ou como uma alternativa aos comedouros interativos, transforme a hora da refeição num jogo, lançando grãos de ração seca um a um pelo cômodo para seu gato perseguir e devorar. Se ele tiver acesso ao ar livre, espalhar a ração seca pelo gramado ou quintal é uma ótima forma de deixá-lo procurar a comida. Depois que ele terminar, é recomendável verificar se ele encontrou todos os grãos, para evitar visitas indesejadas em seu jardim. Além disso, reduza a quantidade de comida que seu gato está consumindo dessa maneira da porção diária adequada.

Você pode começar espalhando apenas alguns grãos, certificando-se de colocá-los perto e à vista do seu gato. Depois que ele se habituar a essa forma de alimentação, espalhe toda a porção dele por uma área maior — você vai ver que logo será raro um único grão escapar. A alimentação dispersa é uma boa opção em pisos de cerâmica ou madeira, pois os grãos quicam em todas as direções quando espalhados. No entanto, se tiver mais de um gato, separe-os ao distribuir a ração, evitando que um gato belisque os grãos do outro — e também para que não sintam que precisam competir pela comida.

Outra boa maneira de oferecer um jogo de caça durante a refeição é dar os grãos de ração, um a um, jogando-os num longo tubo de papelão inclinado, sobre um piso de cerâmica ou madeira, permitindo que os grãos rolem por uma das pontas. Seu gato logo vai aprender a pegar o grão de ração que sai do tubo com a pata. Na verdade, você criou uma versão do jogo em que tentamos acertar com um bastão o rato que sai de um cano — nesse caso, o "rato" é o grão de ração e o gato não precisa de bastão, pois ele é muito hábil em pegar a ração rapidamente enquanto ela passa. Esse é um jogo que você pode jogar até sentada no chão assistindo televisão ou usando o telefone — enquanto você relaxa, seu gato pode se divertir muito capturando o jantar.

Grande parte da caça envolve investigar o ambiente na esperança de localizar sinais das presas. As caixas sensoriais podem ser uma oportunidade para explorar sem a necessidade de sair de casa. Elas são grandes caixas de papelão que contêm uma série de objetos que seu gato poderia experimentar do lado de fora, alguns com o leve cheiro de uma presa. Podem ser coisas que você coletou em seu quintal ou em passeios, além de objetos domésticos. Folhas secas, penas, pedras, grama, lascas de cascas de árvore, galhos, gravetos e ervas podem ser colocados em caixas de papelão, algumas grandes o suficiente para o gato pular dentro e vasculhar bem. Bolas de plástico, como aquelas que vemos nas piscinas de bolas para crianças, podem deixar as coisas ainda mais interessantes: já vi gatos se divertindo muito ao jogá-las para fora de uma caixa.

Cosmos e Sarah brincando com o bastão.

Adicionar à caixa alguns dos brinquedos favoritos do seu gato, como um rato de pelúcia ou um brinquedo com penas, permite que ele realmente "cace" sua "presa". Todos os meus gatos tiveram alguns ratos de brinquedo que emitem um som agudo quando tocados. Eles ficam loucos com esses brinquedos nas caixas sensoriais, pois ouvem o som quando tocam sem querer no brinquedo, mas não conseguem localizá-lo imediatamente. Isso proporciona aos gatos muitos minutos de diversão enquanto tentam achar o brinquedo. Herbie volta e meia saltava de sua maior caixa sensorial com a presa na boca. Para um gato menos confiante, você pode fazer caixas sensoriais pequenas para ele poder vasculhar só com uma pata: elas podem ser feitas a partir de caixas de lenços de papel vazias ou outras caixas de papelão pequenas. Embora caixas plásticas possam ser usadas, o papelão é excelente para absorver cheiros e ainda tem a vantagem de poder ser mastigado. Assim, a própria caixa torna-se parte da experiência sensorial. Jogar alguns petiscos ou a porção de ração do seu gato dentro da caixa sensorial pode ser uma ótima maneira de incentivá-lo a "caçar" sua comida, pois os petiscos ou grãos de ração se espalham e precisam ser encontrados um a um — em caixas pequenas como as de lenço, os grãos muitas vezes precisam ser tirados com a pata, da mesma forma que em certos comedouros interativos.

Alguns gatos que sentem muita vontade de caçar mas não têm muitas oportunidades (seja por meio de jogos de "caça" ou do acesso a uma presa real) direcionam seu comportamento predatório para as pessoas da casa. Mãos e pés são alvos comuns porque tendem a balançar e se mover rapidamente durante atividades cotidianas como conversas e caminhadas. Algumas pessoas inconscientemente balançam ou agitam o pé enquanto descansam, e esse movimento costuma ser irresistível demais para um gato conseguir ignorar. Ataques "predatórios" à carne humana podem de fato ser dolorosos, e muitas vezes a reação do alvo é um grito agudo involuntário, seguido por uma sequência de pulos para longe do animal. No entanto, em vez de dissuadir o gato, esse tipo de reação pode reforçar tal comportamento, com o gato interpretando os movimentos rápidos e os sons agudos como características de uma presa.

Herbie explora uma caixa sensorial feita em casa.

É pouco provável que ocorra "predação" nas nossas mãos e pés se o gato tiver muitas oportunidades de participar de jogos de caça adequados.

Porém, para gatos que já desenvolveram o hábito de fazer isso, tente aumentar a frequência e a diversidade dos jogos de caça e redirecionar o gato para alvos mais apropriados, como brinquedos de varinha, sempre que ele mostrar os primeiros sinais de comportamento predatório direcionado a você (olhos arregalados, olhar fixo, postura agachada de quem espreita). Reduzir as características do alvo que reforçam o comportamento também ajuda — isso pode significar que, por um tempo, você precisa usar luvas ou galochas ou mesmo calças em casa, para que possa ficar parada sem ser atacada ou mordida. Em breve, seu gato vai aprender que os brinquedos são "presas" muito mais empolgantes do que mãos ou pés.

PARA GATOS COM ACESSO AO EXTERIOR, MANTER ALGUM CONTROLE sobre o comportamento dele ao ar livre pode ajudar a frustrar uma caçada bem-sucedida. Muitas das tarefas de adestramento no Capítulo 10 — treinar seu gato para usar uma peitoral em passeios ao ar livre, incentivá-lo a caminhar com você e até mesmo usar o treinamento de vir ao ser chamado — vão ajudá-lo a aproveitar o tempo ao ar livre, mas reduzindo o risco à vida silvestre da região.

Alguns donos usam recursos para evitar que os gatos tenham sucesso na caça. O mais comum é um sino — conforme o gato anda, o sino preso à coleira tilinta e, acredita-se, alerta a presa, dando-lhe tempo para escapar. A maioria dos gatos parece não se incomodar. Porém, um gato mais sensível pode ficar nervoso com o som ou a sensação do sino pendurado em seu pescoço — esses gatos precisam ser treinados para aceitá-lo.

Como acontece com qualquer novo objeto, comece colocando o sino no chão e recompense qualquer investigação que seu gato fizer. Quando ele estiver à vontade, pegue o sino e deixe-o tilintar baixinho em sua mão. Mais uma vez, recompense o comportamento calmo ou curioso. Em seguida, depois de várias repetições, toque o sino e dê uma recompensa — queremos ensinar o gato a não se preocupar com o som. Se em qualquer etapa seu gato parecer tenso, volte aos passos anteriores do treinamento.

Quando o gato não estiver interessado nem incomodado pelo som, podemos prender o sino à coleira — o melhor é fazer isso quando a coleira não está no gato, pois pode ser um pouco complicado. Assim que a coleira com o sino for recolocada, ofereça bastante recompensa, seja na forma de uma refeição ou de um jogo. Seu gato vai sentir e ouvir o sino sempre que se mover, mas, ao ser recompensado com uma brincadeira ou comida de forma intermitente, vai aprender que o sino não é motivo para preocupação. Quando alcançar essa etapa, as recompensas não serão mais necessárias, pois queremos que o gato se acostume ao tilintar.

Os sinos nem sempre funcionam, então algumas alternativas vêm sendo lançadas. Muitos donos relatam que seus gatos ainda conseguem caçar, mesmo com um sino preso à coleira — alguns até contaram ter visto o gato carregando o sino na boca enquanto caçava, provavelmente porque descobriu que isso reduz o barulho. Por esse motivo, há alguns dispositivos para serem presos às coleiras, feitos especificamente para prevenir ou reduzir bastante as tentativas de caça bem-sucedidas. Um deles é um tipo de babador feito de neoprene que se prende com velcro à coleira, descendo do pescoço até a parte de cima das patas dianteiras. Não se sabe bem se a suposta redução no sucesso ao caçar se deve à cor chamativa dos babadores alertando a presa ou se a eficácia do ataque do gato é reduzida porque o babador atrapalha. As primeiras pesquisas sugeriram que os babadores funcionam melhor em prevenir quando as presas são pássaros, pequenos mamíferos, sugerindo que pode de fato ser a cor (os pássaros têm uma visão ainda melhor que a nossa para cores). Porém, fica um alerta: não sabemos como um babador pendurado afeta a mobilidade de cada gato e, portanto, para aqueles que vivem perto de ruas com trânsito, pense bastante antes de tentar essa opção.[7]

Outro recurso é uma gola de tecido de cores vivas que envolve a coleira do gato. Mais uma vez, pesquisas sugerem que ela reduz o número de aves caçadas, porque as cores brilhantes tornariam o gato mais visível, dando mais tempo ao pássaro para escapar.[8] Existem também recursos mais complexos, ainda na fase de protótipo no momento em que este livro é escrito, que se prendem à coleira do gato e soltam um breve ruído e um rápido flash quando o gato pula, combinando um alerta sonoro e visual para a presa.

Para garantir o bem-estar do gato, todos esses equipamentos exigem adestramento. O treinamento para usar a gola de tecido e o dispositivo que emite luz e som deve seguir o mesmo caminho usado para o uso da coleira e de um dispositivo de rastreamento (Capítulo 10), com o acréscimo de precisar habituar seu gato ao som e ao flash do dispositivo que emite o alerta — isso pode ser feito com as mesmas habilidades de treinamento usadas para acostumar um gato com o sino. O babador é muito diferente de tudo que seu gato já encontrou antes pois fica pendurado na frente das patas dele e pode ser mais difícil convencer um gato a aceitá-lo.

Depois de me pedirem conselhos inúmeras vezes sobre o uso dos babadores, mas não ter nenhuma experiência com eles, comecei a assistir a vídeos de gatos usando os de neoprene. Fiquei um pouco preocupada com quanto o babador pode restringir os movimentos dos gatos e, portanto, também sua segurança e qualidade de vida. Por isso, antes de formar uma opinião e dar algum conselho aos donos, decidi experimentá-los com meus gatos: Cosmos e Herbie nunca tinham usado qualquer mecanismo para impedi-los de caçar além de um sino preso à coleira.

Iniciei o treinamento num lindo dia de sol, quando os gatos estavam descansando calmamente do lado de fora, no gramado. Comecei com Cosmos, pois Herbie estava se aventurando na sombra. Como acontece com qualquer coisa nova, coloquei o babador a uma curta distância do Cosmos para dar a ele a oportunidade de investigá-lo. Ele não ficou nem um pouco interessado — nem preocupado nem intrigado —, então peguei o babador e o ofereci a ele. Ele deu uma cheirada rápida e rolou na grama como os gatos fazem quando estão aproveitando o sol. Como ele estava tão relaxado, decidi que era uma boa hora para experimentar a novidade. Cosmos sempre usou uma coleira com fecho de segurança e um sino e já foi treinado para usar uma série de dispositivos de rastreamento que se prendem à coleira, então eu sabia que não haveria incômodo. Larguei um petisco ao lado de Cosmos para incentivá-lo a se levantar, o que ele logo fez. Rapidamente, mas com cuidado, passei a peça de neoprene por baixo da coleira e a prendi com o velcro. Em seguida, coloquei mais alguns petiscos no gramado — o que, devido à altura da grama, Cosmos levou alguns segundos para encontrar. Esse jogo improvisado de procurar a comida deu a ele tempo para sentir o peso do babador (que na verdade era muito leve) e o toque dele contra o pelo sem que Cosmos se distraísse demais — sua mente estava muito concentrada em encontrar os petiscos.

Em seguida, incentivei Cosmos a dar alguns passos no gramado usando comida como isca. Ele adora jogos de treinamento e estava tão concentrado na isca que nem parecia preocupado com o novo acessório, embora seus passos estivessem bem mais altos e exagerados que o normal, como se ele estivesse tentando andar sobre o babador — bizarramente, isso me lembrou do andar de um cavalo sendo adestrado! No entanto, não demorou muito — cerca de alguns minutos — até Cosmos perceber que poderia andar normalmente e o babador sairia da frente de suas patas. Depois de recompensá-lo por ir atrás da isca várias vezes, deixei-o brincar com uma varinha de brinquedo para ele ganhar confiança e se mexer um pouco mais rapidamente. Intercalei pouco tempo de brincadeira com períodos de descanso, garantindo assim que o brinquedo não o distraísse do babador o tempo todo. Em vez disso, Cosmos aprendeu que usar o babador trazia recompensas como brincar enquanto eu mostrava que ele ainda podia andar livremente. Cosmos perseguiu, bateu e pulou no brinquedo — enquanto usava o babador. Na verdade, ele pegou o brinquedo de pena na ponta da varinha várias vezes — talvez ele seja um desses gatos que conseguem contornar um mecanismo que previne a caça! Meu plano era tirar o babador de Cosmos depois de brincar, mas ele voltou para casa, pulou no sofá e pegou no sono na mesma hora, então deixei o babador com ele. O treinamento de Herbie foi praticamente igual, embora ele não tenha conseguido pegar tantas vezes o brinquedo de varinha. Embora tenha ficado óbvio que, com muito treinamento, o gato pode aceitar logo o uso de um dispositivo como o babador, eu não deixaria meus gatos o usarem sem supervisão — ficaria preocupada com o risco de o babador ficar preso em alguma coisa e o gato acabar se enroscando, ou atrapalhar a precisão de seus movimentos conforme ele explorasse ambientes mais complexos. Por isso, ao menos para mim, seria melhor dedicar o esforço necessário para treinar um gato para usar um dispositivo desses em redirecionar os instintos predatórios do animal.

Devido ao aumento da preocupação com o bem-estar animal no mundo todo, é provável que as leis que protegem os animais continuem levando cada vez mais em consideração a ideia de oferecer a nossos bichos de estimação oportunidades de exibir seus padrões naturais de comportamento. Embora o ambiente onde mantemos nossos gatos esteja, em muitas partes do mundo, deixando rapidamente de ser aquele que era o natural para eles, com uma sólida compreensão do comportamento felino, aliada a habilidades de adestramento consolidadas e uma mente criativa, podemos fazer o nosso melhor para garantir aos gatos uma vida feliz e saudável sob os nossos cuidados.

Conclusão

Você conseguiu.
Você conseguiu?
Não, vocês *dois* conseguiram.

A DESTRAR UM GATO PODE SER — NA VERDADE, DEVERIA SER — uma experiência transformadora, tanto para o dono quanto para o animal. Qualquer relacionamento bem-estabelecido entre o gato e o dono inevitavelmente envolve muito *aprendizado*, mas a maior parte dele passa quase despercebida e fica em segundo plano, à medida que cada um aos poucos muda o próprio comportamento para se adequar ao outro. Você vai descobrir, talvez sem nem perceber, em quais horas do dia seu gato fica mais receptivo a receber atenção — ele terá aprendido como você se comporta quando tem vontade de passar algum tempo com ele.

A "mágica" do adestramento não envolve processos misteriosos: todos os exercícios que descrevemos neste livro se baseiam no mesmo tipo de aprendizado que seu gato usa ao explorar sua casa e os arredores. Ela acontece à medida que esses processos se tornam muito mais transparentes para você, por serem mais intencionais e planejados: a ligação entre a recompensa e uma mudança de comportamento se revela e você vive momentos de alegria quando seu gato de repente parece "entender" o que você deseja (embora também seja frustrante tentar outra vez no dia seguinte e ele parecer ter esquecido tudo!). Você se torna mais sensível à linguagem corporal do seu animal, identificando um bom momento para começar uma sessão de adestramento, a hora de prosseguir com uma tarefa específica e quando é hora de parar deixar para outro dia. Seu gato, por sua vez, aprende muito mais sobre você com o treinamento do que com um relacionamento do tipo "é pegar ou largar" — que eles supostamente preferem (na maioria das vezes, isso é um equívoco). O adestramento aproxima vocês até um ponto que não poderia ter acontecido de outra maneira. Além disso, seu gato agora a vê como uma fonte de muita alegria e de uma forma muito mais positiva do que antes.

Um gato bem treinado também causa espanto naqueles — na maioria, é claro — que aceitaram sem crítica a sabedoria popular que diz que gatos não podem ser adestrados. Quando a apresentadora de TV Liz Bonnin foi até a casa de Sarah para conhecer Herbie e Cosmos, perguntou despreocupadamente "Você acha que consigo fazer Cosmos sentar? Tenho certeza de que não vai dar certo". Pois Cosmos sentou, e na primeira tentativa! "E é assim, senhoras e senhores, que se faz um gato sentar." Você vai descobrir, seja sua intenção ou não, que se tornou uma embaixadora do adestramento de gatos, principalmente se tiver levado seu treinamento para além do ambiente interno. Se treinou seu gato para vir quando chamado ou para andar se sentindo à vontade e relaxado com peitoral e guia, provavelmente vai atrair a admiração — talvez a contragosto — de alguns donos de cães que podem ter menos domínio do que você sobre a melhor forma de treinar seu animal de estimação. No caso dos gatos que não têm acesso ao ar livre, os resultados do adestramento para ajudá-los a aceitar melhor o veterinário também vão causar espanto — quando seu gato se mostrar calmo e relaxado na sala de espera da clínica — diante de animais de estimação ansiosos e trêmulos. Eis uma oportunidade perfeita para divulgar seus novos conhecimentos.

Ao treinar seu felino, você também vai se tornar, de uma forma muito real, parte do futuro do que é ter um gato. O gato de amanhã vai precisar ser muito diferente do gato de ontem, e o adestramento é um componente essencial dessa mudança, que não pode ser evitada se os gatos continuarem sendo populares e aceitos pela sociedade como um todo, não só por quem os ama.

O modo como vemos os gatos já passou por uma mudança drástica ao longo do último meio século. Na Inglaterra da década de 1950, de onde vêm as primeiras lembranças de John com gatos, a maioria deles era considerada mais ou menos intercambiável (exceto os gatos de raça). Bichanos comuns (gatos vira-latas) se reproduziam livremente, gerando mais filhotes do que lares disponíveis: o afogamento ainda era, infelizmente, um método muito aceito de controle populacional. Se um gato de estimação desaparecesse, sua partida era explicada como uma consequência inevitável do espírito independente do animal, e logo outro tomava seu lugar, um filhote ou um gato adulto que "acabou de aparecer". Poucas pessoas espalhavam cartazes de "gato perdido" (a menos que o animal fosse valioso no sentido monetário).

Hoje, a maioria das pessoas começa como dono de gato com a expectativa de que a relação será para a vida toda. Esse relacionamento é, sem dúvida, muito mais profundo, no sentido emocional, do que o vínculo mais frouxo que caracterizava a posse de um gato há setenta anos. Agora quase se espera que gatos sejam como cães: afetuosos, leais e fiéis desde o momento em que nascem até irem para o cemitério de animais. O problema é que a maioria dos gatos não é assim. Sob a pele (ou seja, geneticamente), eles mudaram pouco desde os gatos emboscadores e semi-independentes que eram seus ancestrais até o século XX. Não é culpa do gato. A evolução simplesmente não funciona assim. A seleção natural precisa de tempo (centenas de gerações) e de algum tipo de pressão seletiva constante. Cinquenta gerações (supondo que as fêmeas se reproduzem a partir dos dez meses de idade, mas na verdade a maioria pode cruzar meses antes disso) não são suficientes, e não está claro qual pode ser a pressão seletiva, pois em geral os gatos sem raça escolhem os próprios parceiros. Uma gata não se aproxima de um macho perguntando: "Seus outros filhotes são bons com as pessoas, sociáveis com gatos e não costumam caçar espécies em extinção?" Sejam quais forem os critérios que as fêmeas não castradas usam para selecionar os machos (e vice-versa — e nos dois casos esses critérios são quase totalmente desconhecidos), é improvável que seja qualquer um desses.

Algo incomum entre os animais domesticados é que, no caso dos gatos, a maioria é produto da seleção natural (ainda que seja uma seleção que ocorre em ambientes amplamente construídos por pessoas), e não de criação planejada. A criação planejada, sem dúvida, terá um peso na formação do gato do futuro, mas infelizmente os animais de raça atuais, por mais encantadores que sejam, provavelmente não serão o ponto de partida.

Hoje as raças de gatos são julgadas acima de tudo pela aparência, não pelo comportamento, e não há evidências que sugiram que alguma raça seja mais adequada para a vida urbana moderna do que os gatos de rua. Na verdade, toda a história da criação de gatos se baseia no refinamento de sua aparência, ao passo que foi apenas nos últimos 120 anos mais ou menos que a criação de cães, antes impulsionada pela utilidade, também passou a se concentrar em modificar a aparência. Para as duas espécies, o foco nas exposições se mostrou um desastre genético. Os gatos não sofreram nesse aspecto tanto quanto os cães porque a criação foi menos extrema, mas tantas gerações de acasalamentos entre parentes próximos fizeram com que surgisse todo tipo de doença de base genética, e algumas raças (embora ocorra menos do que com os cães) são na verdade caracterizadas por mutações debilitantes.[1]

Felizmente, ainda existe uma grande variabilidade genética nos gatos de hoje: uma quantidade considerável mesmo dentro de um só local, por exemplo, Londres ou Los Angeles, e consideravelmente mais se os gatos de diferentes continentes forem combinados. O cruzamento entre gatos vira-latas de um lugar e gatos de raça cujos genes se originaram em outro lugar — por exemplo, um siamês de Manhattan com um gato de rua do Brooklyn — deve gerar uma ampla variedade de personalidades diferentes, muito mais diversas do que ocorreria naturalmente em qualquer uma das populações de onde os pais vieram. Não há motivo para achar que qualquer um dos filhotes não daria animais de estimação perfeitamente satisfatórios e felizes. No entanto, alguns seriam mais adequados para o estilo de vida moderno do que outros, e, se criados a partir desses gatos, poderiam formar a base para um novo tipo de superbicho de estimação, selecionado por seu comportamento e temperamento, e não pela aparência, ao contrário de todas as raças atuais (na verdade, cada gato pode ser muito diferente um do outro).[2]

Os biólogos estão perto de identificar os genes que mais afetam a personalidade dos gatos. Um estudo recente limitou a pesquisa a apenas treze genes que afetam a maneira como o cérebro e o sistema nervoso são formados. Essas descobertas aumentam a possibilidade de que, dentro de alguns anos, os genes que influenciaram a personalidade de qualquer gato específico possam ser "lidos" a partir da pequena quantidade de DNA na ponta de alguns de seus pelos: isso permitiria a seleção imediata dos candidatos mais promissores para a reprodução. (Como grande parte da personalidade do gato vem de suas experiências em seus primeiros anos de vida, sem essas técnicas é difícil determinar a influência de seus genes, embora seus efeitos sejam sem dúvida poderosos.)[3]

Como deve ser essa nova "raça"? Bem, a julgar pelas dificuldades que os gatos domésticos enfrentam hoje, ela deve ser diferente do chamado gato comum atual em quatro aspectos:

1. Ser mais capaz de resolver conflitos com outros gatos, tanto os dentro da própria casa quanto os da vizinhança
2. Aceitar melhor o comportamento humano e a aproximação de pessoas desconhecidas (sem chegar ao ponto de o gato se tornar vulnerável a maus-tratos)[4]
3. Sem tender a caçar quando bem alimentado
4. Mais resiliente às mudanças a sua volta — tanto os gatos e as pessoas com quem interage quanto o lugar onde vive

Temos todas as razões para supor que a criação seletiva conseguirá destacar todas essas quatro características, pois os gatos domésticos já variam muito em relação à tendência para a caça, à sua adaptabilidade geral e a quanto são sociáveis com pessoas e gatos. A longo prazo, talvez seja possível e até desejável adicionar um quinto item a essa lista de desejos:

5. Fácil de treinar

É muito improvável que mudanças na genética nos permitam ignorar o papel crucial das experiências iniciais (socialização) na formação das habilidades de que os gatos precisam para interagir com as pessoas. Qualquer que seja a genética do gato, nunca devemos esquecer que muito de sua personalidade é resultado dos esforços combinados de genes e experiência e que, embora a forma como eles se combinam e interagem possa mudar no futuro, os dois vão continuar sendo importantes. Assim, a aprendizagem sempre terá seu peso, e parte dela (como hoje) acontece espontaneamente, produto das experiências cotidianas, só que uma proporção cada vez maior resulta de estruturas de adestramento mais formais.

No entanto, isso tudo será no futuro. No curto prazo, a única maneira segura de modificar as reações instintivas de um felino é com o adestramento. Até o genoma do gato se tornar mais próximo ao de um animal de estimação, esse processo terá que ser repetido a cada geração, pois, embora as mães influenciem o comportamento de seus filhotes, a personalidade deles não está amadurecida quando as deixam — com, normalmente, 8 semanas de idade; nem mesmo com 12 ou 13 semanas, que é quando muitos gatos de raça vão para suas casas novas. Contudo, como o adestramento deve ser divertido tanto para gatos quanto para pessoas, a necessidade de começar do zero com cada um dos filhotes não deve ser encarada como uma dificuldade, e sim uma forma agradável de estabelecer um relacionamento mais próximo com cada gato que entra na sua vida.

O ÚLTIMO MEIO SÉCULO VIU O NASCIMENTO E O CRESCIMENTO exuberante da medicina felina (antes, acredite ou não, a veterinária tratava os gatos como cachorros pequenos). Como consequência, as necessidades médicas do gato agora são adequadamente atendidas. Suas doenças são compreendidas como nunca antes. Uma ampla gama de vacinas para felinos surgiu, protegendo nossos animais de estimação de doenças que antes teriam ceifado muitas vidas. A castração livrou as gatas do fardo de dar à luz e criar filhotes ano após ano após ano, e os machos, de terem que competir com rivais possivelmente mais experientes ou mais ágeis, ávidos para mantê-los o mais longe possível de "suas" fêmeas. Do ponto de vista do dono, a medicina felina primeiro fortaleceu e depois consolidou a expectativa de um gato ser um animal de estimação para toda a vida, um companheiro permanente, e não uma relação temporária como era antes.

Quanto às necessidades emocionais e psicológicas, houve muito menos progresso na compreensão veterinária e científica. Agora temos os meios para mantê-los fisicamente saudáveis, mas suas experiências subjetivas ainda são um mistério para o dono e para o profissional. Nossa esperança é que, com este livro, possamos demonstrar os benefícios que o adestramento pode oferecer aos gatos, tornando-os mais capazes de lidar com os estresses que inevitavelmente surgem no dia a dia. No entanto, essas não são as únicas formas de tornar a vida de um gato mais feliz. No caso de animais que já desenvolveram um distúrbio comportamental devido à exposição ao estresse, o adestramento pode ter um papel importante (consulte a seção "Leituras adicionais" para ver alguns textos sugeridos).

O adestramento também pode ajudar a canalizar comportamentos que os donos consideram indesejáveis — aqueles que são naturais no que diz respeito ao gato, mas irritam o dono (portanto, não se trata de um distúrbio comportamental propriamente dito). Talvez os comportamentos que atraem mais polêmica sejam matar animais silvestres e arranhar móveis. Como vimos neste livro, existem maneiras de direcionar esses comportamentos para alvos mais aceitáveis.

QUER ESCOLHAMOS ADESTRÁ-LOS OU NÃO, OS GATOS SEMPRE TERÃO uma mente curiosa e vão continuar aprendendo todos os dias de sua vida, ainda que seu comportamento seja mais flexível durante a infância e se torne mais previsível com a idade. Você deve pensar no adestramento não como uma interferência na liberdade do gato, mas como uma forma de canalizar o desejo dele de aprender para tornar a vida do gato e o seu relacionamento com ele os melhores possíveis. Devemos isso a eles, que percorreram um longo caminho até se tornarem um animal que gosta de nos agradar. O adestramento é a melhor maneira que temos de ajudá-los a completar essa jornada.

Agradecimentos

John: Em primeiro lugar, agradeço a Sarah por ter tido a ideia inicial deste livro e por compartilhar toda a sua experiência, não apenas nos detalhes básicos sobre como adestrar gatos, como também por sua compreensão de como a teoria da aprendizagem pode ser aplicada para moldar o comportamento de um animal que tem a injusta fama de ser inflexível. Além disso, agradeço muito à Dra. Debbie Wells, da Queens University Belfast, que me convidou para estudar a tese de doutorado de Sarah e, assim, nos apresentou — e a Helen Sage pelo convite para nos juntarmos à equipe da BBC Horizon em Shamley Green e trabalharmos no *The Secret Life of the Cat*, onde tivemos a ideia para este livro entre as gravações do programa.

Desejo agradecer a todos os antigos e atuais colegas de academia que ajudaram na minha pesquisa e na redação de meu livro anterior, *Cat Sense*, onde estão listados por nome. Também à minha família por me dar tempo para terminar outro livro sobre gatos.

Sarah: Devo muito a John por acreditar no meu trabalho adestrando gatos, por me encorajar a dar o salto para registrar essas ideias de uma maneira mais formal e, o mais importante, por se juntar a mim nesta jornada — apresentar um livro que é ao mesmo tempo um guia prático e um relato factual sobre gatos nos trouxe alguns desafios. Acontece que "dois cérebros são melhores do que um" — escrever ao lado de John tornou o processo muito gratificante. Sou muito grata por todas as discussões científicas que tivemos ao longo dos anos — elas ajudaram muito a expandir meus conhecimentos sobre gatos, e gostei de poder compartilhar ideias e discutir novos conceitos.

Muitos cientistas, especialistas clínicos em comportamento de animais e adestradores de cães me ajudaram a desenvolver ideias sobre o adestramento de felinos, permitindo que a "louca dos gatos" assistisse a suas palestras, aulas de adestramento e discussões — vocês me ajudaram muito a pensar. Entre eles, estão o professor Daniel Mills, Helen Zulch, a Dra. Debbie Wells, o Dr. Oliver Burman, a Dra. Hannah Wright, Chirag Patel, Jessica Hardiman, Jo-Rosie Haffenden e Hannah Thompson. Tive a sorte incrível de poder discutir o comportamento felino com muitos especialistas, entre eles Vicky Halls, Sarah Heath, Nicky Trevorrow, a Dra. Lauren Finka, Rachael King, Naima Kasbaoui, Claire Bessant, o Dr. Andy Sparkes e a Dra. Rachel Casey — essas discussões moldaram muitas das minhas opiniões atuais. Também sou muito grata àqueles do outro lado do oceano que me ajudaram a aprender como é ser um gato norte-americano — são eles Ilona Rodan, Mikel Delgado, Julie Hecht, Theresa DePorter, Miranda Workman, Jacqueline Munera e Steve Dale. Também agradeço a todos os que trabalham na International Cat Care — ela foi a primeira organização a me pedir para compartilhar minhas ideias sobre o adestramento de gatos ao me convidar para sua conferência anual em 2010, e continua apoiando o conceito.

Agradeço de coração aos meus gatos, que foram companheiros constantes durante os longos períodos em que estive na frente do computador, ao meu marido, Stuart, e aos meus pais, que me apoiaram incondicionalmente durante a escrita deste livro, tanto com tempo quanto com amor.

John e eu somos muito gratos a Peter Baumber por ser um fotógrafo de gatos tão maravilhoso — sua compreensão do comportamento felino, aliada às suas excelentes habilidades fotográficas, fez com que nossos modelos felinos relaxassem em frente à câmera e se sentissem à vontade o suficiente para demonstrar suas habilidades de adestramento. E agradeço a Emma Schmitt (dona do Batman), Lizzie Malachowski (dona do Sheldon) e à organização Lincs Ark (que cuidava de Skippy na época) por gentilmente nos permitir fotografar algumas das habilidades de treinamento de seus gatos.

Nós dois queremos agradecer a nosso agente Patrick Walsh, da Conville & Walsh, e sua equipe, e a nossos editores na Basic Books, Lara Heimert e Roger Labrie, por nos ajudarem a moldar nossas ideias de uma forma que esperamos sinceramente que os donos de gatos considerem acessível e divertida.

Leituras adicionais

Cat Sense (Nova York: Basic Books, 2013), escrito por John, oferece um relato acessível sobre a domesticação e o comportamento dos gatos que vai complementar as introduções de vários capítulos deste livro. Relatos mais detalhados, adequados para estudantes mais interessados do comportamento felino, estão disponíveis na segunda edição do livro de John, com coautoria das Dras. Sarah Brown e Rachel Casey, *The Behavior of the Domestic Cat* (Wallingford, Reino Unido: CAB International, 2012), e também nas três edições de *The Domestic Cat: The Biology of Its Behavior*, organizado pelos professores Dennis Turner e Patrick Bateson e publicado pela Cambridge University Press em 1988, 2000 e 2013.

Os leitores com um interesse por gatos que vai além do seu animal podem se interessar pelo título *The Natural History of the Wild Cats*, de Andrew Kitchener (Ithaca: Cornell University Press, 1997), ou *The Wild Cat Book: Everything You Ever Wanted to Know About Cats*, de Fiona e Mel Sunquist (Chicago: University of Chicago Press, 2014).

Para uma descrição geral do adestramento de animais, *Carrots and Sticks: Principles of Animal Training*, dos professores Paul McGreevy e Bob Boakes (Cambridge: Cambridge University Press, 2008), é difícil de superar, mas também está cada vez mais difícil de encontrar. *Animal Learning and Cognition: An Introduction*, de John M. Pearce, terceira edição (Nova York: Routledge, 2008), é um dos melhores textos no nível de graduação sobre o mesmo tema.

Para quem estiver apresentando um cachorro a um ou mais gatos ou vice-versa, *100 Ways to Train the Perfect Dog*, de Sarah Fisher e Marie Miller (Newton Abbot, Reino Unido: David & Charles, 2010), descreve como adestrar cães com muitas das habilidades fundamentais necessárias para ajudar a garantir apresentações tranquilas para os gatos.

Se você procura conselhos para um problema de comportamento do seu gato que não é abordado neste livro, nada substitui uma consulta individual com um especialista qualificado, embora ainda não haja profissionais disponíveis em todas as regiões (a maioria dos "consultores de comportamento" se especializa em cães). Em alguns países, existem organizações profissionais de especialistas qualificados em comportamento felino (alguns dos quais também são veterinários) — por exemplo, nos Estados Unidos há a Sociedade Americana de Veterinária de Comportamento Animal (www.avsabonline.org) e a Associação Internacional de Consultores de Comportamento Animal (www.iaabc.org). Os livros de Sarah Heath e Vicky Halls, entre eles *Cat Detective: Solving the Mystery of Your Cat's Behavior* (Londres: Bantam Books, 2006), e Pam Johnson-Bennett podem fornecer alguns conselhos úteis. Além disso, a Sociedade Internacional de Medicina Felina (ISFM, na sigla em inglês) produziu o *ISFM Guide to Feline Stress and Health: Managing Negative Emotions to Improve Feline Health and Wellbeing,* organizado por Sarah Ellis e Andy Sparkes (Tisbury, Reino Unido: International Cat Care, 2016), que descreve as diferentes emoções negativas que os gatos podem sentir, o que pode causá-las e como preveni-las ou atenuá-las.

O livro *The Cat: Its Behavior, Nutrition and Health* (Ames: Iowa State Press, 2003), de Linda Case, é uma boa introdução às necessidades do gato doméstico, e inclui um capítulo sobre como eles aprendem e um sobre comportamentos problemáticos. O bem-estar felino é abordado brevemente na terceira edição de *The Domestic Cat: The Biology of Its Behaviour,* e de forma mais abrangente em *The Welfare of Cats,* organizado por Irene Rochlitz (Dordrecht, Holanda: Springer, 2007).

Notas

Notas do Prefácio

1. Veja a posição da Associação Americana de Medicina Veterinária sobre esse assunto em https://www.avma.org/Advocacy/StateAndLocal/Pages/ownership-vs-guardianship.aspx.

Notas da Introdução

1. A evolução da família dos felinos foi revisada recentemente com base nas diferenças do DNA entre as espécies, revelando algumas migrações notáveis. Veja o artigo de Stephen O'Brien e Warren Johnson, "The Evolution of Cats", na *Scientific American* (julho de 2007), pp. 68-75.

2. Mais detalhes sobre os ancestrais recentes do gato doméstico e a própria domesticação podem ser encontrados no primeiro e segundo capítulos de *Cat Sense* (ver Leituras adicionais). Veja também o artigo de Carlos Driscoll, Juliet Clutton-Brock, Andrew Kitchener e Stephen O'Brien, "The Taming of the Cat", na edição de junho de 2009 da *Scientific American*, pp. 56-63.

3. O capítulo 7 de *Cat Sense*, "Cats Together" (ver Leituras adicionais), traz uma descrição mais abrangente de nossa compreensão da vida social dos gatos; veja também os capítulos 5 e 6 da terceira edição de *The Domestic Cat: The Biology of Its Behavior*.

4. A transformação do gato doméstico de caçador em companheiro e depois em objeto de adoração é descrita no livro *The Cat in Ancient Egypt*, de Jaromir Malek (Londres: British Museum Press, 1996).

5. A organização International Cat Care mantém um banco de dados atualizado de doenças hereditárias de raças no Reino Unido em http://icatcare.org/advice/cat-breeds/inherited-disorders-cats.

6. O plano corporal singular da família dos felinos, e como ele evoluiu, é descrito no livro de Andrew Kitchener, *The Natural History of the Wild Cats* (ver Leituras adicionais).

7. Tal como acontece com a nutrição humana, a alimentação dos gatos ficou sujeita a um considerável grau de "modismos" nos últimos anos. O ponto de

vista científico é descrito em um livreto gratuito, *The WALTHAM Pocket Book of Essential Nutrition for Cats & Dogs*, disponível para download em http://www.waltham.com/resources/waltham-booklets/.

8. Os experimentos que estabeleceram essa ligação entre brincadeira e caça, conduzidos por John e sua colega, a Dra. Sarah Hall, são descritos no sexto capítulo de *Cat Sense* (ver Leituras adicionais).

9. O Smithsonian Conservation Biology Institute publicou informações comparando a predação feita por gatos domésticos e gatos ferais: http://www.nature.com/ncomms/journal/v4/n1/full/ncomms2380.html.

10. Os sentidos dos gatos são descritos com mais detalhes nos livros de John: *The Behavior of the Domestic Cat* (capítulo dois) e *Cat Sense* (capítulo cinco).

11. Para uma discussão recente sobre as evidências de como o cérebro humano evoluiu, consulte *Human Evolution*, de Robin Dunbar (Londres: Pelican Books, 2014).

12. Alguns cientistas acreditam que os cães domésticos podem ter uma teoria da mente rudimentar, só que os cães são muito mais atentos a nós do que os gatos. Para uma discussão sobre as possibilidades, consulte o artigo de Alexandra Horowitz, "Theory of Mind in Dogs? Examining Method and Concept", na revista *Learning & Behavior* 39 (2011), pp. 314-317.

13. O neurocientista Gregory Berns escreveu um relato envolvente sobre como treinou sua cadela Callie para se sentar num aparelho de ressonância magnética: *How Dogs Love Us* (Seattle: Lake Union, 2013).

14. Existem relatos detalhados e acessíveis sobre como funciona a mente dos cães, entre eles *Inside of a Dog: What Dogs See, Smell and Know*, de Alexandra Horowitz (Nova York: Simon & Schuster, 2009); *Dog Sense*, de John Bradshaw (Nova York: Basic Books, 2011) e *In Defence of Dogs* (Londres: Penguin, 2012); e *The Genius of Dogs*, de Brian Hare e Vanessa Woods (Nova York: Plume, 2013).

15. Para estudos sobre os efeitos da visualização de fotos de filhotes, consulte os artigos de Hiroshi Nittono, Michiko Fukushima, Akihiro Yano e Hiroki Moriya, "The Power of Kawaii: Viewing Cute Images Promove a Careful Behavior and Narrows Attentional Focus", *PLoS ONE* 7, n. 9 (2012), e46362, doi:10.1371/journal.pone.0046362; Andrea Caria e colegas, "Species-Specific Response to Human Infant Faces in the Premotor Cortex", *Neuro-Image* 60 (2012), p. 884-893.

16. Os transtornos de comportamento induzidos pelo estresse em gatos são descritos pela veterinária Dra. Rachel Casey nos capítulos 11 e 12 de *The Behavior of the Domestic Cat* (ver Leituras adicionais).

Notas do Capítulo 1

1. A ciência da aprendizagem animal pode ser uma leitura intimidante: dois dos textos mais acessíveis são os livros de McGreevy e Boakes e o de John M. Pearce (ver Leituras adicionais).

2. Os livros didáticos que lidam com a teoria da aprendizagem animal têm a própria terminologia para esses processos, como "reforço positivo" e "punição negativa" (esta última correspondendo à Consequência 2), mas a maioria das pessoas acha essas expressões confusas e por isso não as usamos aqui.

3. Para mais detalhes sobre esse experimento, consulte o capítulo seis do livro de John, *Cat Sense*.

4. Para mais informações sobre como e quando os gatos gostam de se alimentar, consulte o capítulo "Feeding Behaviour", de John e Chris Thorne, em *The Waltham Book of Dog and Cat Behavior*, organizado por Chris Thorne (Oxford: Pergamon Press, 1992), pp. 115-129.

5. Num estudo não publicado por Sarah e colegas, os gatos brincavam com brinquedos em varinhas (que diferiam quanto às propriedades sensoriais) numa investigação sobre os seus efeitos de incentivar os gatos a brincar. O que ficou bastante evidente foi que os gatos eram muito mais propensos a perseguir o brinquedo, a despeito de qual fosse, se a varinha fosse movida velozmente em linha reta, em vez de lenta e aleatoriamente, ou num movimento de vaivém.

6. A postagem desse blog fornece uma descrição do estudo conduzido por Sarah que examinou as respostas comportamentais dos gatos ao serem tocados por donos e desconhecidos em diferentes partes do corpo: http://www.companionanimalpsychology.com/2015/03/where-do-cats-like-to-be-stroked.html. A importância social dos vários sinais é discutida em mais detalhes nos capítulos sete e oito do livro de John, *Cat Sense*, e no capítulo de Sarah Brown e John Bradshaw na terceira edição de *The Domestic Cat*, de Turner e Bateson (ver Leituras adicionais).

Notas do Capítulo 2

1. As diferenças comportamentais entre as raças de gatos são discutidas com mais profundidade por Benjamin Hart, Lynette Hart e Leslie Lyons em seu capítulo na terceira edição de *The Domestic Cat*, de Turner e Bateson (ver Leituras adicionais).

2. As origens das personalidades felinas são discutidas com mais profundidade no Capítulo 9 de *Cat Sense*, de John Bradshaw, e por Michael Mendl e

Robert Harcourt na segunda edição de *The Domestic Cat*, de Turner e Bateson (ver Leituras adicionais).

3. Para obter informações sobre como experiências anteriores, especialmente as negativas, podem afetar a disposição de um gato para o adestramento, consulte os capítulos de Irene Rochlitz, intitulados "Feline Welfare Issues", e de Judi Stella e Tony Buffington, "Individual and Environmental Effects on Health and Welfare", na terceira edição de *The Domestic Cat*, de Turner e Bateson (ver Leituras adicionais).

Notas do Capítulo 3

1. Para uma descrição de como o controle de uma situação pode influenciar o bem-estar de um animal, consulte Daniel Mills, organizador, *The Encyclopedia of Applied Animal Behavior and Welfare* (Wallingford: CAB International, 2010), pp. 136-137.

2. Para mais informações sobre dessensibilização e contracondicionamento, consulte o livro *Excel-erated Learning: Explicing in Plain English How Dogs Learn and How Best to Teach Them*, de Pamela Reid (Hertfordshire: James & Kenneth, 1996), pp. 150-152. Embora o título sugira se tratar de um livro apenas sobre cães, ele oferece uma visão geral muito boa da teoria da aprendizagem que é igualmente aplicável a gatos.

3. Harry era o gato de Sarah, que antes de morar com ela vivia num cercado ao ar livre.

4. Consulte www.clickertraining.com.

5. A forma como se dão as ligações entre a emoção e os reforçadores é explicada no artigo de Edmund Rolls, "Neural Basis of Emotions", na *International Encyclopedia of the Social & Behavioral Sciences*, 2 ed., v. 7, organizada por James D. Wright (Oxford: Elsevier, 2015), pp. 477-482.

6. Para mais informações sobre como os gatos usam seu olfato e seu órgão vomeronasal a fim de adquirir informações sobre os arredores, consulte o capítulo cinco do livro de John, *Cat Sense* (ver Leituras adicionais).

7. Mais informações sobre B. F. Skinner, esquemas de reforço e detalhes de seu livro podem ser encontrados no site da Fundação B. F. Skinner: www.bfskinner.org.

8. Ver o livro de Bonnie Beaver, *Feline Behavior: A Guide for Veterinarians*, 2 ed. (St. Louis, MO: Saunders, 2003), pp. 68-69.

Notas do Capítulo 4

1. Vários estudos foram realizados no laboratório de Eileen Karsh, na década de 1980, onde os filhotes receberam diferentes tipos e quantidades de manipulação em diferentes idades. A partir desses dados, foi determinado o período mais sensível à manipulação, bem como o tipo de manejo que teria influências mais positivas na vida adulta. Um resumo desses estudos pode ser encontrado no capítulo de Dennis Turner intitulado "The Human-Cat Relationship" na terceira edição do livro de Turner e Bateson, *The Domestic Cat: The Biology of Its Behavior* (ver Leituras adicionais).

2. Esse estudo foi publicado como "Human Classification of Context-Related Vocalizations Emitted by Familiar and Unfamiliar Domestic Cats: An Exploratory Study", de Sarah Ellis, Victoria Swindell e Oliver Burman na revista *Anthrozoös* 28 (2015), p. 625-634.

3. Veja a nota 1 acima.

4. O comportamento social dos gatos é discutido mais detalhadamente no oitavo capítulo de *Cat Sense* (ver Leituras adicionais).

5. As áreas do corpo onde os gatos reagem ao toque de forma mais positiva foram investigadas recentemente por Sarah e colegas e publicadas como "The Influence of Body Region, Handler Familiarity and Order of Region Handled on the Domestic Cat's Response to Being Stroked", de Sarah Ellis, Hannah Thompson, Cristina Guijarro e Helen Zulch, em *Applied Animal Behavior Science* 173 (2016), p. 60-67. A postagem desse blog fornece uma descrição do estudo: http://www.companionanimalpsychology.com/2015/03/where-do-cats-like-to-be-stroked.html.

Notas do Capítulo 5

1. A estrutura social dos gatos de vida livre é discutida em mais detalhes no capítulo oito do livro *Cat Sense*, de John (ver Leituras adicionais).

2. Consulte o Capítulo 4, nota 1.

3. Como parte de sua pesquisa de doutorado, Sandra McCune demonstrou que a docilidade do pai teve um impacto positivo na capacidade do filhote de lidar com novos objetos e pessoas. É provável que esse efeito também se estenda a como um filhote vê outros gatos. Para um resumo da pesquisa, consulte o capítulo de Michael Mendl e Robert Harcourt intitulado "Individuality in the Domestic Cat: Origins, Development and Stability", na terceira edição do livro de Turner e Bateson, *The Domestic Cat: The Biology of Its Behavior* (ver Leituras adicionais).

4. Um guia abrangente (escrito por Sarah e uma equipe internacional de especialistas em felinos) sobre como arrumar os recursos dentro de casa para otimizar o bem-estar felino foi produzido em conjunto pela Associação Americana de Medicina Felina e pela Sociedade Internacional de Medicina Felina e pode ser acessado gratuitamente no seguinte link: http://jfm.sagepub.com/content/15/3/219.full.pdf+html.

5. Mais informações sobre o mundo sensorial do gato podem ser encontradas no quinto capítulo do livro *Cat Sense*, de John (ver Leituras adicionais).

Notas do Capítulo 6

1. O Pet Food Institute fornece as estatísticas mais recentes sobre as populações de cães e gatos nos Estados Unidos. Elas podem ser encontradas em http://www.petfoodinstitute.org.

2. O naturalista Mike Tomkies fornece uma descrição gráfica de como gatos selvagens podem ser indomáveis em *My Wilderness Wildcats* (Londres: Macdonald & Jane's, 1977).

3. A idade de introdução e a possibilidade de apresentar um cão ao gato da casa, ou vice-versa, foi o tema de uma pesquisa: N. Feuerstein e J. Terkel, "Interrelationships of Dogs (*Canis familiaris*) and Cats (*Felis catus L.*) Living Under the Same Roof", *Applied Animal Behavior Science* 113, n. 1 (2008), p. 150-165.

4. Para mais informações sobre como ensinar essas habilidades ao cachorro, consulte *10 Ways to Train the Perfect Dog*, de Sarah Fisher e Marie Miller (Newton Abbot, Reino Unido: David & Charles, 2010).

Notas do Capítulo 7

1. Ver o capítulo de Irene Rochlitz, "Feline Welfare Issues", na terceira edição de *The Domestic Cat: The Biology of Its Behavior*, de Dennis Turner e Patrick Bateson, pp. 131-153 (ver Leituras adicionais).

2. Uma visão geral da capacidade de vários animais de farejar o medo pode ser encontrada na introdução de um estudo que investiga se os humanos podem detectar o medo em outros humanos apenas pelo cheiro, conduzido por Kerstin Ackerl, Michaela Atzmueller e Karl Grammer, publicado como "The Scent of Fear" em *Neuroendocrinology Letters*. Uma versão on-line de acesso gratuito do artigo pode ser encontrada em: http://evolution.anthro.univie.ac.at/institutes/urbanethology/resources/articles/articles/publications/NEL230202R03scent.pdf.

Notas do Capítulo 8

1. A falecida Penny Bernstein escreveu um capítulo intitulado "The Human-Cat Relationship" no livro *The Welfare of Cats*, de Irene Rochlitz (ver Leituras adicionais), que documenta muitos dos benefícios que os gatos trazem aos humanos. Os gatos gostam de carinho, mas um estudo conduzido por Daniel Mills e colegas mostrou que, para os que não se sentiam relaxados em casa, o carinho poderia ser uma causa de estresse adicional.

2. Para obter uma descrição detalhada do desenvolvimento do filhote, consulte o Capítulo 4, "Every Cat Has to Learn to Be Domestic", do livro de John, *Cat Sense* (ver Leituras adicionais).

3. Uma descrição mais completa dos cheiros da colônia, incluindo como o texugo cria um cheiro da colônia, pode ser encontrada no Capítulo 5, intitulado "Communication", na segunda edição do livro *The Behaviour of the Domestic Cat*, de John (ver Leituras adicionais).

4. As áreas do corpo onde os gatos respondem mais positivamente ao toque foram investigadas recentemente por Sarah e colegas, e o estudo foi publicado como "The Influence of Body Region, Handler Familiarity and Order of Region Handled on the Domestic Cat's Response to Being Stroked", de Sarah Ellis, Hannah Thompson, Cristina Guijarro e Helen Zulch, em *Applied Animal Behavior Science* 173 (2015), p. 60-67, http://dx.doi.org/10.1016/j.applanim.2014.11.002. A seguinte postagem de blog fornece um artigo sobre o estudo conduzido por Sarah que examinou as respostas comportamentais dos gatos ao serem tocados por donos e desconhecidos em diferentes partes do corpo: http://www.companionanimalpsychology.com/2015/03/where-do-cats-like-to-be-stroked.html.

Notas do Capítulo 9

1. Os gatos têm diversas estratégias comportamentais para lidar com o estresse. Elas são descritas em muitos detalhes no *Guide to Feline Stress and Health: Managing Negative Emotions to Improve Feline Health and Wellbeing*, da Sociedade Internacional de Medicina Felina (ver Leituras adicionais).

2. O *Guide to Feline Stress and Health: Managing Negative Emotions to Improve Feline Health and Wellbeing* da Sociedade Internacional de Medicina Felina fornece informações detalhadas sobre o impacto do estresse na fisiologia de um gato (ver Leituras adicionais).

3. Uma descrição dos sinais comportamentais de frustração, com base num estudo realizado num abrigo canadense, pode ser encontrada em N. Gourkow, A. LaVoy, G. A. Dean e C. J. Phillips, "Associations of Behavior with Secretory Immunoglobulin A and Cortisol in Domestic Cats During Their First Week in na Animal Shelter", *Applied Animal Behavior Science* 150 (2014), p. 55-64. Informações sobre os efeitos que o estresse crônico pode ter na saúde de um gato podem ser encontradas no *ISFM Guide to Feline Stress and Health: Managing Negative Emotions to Improve Feline Health and Wellbeing* (ver Leituras adicionais).

4. O papel do cortisol no estresse é abordado em detalhes no *ISFM Guide to Feline Stress and Health: Managing Negative Emotions to Improve Feline Health and Wellbeing* (ver Leituras adicionais).

5. O livro *Cat Detective*, de Sarah Heath e Vicky Halls, pode fornecer algumas pistas sobre o que pode estar errado (ver Leituras adicionais), assim como o site da International Cat Care (www.icatcare.org), mas, se tiver qualquer dúvida, consulte seu veterinário, que poderá encaminhá-la a um comportamentalista qualificado, se necessário. O capítulo de Benjamin e Lynette Hart, "Feline Behaviour Problems and Solutions", na terceira edição do livro *The Domestic Cat: The Biology of Its Behaviour*, de Dennis Turner e Patrick Bateson, fornece uma visão geral sucinta (ver Leituras adicionais). Descrições detalhadas dos diferentes estados emocionais negativos podem ser encontradas no Capítulo 2 do livro de Daniel Mills, Maya Braem Dube e Helen Zulch, intitulado *Stress and Pheromonaterapy in Small Animal Clinical Behavior* (Chichester, Reino Unido: Wiley-Blackwell, 2012), pp. 37-68.

6. Cat Friendly Clinic é um programa mundial da Sociedade Internacional de Medicina Felina, a divisão veterinária da International Cat Care (conhecida como Cat Friendly Practice nos Estados Unidos e administrada pela Associação Americana de Medicina Felina). Ele foi projetado para ajudar os médicos veterinários a tornar suas clínicas mais amigáveis para os gatos, reduzindo assim o estresse felino e facilitando as visitas ao consultório. Mais informações podem ser encontradas em catfriendlyclinic.org.

7. A Associação Americana de Medicina Felina e a Sociedade Internacional de Medicina Felina (parte da instituição filantrópica International Cat Care) produziram em conjunto as diretrizes de melhores práticas intituladas *Feline Friendly Handling*, publicadas no *Journal of Feline Medicine and Surgery*. Elas não apenas vão ajudá-la a lidar com o adestramento em casa na preparação para uma visita ao veterinário, como também vão fornecer o padrão que a própria

equipe da clínica veterinária está seguindo. Eles estão disponíveis gratuitamente em guidelines.jfms.com.

Notas do Capítulo 10

1. A Associação Americana de Medicina Felina tem uma declaração de apoio à manutenção de gatos domésticos como gatos de acesso exclusivo a ambientes internos. Ela pode ser encontrada em: http://www.catvets.com/guidelines/position-statements/confinement-indoor-cats.

2. O capítulo 10 do livro *Cat Sense*, de John (ver Leituras adicionais), discute o impacto dos gatos na vida selvagem. No documentário da BBC Horizon intitulado *The Secret Life of the Cat*, o comportamento de caça de cinquenta gatos do Reino Unido (com ampla oportunidade de caçar numa área rica em vida selvagem) foi monitorado ao longo de uma semana por John e Sarah. Poucas presas foram coletadas ao longo da semana pelos donos dos gatos — na verdade, os números equivaleram a menos de dois itens de presas por gato, sugerindo que as mortes bem-sucedidas foram realmente baixas. Mais detalhes do documentário podem ser encontrados em: http://www.bbc.co.uk/programmes/b02xcvhw.

3. Para uma descrição mais completa de como os gatos de vida livre mantêm seus territórios, consulte o capítulo de Sarah Brown e John Bradshaw intitulado "Communication in the Domestic Cat: Within — and Between — Species", na terceira edição de *The Domestic Cat: The Biology of Its Behaviour* (ver Leituras adicionais).

4. O site do Departamento de Educação do governo australiano contém informações relacionadas às presas que os gatos (ferais) mais caçam no país: https://www.environment.gov.au/biodiversity/invasive-species/feral-animals-australia/feral-cats.

5. Diretrizes detalhando as necessidades ambientais de um gato, incluindo sua necessidade de complexidade ambiental e oportunidades para comportamentos específicos, como exploração e caça, foram produzidas pela Sociedade Internacional de Medicina Felina e pela Associação Americana de Medicina Felina: http://jfm.sagepub.com/content/15/3/219.full.pdf+html.

6. Um estudo realizado por Kathy Carlstead e colegas com gatos de laboratório mostrou que eventos diários imprevisíveis faziam com que os animais exibissem sinais comportamentais e fisiológicos de estresse. Ver K. Carlstead, J. L. Brown e W. Strawn, "Behavioral and Physiological Correlates of Stress in Laboratory Cats", *Applied Animal Behavior Science* 38 (1993), p. 143-158.

7. O *ISFM Guide to Feline Stress and Health: Managing Negative Emotions to Improve Feline Health and Wellbeing* fornece muitas informações sobre como reconhecer, prevenir e lidar com gatos frustrados (ver Leituras adicionais).

8. O blog de Sacramento Leashwork intitulado "*Both Ends of the Leash*" se concentra em cães, mas tem uma postagem muito informativa sobre explosões de frustração, cuja teoria é inteiramente aplicável a gatos: https://leashworks.wordpress.com/2014/08/12/foundations-of-training-frustration-bursts/.

Notas do Capítulo 11

1. A Lei de Bem-Estar Animal do Reino Unido (2006) estipula que o dono garantirá que o animal tenha não apenas bem-estar físico adequado, como também bem-estar psicológico. Os detalhes da lei podem ser encontrados em: http://www.legislation.gov.uk/ukpga/2006/45/contents. Informações sobre a lei federal dos EUA sobre a manutenção de animais de estimação, incluindo gatos, estão no site da Biblioteca Nacional de Agricultura do Departamento de Agricultura dos EUA, que pode ser encontrada em: https://awic.nal.usda.gov/government-and-professional-resources/federal-laws.

2. O capítulo de Sarah Brown e John Bradshaw intitulado "Communication in the Domestic Cat: Within — and Between — Species", na terceira edição de *The Domestic Cat: The Biology of Its Behaviour* (ver Leituras adicionais), fornece uma visão geral mais completa das formas como os gatos usam sinais para dissuadir outros de entrar em seus territórios. O ato de espalhar urina também pode ocorrer por motivos de estresse, como ao se sentir ameaçado ou ansioso. Se seu gato está espalhando urina, a primeira coisa a fazer é falar com o veterinário para verificar se não há problemas de saúde. Ele pode decidir encaminhar o animal a um comportamentalista qualificado para obter ajuda. Mais informações sobre urina espalhada podem ser encontradas nas "Guidelines for Diagnosing and Solving House-Soiling Behavior in Cats", produzidas pela Associação Americana de Medicina Felina e pela Sociedade Internacional de Medicina Felina, publicadas na *Journal of Feline Medicine and Surgery*. Elas podem ser acessadas gratuitamente em: http://jfm.sagepub.com/content/16/7/579.full.pdf+html.

3. Há uma discussão mais detalhada sobre as questões em torno da remoção cirúrgica de garras no capítulo 11 do livro *Cat Sense*, de John (ver Leituras adicionais).

4. No livro *Cat Sense* de John, há um capítulo inteiro (10) dedicado a gatos e vida selvagem (ver Leituras adicionais).

5. A reação à erva-dos-gatos é descrita em mais detalhes no livro de John, *Cat Sense*, nas páginas 120-121 (ver Leituras adicionais).

6. Por exemplo, os Códigos de Boas Práticas do Reino Unido para donos de animais de estimação que acompanham o Animal Welfare Act (2006) estipulam que a alimentação excessiva de animais de estimação é uma "séria preocupação com o bem-estar" que pode levar a sofrimento desnecessário. Embora desrespeitar esses códigos não seja o mesmo que infringir a lei, se um proprietário for levado ao tribunal, o descumprimento do código pode ser usado contra ele. O Código de Boas Práticas para o bem-estar dos gatos pode ser encontrado em: https://www.gov.uk/government/publications/code-of-practice-for-the-welfare-of-cats.

7. Informações sobre o babador de neoprene para gatos podem ser encontradas em: http://www.catbib.com.au.

8. Detalhes sobre a gola de cores vivas para impedir a caça a pássaros podem ser encontrados em: http://www.birdsbesafe.com.

Notas da Conclusão

1. A organização International Cat Care mantém um banco de dados dessas doenças, aplicável principalmente ao Reino Unido: http://icatcare.org/advice/cat-breeds/inherited-disorders-cats.

2. Para uma pesquisa mundial, consulte o artigo de Monika Lipinski e colegas, "The Ascent of Cat Breeds: Genetic Evaluations of Breeds and Worldwide Random-Bred Populations", *Genomics* 91 (2008), p. 12-21.

3. A identificação de alguns dos genes que afetam o funcionamento do sistema nervoso do gato e podem ter um papel em sua domesticação é descrita em "Comparative Analysis of the Domestic Cat Genome Reveals Genetic Signatures Underlying Feline Biology and Domestication", de Michael Montague e colegas, *Proceedings of the National Academy of Sciences of the United States of America* 111 (2014), p. 17.230-17.235.

4. Por exemplo, tem havido preocupação de que as formas mais extremas da raça ragdoll, que ficam relaxadas e aparentemente impassíveis ao serem levadas no colo, correm o risco de serem feridas por acidente ou até de propósito. Tais preocupações foram documentadas no jornal britânico *Sunday Express* em 11 de dezembro de 1994, cujo trecho, reproduzido por Sarah Hartwell, pode ser encontrado em: http://messybeast.com/ultracat.htm.

Este livro foi composto na tipografia
Minion Pro, em corpo 11/15,9, e impresso
em papel pólen soft na Bartira Gráfica.